现代通信网实用丛书

异构无线网络融合理论与技术实现

李 军 编著

電子工業出版社
Publishing House of Electronics Industry
北京 • BEIJING

内容简介

无线网络的异构性和业务种类的多样性对异构无线网络融合提出了更高的要求。本书反映了当前异构无线网络融合领域最新的研究成果，全面系统阐述了异构无线网络融合理论、关键技术和解决方案，重点介绍了基于网络层的异构无线网络融合技术，对异构无线网络融合理论模型和异构无线资源管理进行了深入探讨，并在此基础上提出了一种联合垂直切换判决策略和两种接入选择机制。书中介绍的异构终端的功能架构和重配置机制，为从事异构无线网络融合研究的科研人员开辟了新的研究方向和思路。本书在最后一章详细介绍了TD-SCDMA和WiMAX联合组网方案，这是本书的亮点，为读者进一步研究异构无线网络融合的理论及其实际应用和部署提供了重要参考。

本书内容全面，适合作为计算机、通信及电子工程专业的大学生、研究生及其相关研究人员和工程技术人员的参考书。

图书在版编目（CIP）数据

异构无线网络融合理论与技术实现 / 李军编著.—北京：电子工业出版社，2009.3

（现代通信网实用丛书）

ISBN 978-7-121-08310-5

Ⅰ.异…　Ⅱ.李…　Ⅲ.无线电通信—通信网　Ⅳ.TN92

中国版本图书馆CIP数据核字（2009）第021609号

责任编辑：宋　梅

印　　刷：北京市顺义兴华印刷厂

装　　订：三河市双峰印刷装订有限公司

出版发行：电子工业出版社

北京市海淀区万寿路173信箱　邮编　100036

开　　本：787×980　1/16　印张：15.75　字数：352千字

印　　次：2009年3月第1次印刷

印　　数：4 000册　　定价：39.00元

凡所购买电子工业出版社图书有缺损问题，请向购买书店调换。若书店售缺，请与本社发行部联系，联系及邮购电话：（010）88254888。

质量投诉请发邮件至zlts@phei.com.cn，盗版侵权举报请发邮件至dbqq@phei.com.cn。

服务热线：（010）88258888。

出 版 前 言

通信行业正处在一个新的转折时期，无论是技术、网络、业务，还是运营模式都在经历着一场前所未有的深刻变革。从技术的角度来看，电路交换技术与分组交换技术趋于融合，主要体现为语音技术与数据技术的融合、电路交换与分组交换的融合、传输与交换的融合、电与光的融合。这将不仅使语音、数据和图像这三大基本业务的界限逐渐消失，也将使网络层和业务层的界限在网络边缘处变得模糊，网络边缘的各种业务层和网络层正走向功能上乃至物理上的融合，整个网络将向下一代融合网络演进，终将导致传统电信网、计算机网和有线电视网在技术、业务、市场、终端、网络乃至行业运营管理和政策方面的融合。从市场的角度来看，通信业务的竞争已达到了白热化的程度，各个通信运营商都在互相窥视着对方的传统市场。从用户的角度来看，各种新业务应运而生，从而使用户有了更多、更大的选择空间。但无论从哪个角度，在下一代的网络中，我们将看到三个世界：从服务层面上，看到一个 IP 的世界；从传送层面上，看到一个光的世界；从接入层面上，看到一个无线的世界。

在 IT 技术一日千里的信息时代，为了推进中国通信业的快速、健康发展，传播最新通信网络技术，推广通信网络技术与应用实践之经典案例，我们组织了一些当今正站在 IT 业前沿的通信专家和相关技术人员，以实用技术为主线，注重实际经验的总结与提炼，理论联系实际，策划出版了这套面向 21 世纪的《现代通信网实用丛书》。该丛书凝聚了他们在理论研究和实践工作中的大量经验和体会，以及电子工业出版社编书人的心血和汗水。丛书立足于现代通信中所涉及的最新技术和成熟技术，以实用性、可读性强为其自身独有特色，注重读者最关心的内容，结合一些源于通信网络技术实践的经典案例，就现行通信网络的结构、技术应用、网络优化及通信网络运营管理方面的问题进行了深入浅出的翔实论述。其宗旨是将通信业最实用的知识、最经典的技术应用案例奉献给业界的广大读者，使读者通过阅读本套丛书得到某种启示，在日常工作中有所借鉴。

本套丛书的读者群定位于 IT 业的工程技术人员、技术管理人员、高等院校相关专业的高年级学生、研究生，以及所有对通信网络运营感兴趣的人士。

在本套丛书的编辑出版过程中，我们受到了业界许多专家、学者的鼎力相助，丛书的作者们为之付出了大量的心血，对此，我们表示衷心的感谢！同时，也热切欢迎广大读者对本套丛书提出宝贵意见和建议，或推荐其他好的选题（E-mail：mariams@phei.com.cn），以帮助我们在未来的日子里，为广大读者及时推出更多、更好的通信网络技术类图书。

电子工业出版社

2005 年 1 月

序　言

随着移动通信和宽带无线接入的迅猛发展，人们逐渐认识到未来移动通信发展的趋势已经不再是某种技术的一统天下，而是多种无线接入技术共存、相互补充，提供多样化的接入服务，实现无缝的移动性，有效地满足个人通信和信息获取的需求。未来移动通信网络必将朝着宽带化、扁平化、泛在化、全 IP 异构无线融合网络方向前进，推动着移动无线互联网、移动多媒体、移动流媒体的超前发展，最终实现“任何人在任何时间、任何地点与任何人进行任何种类的信息交换”的目标。

各种无线网络的异构特性，对于网络的稳定性、可靠性和高效性提出了挑战。异构无线网络融合将涉及移动通信系统的多个层面，包括业务层面、控制层面、接入层面、传送层面和空中接口层面。在设计和实现异构无线网络融合系统过程中，不同无线接入网络之间的融合将面临诸多的技术问题，如无缝移动性管理、融合网络架构、异构无线资源管理、端到端重配置以及 QoS 保障等。

有别于传统单一制式系统的研究思路，异构无线网络融合以协同、融合为新的研究理念，要求研究者改变传统的通信系统设计思想，以创新的精神迎接新的挑战。异构无线网络融合基于新的架构设计思想，需要全新的关键技术作为支撑，赋予网络新的能力，提供更具竞争力的业务。所有这些优势吸引了国内外学者竞相加入，成为学术界研究热点。异构无线网络融合是探索下一代移动通信网络的主流研究思路之一，目前正处于快速发展阶段。随着理论研究逐渐深入，必然会引起产业界和学术界的积极响应，推出更多切实的解决方案为广大用户服务。

本书在介绍异构无线网络融合理论和技术实现的同时，对异构融合技术的最新进展和科研成果给予高度关注，从理论与实践两个方面进行深入论述，便于读者对异构无线网络融合课题形成系统全面的知识体系。作者还结合国内外权威研究机构近年来最新的研究动向和成果，指出了异构无线网络融合研究领域亟待解决的问题和研究方向。本书的作者在无线移动通信领域已经做了不少研究、开发和应用工作。本书既包含基本原理，又涵盖了比较专业的理论和技术细节，融入了作者对异构无线网络融合研究的心得体会，相信广大读者在全面了解异构融合理论和技术基础上，结合自己的研究、开发工作，学以致用，把本书中的知识和解决问题的方法应用到实际工作或未来移动通信系统的开发中，产学研相结合，一定能够在异构无线网络融合领域内取得创新性的成果，为我国赶上或超过国际先进水平做出贡献。

宋俊德　宋　梅

2008 年 12 月于北京邮电大学

前　言

随着计算机和微电子技术的飞速发展，移动通信网络正朝着高带宽、高性能方向演进。短短几十年，移动通信从最初的模拟技术，到第二代数字技术，发展到可以提供多媒体业务的第三代移动通信系统（3G）。下一代移动通信网络（4G）是以 IP 为基础的、多功能集成的、各种网络融合的宽带移动通信系统，可以提供的数据传输速率达 100 Mbps 甚至更高，支持包括宽带无线接入、移动宽带接入、交互式广播和高速流媒体业务，真正实现"在任何时间为任何地点的任何人提供多媒体业务"的目标。

无线宽带接入新技术以 IEEE 802 系列标准为代表，在无线领域已经占有一席之地。针对不同的无线应用场景设计，宽带接入技术与传统的蜂窝移动通信网共同为用户提供了多样化、个性化的无线接入方式和业务模式。无线局域网 WLAN（IEEE 802.11a/b/g）已普遍部署到公司、高校、机场和宾馆等公共场所，覆盖热点地区，提供高数据速率，低移动性支持的热点区域服务。备受业界关注的 WiMAX（IEEE 802.16e）无线接入标准提供高速移动性支持和 QoS 保证的全球覆盖服务，具有在移动的环境（120 km/h 的车速下）中高速数据传输能力和城域范围内良好的宽带移动性。

随着技术的发展、市场需求和竞争的变化，移动通信网和宽带无线接入网分别朝着各自的发展方向不断演进。种类繁多的无线网络相继出现，各自具有不同的特征和业务提供能力，适应不同场景下用户对通信服务个性化的需求，共同推动着移动无线 Internet、移动多媒体和移动流媒体的超前发展，使无所不在的普适计算（Ubiquitous Computing）逐渐成为可能。未来无线通信网络将是各种无线接入技术并存、协同工作、支持终端无缝移动性的全 IP 融合网络，宽带化、泛在化、协同化和异构互连将成为未来宽带无线通信发展的主旋律。

本书对异构无线网络融合理论与关键技术实现进行了深入细致的阐述，便于读者对异构无线网络融合体系形成系统全面的认知。作者还结合国内外权威研究机构近年来的最新研究成果，指出了异构无线网络融合研究领域亟待解决的问题和主流研究方向。

全书分为 8 章，第 1 章概述了未来无线通信网络的发展趋势、未来异构融合网络环境、下一代移动通信的概念以及异构无线网络融合带来的产业机遇和面临的技术挑战。第 2 章论述了基于移动 IP 的网络层移动性管理的理论架构和移动 IP 切换和性能优化技术，介绍了分层移动 IP 最优管理区域的设置方案以及移动 IP 技术在第三代移动通信中的应用情况。第 3 章介绍了垂直切换的概念，提出了一种异构无线网络间联合垂直切换判决策略，并建立了一种通用的垂直切换性能评估模型。第 4 章主要分析和介绍了具有代表性的异构无线网络融合的理论模型和系统架构，以帮助读者更好地理解异构无线网络融合概念。第 5 章介绍了异构无线网络资源管理系统架构和功能实体，论述了联合无线资源管理的架构和管理机制，有助于读者对异构无线环境中无线资源管理机制的全面理解。第6章提出了一个异构终端接入选择功能架构，并设计了两种接入选择策略。第7章重点论述了端到端重配置技术的网络架构、重配置融合网络、网络管理以及重配置终端的系统架构、功能、协议栈和实现方式，为读者指出了研究异构无线网络融合课题的新思路。第8章分析了TD-SCDMA和WiMAX联合组网的市场、技术和业务基础，提出了基于紧耦合和松耦合的TD-SCDMA和WiMAX网络融合技术方案，帮助读者进一步理解异构无线网络融合的理论和应用场景。

书中的内容和素材除了来自引用的参考文献外，作者特别感谢北京邮电大学PCN&CAD中心众多研究人员的大力支持：首先是宋俊德教授和宋梅教授对学术研究的引导，其次是与多位研究人员合作承担异构无线网络融合方面科研项目的阶段性成果，包括国家重大自然科学基金（NSF）项目、国家“863”重大项目以及与中国移动、Intel公司、爱立信公司等国内外知名企业的合作项目，汇集了北京邮电大学PCN&CAD中心的集体智慧，包括冯瑞军博士、方波博士、黄建文博士、胡晓博士、毕亚娜博士和李颉博士等对本书的编著提供了大力支持，河南移动的张森、袁林、徐春青和陈亚杰做了大量的资料收集和整理工作。另外，清华大学的刘博博士后对本书内容提出了许多富有建设性的意见。

在本书的编写过程中，考虑到不同层次读者的需要，书中每个章节都从基本问题出发，由浅入深，循序渐进，首先提出关键理论，然后分析关键技术和实现方案。读者可以根据自身需要，有选择地阅读。本书可作为研究异构无线网络融合课题初学者的指导书，也适合作为计算机、通信及电子工程专业的大学生、研究生及其相关研究人员和工程技术人员的参考书。

由于时间仓促，作者水平有限，书中难免有疏漏和不当之处，恳请读者批评指正，以便进一步修改完善。

李军于河南省移动通信公司

2008年12月

目　录

第 1 章　绪论 …… 1

1.1　引言 …… 2

1.2　未来无线通信网络的发展趋势 …… 2

1.2.1　移动通信的发展趋势 …… 2

1.2.2　宽带无线接入的发展趋势 …… 4

1.2.3　多种无线接入网络的共存与融合 …… 5

1.3　未来异构无线网络融合的特征 …… 6

1.4　下一代移动通信的概念 …… 8

1.4.1　下一代移动通信网络的定义和特征 …… 8

1.4.2　下一代移动通信的网络结构 …… 9

1.4.3　下一代移动通信系统的标准化研究 …… 9

1.4.4　下一代移动通信技术演进 …… 11

1.5　异构无线网络融合的技术问题 …… 12

1.5.1　基于网络层的异构无线网络移动性管理 …… 13

1.5.2　异构无线网络融合的架构和理论模型 …… 13

1.5.3　异构无线网络联合无线资源管理 …… 13

1.5.4　异构多模终端和接入选择机制 …… 14

1.5.5　软件无线电和重配置 …… 14

1.5.6　异构网络间垂直切换的研究 …… 15

1.5.7　TD-SCDMA 与 WiMAX 融合方案 …… 15

1.6　基于 IP 的异构无线网络融合研究现状 …… 15

1.6.1　国际标准化组织的工作 …… 16

1.6.2　业界具有影响力的研究项目 …… 18

1.6.3　其他机构和组织的相关研究情况 …… 19

参考文献 …… 20

第 2 章　基于网络层的异构无线网络融合 …… 23

2.1　引言 …… 24

2.2　下一代移动通信系统中的移动性管理 …… 24

2.3　基于网络层的移动性管理 …… 26

2.4　基于移动 IP 的异构无线网络融合 …… 26

2.4.1 移动IP的工作机制 …… 26
2.4.2 移动IP的切换技术 …… 29
2.4.3 移动IP切换性能优化 …… 33
2.4.4 减少移动IP切换时延的理论分析 …… 36
2.4.5 移动IP的流切换技术 …… 39
2.5 分层移动IP最优管理区域设置方案 …… 42
2.5.1 分层移动IP的网络分析模型 …… 42
2.5.2 分层移动IP最优管理区域的设置方案 …… 46
2.5.3 仿真及分析 …… 48
2.6 移动IP技术在第三代移动通信中的应用 …… 52
2.6.1 cdma2000移动通信网络中移动IP技术 …… 52
2.6.2 B3G中扁平的移动IP网络结构 …… 55
2.6.3 移动IP与UMTS GTP性能对比 …… 57
参考文献 …… 63
第3章 异构无线网络中垂直切换 …… 65
3.1 概述 …… 66
3.2 异构无线网络重叠覆盖的场景 …… 66
3.3 水平切换和垂直切换 …… 67
3.4 异构无线网络间垂直切换的研究现状和面临的挑战 …… 69
3.4.1 研究现状 …… 69
3.4.2 面临的挑战 …… 71
3.5 联合垂直切换判决策略 …… 71
3.5.1 UMTS和WLAN异构融合的体系架构 …… 71
3.5.2 垂直切换过程 …… 73
3.5.3 联合垂直切换判决算法 …… 74
3.6 通用的垂直切换性能评估模型 …… 77
3.6.1 垂直切换评估模型 …… 78
3.6.2 转移概率 …… 78
3.6.3 垂直切换性能评估 …… 80
参考文献 …… 87
第4章 异构无线网络融合的理论模型 …… 91
4.1 新一代网络层移动性管理理论模型 …… 92
4.1.1 网络层移动性管理架构 …… 92

4.1.2 HNMM 的系统逻辑网络结构 …… 94
4.1.3 基于 HNMM 的网络层移动性管理参考模型 …… 96
4.1.4 HNMM 网络层移动性管理的关键技术 …… 97
4.1.5 基于 HNMM 的 GPRS/WLAN 异构网络融合实例 …… 101
4.2 自适应移动性管理体系结构 …… 102
4.2.1 基于 IP 的移动性管理的体系结构 …… 103
4.2.2 自适应移动性管理体系结构的概念 …… 104
4.2.3 自适应移动性管理的基本目标和特征 …… 105
4.2.4 自适应移动性管理的体系结构和功能 …… 106
4.2.5 AMM 的关键技术 …… 106
4.2.6 AMM 应用于 WLAN-GPRS 网络融合场景 …… 107
4.3 多层联合优化的移动性管理 …… 110
4.3.1 基于移动 IP 的网络层移动性管理方案 …… 110
4.3.2 基于移动 SIP 的应用层移动性管理方案 …… 111
4.3.3 两种方案的比较 …… 113
4.3.4 基于移动 IP 和移动 SIP 多层联合优化的移动性管理方案 …… 114
4.4 基于无线 Mesh 的异构无线网络融合与协同 …… 116
4.4.1 无线 Mesh 系统架构 …… 116
4.4.2 基于 Mesh 技术的网络融合 …… 117
4.4.3 基于 Mesh 技术的网络协同 …… 120
4.5 基于移动 IP 的 3GPP SAE 移动性管理 …… 121
4.5.1 3GPP SAE 的网络架构 …… 121
4.5.2 3GPP SAE 移动性管理的需求 …… 123
4.5.3 基于移动 IP 的 3GPP SAE 移动性管理模型 …… 124
参考文献 …… 130
第 5 章 异构无线网络资源管理 …… 133
5.1 引言 …… 134
5.2 B3G Multi-Radio 多接入网络场景 …… 134
5.3 “ABC” 概念 …… 135
5.4 环境感知网络 …… 138
5.4.1 环境感知网络的概念 …… 138
5.4.2 基于异构网络融合的多无线接入应用场景 …… 139
5.4.3 基于环境感知网络的异构无线网络融合与协同 …… 141
5.5 异构无线资源管理 …… 141

5.5.1 异构无线资源管理的优势 …… 141
5.5.2 通用的 B3G Multi-Radio 接入架构 …… 142
5.5.3 Multi-Radio 无线资源管理（MRRM） …… 143
5.5.4 通用链路层 …… 146
5.5.5 基于 GLL 的垂直切换过程 …… 148
5.5.6 MRRM 与 GLL 之间功能交互 …… 149
5.6 3GPP LTE 与 WiMAX 网络融合方案的实例 …… 149
5.6.1 基于 GLL 网络融合参考协议架构 …… 150
5.6.2 GLL 支持的新技术 …… 151
5.6.3 多接入无线资源管理（MRRM）的应用 …… 152
5.7 异构环境中联合无线资源管理模式 …… 153
5.7.1 集中式联合无线资源管理 …… 153
5.7.2 分布式联合无线资源管理 …… 155
5.7.3 分级式联合无线资源管理 …… 156
5.7.4 3 种无线资源管理机制的比较 …… 157
参考文献 …… 157

第 6 章 异构无线网络中接入选择策略 …… 159

6.1 引言 …… 160
6.2 接入选择研究现状 …… 160
6.3 异构终端的接入选择功能架构 …… 161
6.3.1 移动终端的基本功能构架 …… 161
6.3.2 异构终端功能架构的研究进展 …… 162
6.3.3 异构多模终端的管理功能架构 …… 163
6.4 接入选择策略 …… 167
6.4.1 接入选择策略的相关研究 …… 167
6.4.2 基于多目标判决的静态接入选择算法 …… 168
6.4.3 基于灰度关联的动态接入选择算法 …… 177
6.5 本章总结 …… 183
参考文献 …… 184

第 7 章 异构无线网络重配置技术 …… 187

7.1 引言 …… 188
7.2 融合无线接入概念 …… 188
7.2.1 融合无线接入环境 …… 188

7.2.2 融合无线环境管理功能实体 …… 190
7.3 软件无线电技术 …… 192
7.3.1 软件无线电特点 …… 192
7.3.2 软件无线电系统结构 …… 193
7.3.3 软件无线电在融合无线中的应用 …… 193
7.4 端到端重配置技术 …… 194
7.4.1 端到端重配置网络架构 …… 194
7.4.2 重配置融合网络 …… 195
7.4.3 重配置融合网络管理 …… 197
7.4.4 重配置多模协议栈通用模型 …… 199
7.5 重配置终端的系统架构和功能 …… 200
7.5.1 终端重配置系统架构 …… 200
7.5.2 终端重配置管理 …… 201
7.5.3 重配置的异构终端协议架构 …… 203
7.5.4 重配置的实现——中间件 …… 204
7.5.5 软件无线电实现终端的重配置过程 …… 205
参考文献 …… 206
第 8 章 TD-SCDMA 与 WiMAX 联合组网方案 …… 209
8.1 引言 …… 210
8.2 TD-SCDMA 系统概述 …… 210
8.2.1 TD-SCDMA 系统架构 …… 211
8.2.2 TD-SCDMA 的关键技术 …… 212
8.3 WiMAX 接入网络概述 …… 215
8.3.1 移动 WiMAX（IEEE 802.16e）网络架构 …… 215
8.3.2 WiMAX 的关键技术 …… 216
8.4 TD-SCDMA 和 WiMAX 联合组网的基础 …… 218
8.4.1 切入点和启动点 …… 218
8.4.2 产业和市场的机会 …… 219
8.4.3 市场互补性分析 …… 220
8.4.4 技术互补性分析 …… 220
8.4.5 标准化的范围对比 …… 221
8.4.6 共存分析 …… 222
8.4.7 TD-SCDMA 和 WiMAX 关键技术的比较 …… 222
8.5 3GPP 与 WiMAX 互通架构 …… 225

8.6 TD-SCDMA 和 WiMAX 联合组网的技术方案 …… 226
8.6.1 TD-SCDMA 和 WiMAX 网络融合场景 …… 226
8.6.2 紧耦合方案 …… 227
8.6.3 松耦合方案 …… 228
8.6.4 两种方案的比较 …… 229
8.7 未来无线网络的融合和演进 …… 229
参考文献 …… 232
附录 A 缩略语 …… 233

第1章　绪　　论

本章要点

- 未来无线通信网络的发展趋势
- 未来异构无线网络融合的特征
- 下一代移动通信的概念
- 异构无线网络融合的技术问题
- 基于 IP 的异构无线网络融合研究现状

本章导读

未来移动通信网络将朝着宽带化、扁平化、泛在化、全 IP 方向发展。本章首先简要描述了未来无线通信网络的发展趋势，接着论述了未来异构融合的网络环境和下一代移动通信的概念，简要概括了异构无线网络融合带来的产业机遇和面临的技术挑战，最后介绍了国内外相关课题的研究现状和具有影响力的研究项目。

1.1 引　言

从 20 世纪 70 年代起，移动通信技术发生了巨大而深刻的变化，在很大程度上改变了人们的生活方式。随着移动通信和宽带无线接入的迅猛发展，人们逐渐认识到未来移动通信发展的趋势已经不再是某种技术一统天下，而是多种无线接入技术共存、相互补充，提供多样化的接入服务，实现无缝的移动性，有效地满足个人通信和信息获取的需求。

不同类型无线网络的“融合”成为未来宽带无线通信发展的必然趋势。为了将各种无线接入技术整合到统一的网络环境中，达到有效利用全网无线资源、为用户提供无缝漫游服务的目标，有必要深入研究和探讨异构无线网络融合的相关理论和关键技术。

1.2 未来无线通信网络的发展趋势

随着种类繁多的无线网络相继出现，推动着移动无线 Internet、移动多媒体、移动流媒体的超前发展，使无所不在的普适计算（Ubiquitous Computing）逐渐成为可能，最终目标是实现“任何人在任何时间、任何地点与任何人进行任何种类的信息交换”。移动通信和宽带无线接入的发展趋势表明，未来无线通信网络将是各种无线接入技术并存、协同工作、支持终端无缝移动性的全 IP 融合网络。

1.2.1 移动通信的发展趋势

目前，伴随着计算机和微电子技术的飞速发展，移动通信正朝着高带宽、高性能方向演进。在短短几十年内，移动通信从最初的模拟技术，到第二代数字技术，发展到了第三代宽带多媒体系统。第一代移动通信系统（1G）起源于 20 世纪 80 年代，主要采用频分多址（FDMA）和模拟技术。由于传输带宽的限制，系统存在种种不足和缺陷，具有代表性的系统是欧洲的 E-TACS 和美国的 AMPS。第二代移动通信系统（2G）起源于 20 世纪 90 年代的初期，主要以 GSM 和窄带 CDMA 为代表的数字系统，采用数字时分多址（TDMA）

和码分多址（CDMA）方式实现语音和低速数据传送等业务。与第一代移动通信系统相比，第二代移动通信系统完成了模拟技术向数字技术的转变。第三代移动通信系统（3G）以TD-SCDMA，WCDMA 和 cdma 2000 三种主流技术为代表，提供前两代系统不能比拟的宽带多媒体业务，如可视电话、高速数据、手机电视和高精度定位等。

移动宽带化满足了人们不断提高的通信需求。为了提高移动通信系统的数据传输率，国际标准化组织 3GPP/3GPP2 均在大力开展新一代移动通信网络的研究。WCDMA 系统的 R99 版本在接入网部分主要定义了全新的 5 MHz 每载频的宽带码分多址接入网，数据速率可支持 144 kbps 和 384 kbps，理论上可达 2 Mbps。在 R5 版本接入网中引入了 HSDPA 的概念，可以支持高速下行分组数据接入，峰值数据速率高达 14 Mbps。当前，3GPP 又致力于 LTE（长期演进计划）的研究和标准化，进一步将数据传输能力提高到 100 Mbps。cdma 2000 1x 可支持 308 kbps 的数据传输。cdma 2000 1x EV DO 是在 cdma 2000 1x 基础上进一步提高速率的体制，采用高速率数据（HDR）技术，能在 1.25 MHz 带宽内提供 3 Mbps 以上的数据业务（cdma 2000 1x EV DO Rev.B）。同样，3GPP2 在其制定的空中接口演进计划（AIE）中，计划将数据传输能力提高到 100 Mbps，甚至更高。

移动通信发展的趋势如图 1.1 所示，不同的发展阶段为用户提供不同的业务种类。可以看出，随着人们对通信业务要求与日俱增，目前第二、三代移动通信系统提供的传统服务已经不能满足未来用户对业务多样化的需求。随着用户数的迅猛增加，现有的系统也很难以满足不断增长的容量需求。传统的蜂窝移动通信系统向下一代移动通信系统（4G）演进是必然的发展方向，演进方式和时机也成为业界普遍关注和研究的焦点。

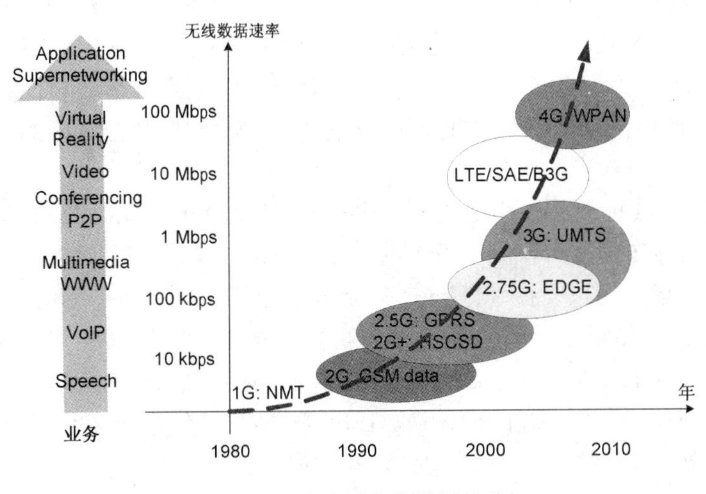

图 1.1　移动通信的发展趋势

1.2.2　宽带无线接入的发展趋势

在新技术和市场需求的共同作用下，宽带无线接入毫不逊色，取得了长足进展。针对不同的无线应用场景，以 IEEE 802 系列标准为代表的无线宽带接入新技术，与传统的蜂窝移动通信网共同为用户提供了多样化、个性化的无线接入服务。

无线局域网（WLAN）（IEEE 802.11a/b/g）已经普遍部署在公司、高校、机场、宾馆等公共场所，覆盖热点地区，提供高数据速率和低移动性的服务。

备受业界关注的 WiMAX（IEEE 802.16e）无线接入标准提供高速移动性支持和 QoS 保证的全球覆盖服务，具有在移动环境中提供高速数据传输能力和城域范围内提供良好的宽带移动性。WiMAX 采用了许多新技术，极大地提高了数据传输能力，逐渐成为无线城域网研究的新热点。系统中主要采用 MIMO-OFDM 物理层技术，一方面可以有效提高频谱效率和数据速率；另一方面可以有效对抗频率选择性衰落和窄带干扰。为了进一步提高数据，采用了自适应调制编码技术（AMC），可以根据信道瞬时情况，动态改变调制和编码格式，增强链路自适应能力，从而最大限度提高数据传输速率。WiMAX 采用的另一项关键技术是混合自动重传请求（HARQ），可以提高无线信道传输可靠性，提高频谱效率及系统吞吐量，获取的合并增益间接地提高了系统覆盖范围。

无线 Mesh 网络（Wireless Mesh Network，WMN）是一种新型宽带无线网络结构，为用户提供高速率、高容量的 Internet 接入，是一种高容量、高速率的分布式网络。区别与传统的有线与无线网络，WMN 是移动 Ad Hoc 网络的一种特殊形态，具有自配置、自组织、多跳等特性，可以作为解决“最后 1 公里”网络接入方案。目前已被写入 IEEE 802.16 系列无线宽带接入标准中，被纳入到 IEEE 802.15 Mesh 和正在制定的 IEEE 802.11s Mesh 标准中。基于无线 Mesh 网络架构的异构无线网络融合的解决方案，成为研究下一代移动通信网络组网方式的备选方案之一，为全 IP 融合网络的发展提供了有益的补充。

IEEE 802.20 无线标准又称移动宽带无线接入系统（Mobile Broadband Wireless Access，MBWA），提供全球统一平台，基于开放标准的互操作性规范，被认为是提供移动业务平台的另一个解决方案，可以支持 300 km/h 以上的高速移动，接入带宽可达到 2 Mbps 以上。

IEEE 802.21 工作组主要研究如何在异种接入技术之间提供独立于媒体的切换能力（Media Independent Handover，MIH），其中定义的切换包括 IEEE 系列接入技术之间的切换以及 IEEE 系列和蜂窝网络之间的切换。IEEE 802.21 工作组和 3GPP 保持着紧密的合作关系，共同推动着无线网络接入技术的融合和发展。

1.2.3　多种无线接入网络的共存与融合

随着技术的发展、市场需求和竞争的变化，移动通信网和宽带无线接入网分别朝着各自的发展方向不断演进。如图 1.2 和表 1.1 所示，多样化的无线接入技术具有不同的特征和业务提供能力，适应不同场景下用户对通信服务个性化的需求。新出现的无线接入技术和已有的接入技术协调发展，例如，根据 3GPP/3GPP2 的发展规划，标准化方向的名称尽管其与 WiMAX 不同，但 3GPP/3GPP2 提出的 LTE/AIE 核心技术与 WiMAX 基本一致，目前正在讨论的关键技术包括 OFDM、MIMO 及多载波（MC）等。宽带化、移动化、IP 化成为无线通信技术的发展趋势，WiMAX 将与 B3G 技术殊途同归。我们可以看到，“移动的宽带化，宽带的移动化”是当前移动通信的发展特征，多类型网络共存和融合是移动通信未来的发展趋势。提供尽力而为服务的无线宽带网络，如 WiMAX，WLAN 和 Wi-Fi，与提供具有电信级质量保障的 2G 和 3G 移动通信网络必将朝着统一的全 IP 网络方向发展，泛在化、协同化和异构融合成为未来宽带无线通信发展的主旋律。

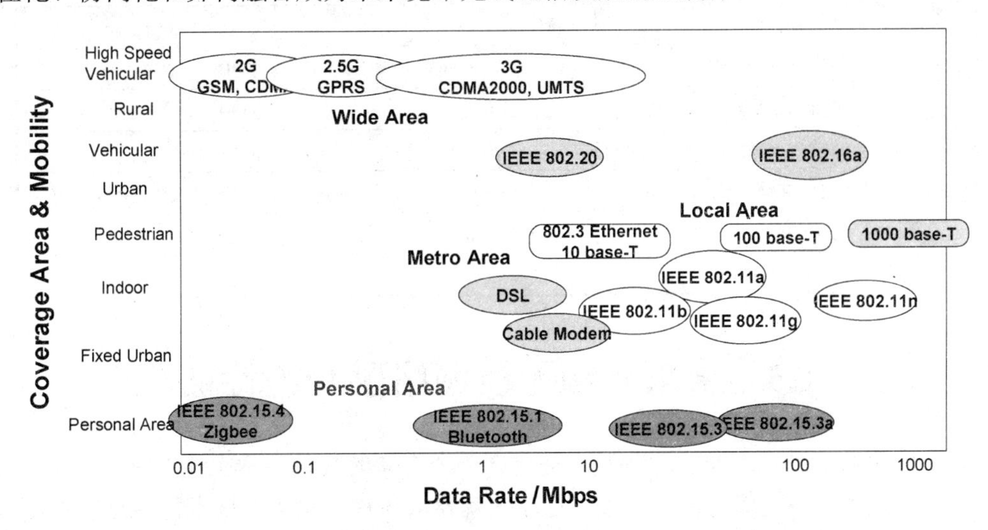

图 1.2　各种无线接入技术的特征

表 1.1　各种无线接入技术标准

网　　络	标　　准	数据速率（物理层）	频　　段
Cellular networks1	GSM data （2G）	9.6 kbps	900/1 800/1 900 MHz
	HSCSD （2G+）	14～42 kbps	900/1 800/1 900 MHz
	GPRS （2.5G）	14～128 kbps	900/1 800/1 900 MHz
	EDGE （2.75G）	128～384 kbps	900/1 800/1 900 MHz
	UMTS （3G）	up to 2 Mbps	1 900～2 025 MHz

续表

网　　络	标　　准	数据速率（物理层）	频　　段
WLAN	IEEE 802.11b	1 Mbps，2 Mbps，5.5 Mbps，11 Mbps	2GHz，4 GHz
	IEEE 802.11a	1～54 Mbps	5 GHz
	IEEE 802.11g	1～54 Mbps	2GHz，4 GHz
	IEEE 802.11e	1～54Mbps	2GHz，4 GHz
	IEEE 802.11n	100～540 Mbps	2GHz，4 GHz，5 GHz
Bluetooth	IEEE 802.15.1	721 kbps （BT 1.1）	2 GHz，4 GHz
		2～20 Mbps （BT 2.0）	
WPAN	IEEE 802.15.3	11～55 Mbps	2 GHz，4 GHz
UWB	IEEE 802.15.3a	110 Mbps～1 Gbps	3.1～10.6 GHz （FCC）
Zigbee	IEEE 802.15.4	20～250 kbps	868 MHz，915 MHz
WMAN	IEEE 802.16a	75 Mbps	2～11 GHz
WiMAX	IEEE 802.16c	134 Mbps	10～66 GHz
WWAN	IEEE 802.20	2.25～18 Mbps	<3 GHz，5 GHz
HomeRF	HRFWG SWAP	800 kbps～10 Mbps	2 GHz，4 GHz
HIPERLAN	ETSI BRAN HIPERLAN/1	2～25 Mbps	5 GHz
	ETSI BRAN HIPERLAN/2	1～54 Mbps	5 GHz
	ETSI BRAN HIPERLAN/3	25～100 Mbps	40.5～43.5 GHz
	ETSI BRAN HIPERLAN/4	up to 155 Mbps	17 GHz
	（HIPERLINK）	（150 m range）	

1.3　未来异构无线网络融合的特征

未来移动通信系统的发展趋势并不是建设一个崭新的具备各种完善功能的网络，而是考虑在多种无线网络间保持通信的连续性，这就要求各种无线接入技术包括已经存在的和即将部署的网络能够相互协调和集成。目前，每种无线接入技术在容量、覆盖、数据速率和移动性支持能力等方面各有长短，任何一种无线网络都不可能满足所有用户的要求。如图 1.3 所示，在未来异构融合的网络环境中，已有的无线接入技术向高级阶段演进，新型无线接入技术不断涌现，它们之间相互补充，形成重叠覆盖的网络。

针对各种无线接入技术在无线频段、组网方式和业务提供的多样性，它们在空中接口协议的设计方面具有差异性和不可兼容性。无线接入网络的异构性主要体现在以下几个方面：

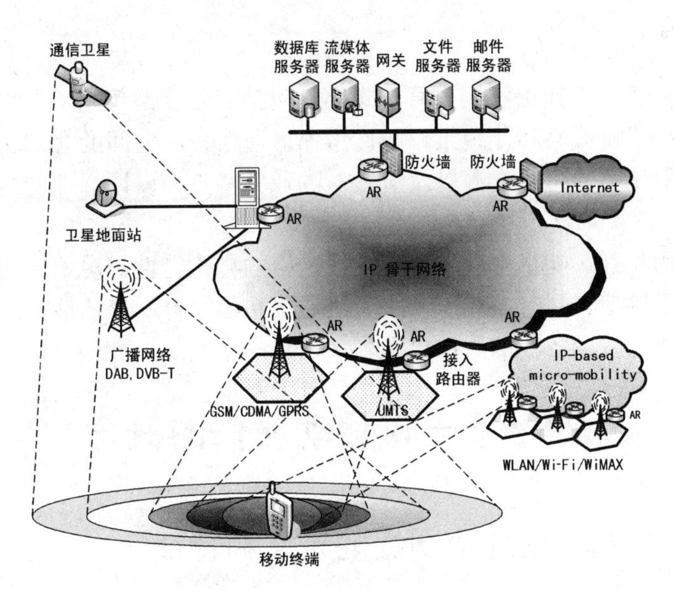

图 1.3 未来异构融合网络环境

1. 频谱资源

由于不同频段物理特性不同，适用于各种频段的无线技术也不同，各个区域频谱规划方式也有显著区别，导致特定频段上实现的无线技术总是需要满足特定的技术和业务需求。

2. 组网方式

由于需要综合考虑网络规模、网络覆盖和兼容性等要求，组网方式、网络功能设置、资源管理和配置方式等呈现出迥然不同的特点。物理层及媒体访问控制（MAC）层在调制技术、天线技术、加密技术和接入技术的实现上都有很大差别。

3. 业务需求

不同的用户偏好和需求导致了多样化的业务类型，包括传统的电信业务、交互业务和以内容为中心的业务等。这些业务将具有不同的特征，并对技术与终端提出不同的服务质量（QoS）要求。

4. 移动终端

在异构网络环境中，不同网络将提供不同的 QoS，终端的工作环境将发生巨大的变化，业务需求、制式及运营者的差异导致了移动终端的不同，各种移动终端会具有不同的业务能力，包括接入能力和移动能力等。

5. 运营管理

不同的运营商将会设计出不同的管理策略，包括寻呼漫游策略、网络切换策略、资源分配策略、认证与鉴权策略和计费策略等。为保证通信各层之间的有效交互，满足组网的需要，必须根据所使用的无线资源以及所针对的业务特点，设计合理的通信协议栈和适当的网络管理机制。

以上几个方面相互影响，构成了各种无线网络的异构特性，对于网络的稳定性、可靠性和高效性提出了挑战。同时，对于未来无线通信系统而言，移动性管理、无线资源管理和端到端重配置成为急需解决的关键问题。

1.4 下一代移动通信的概念

1.4.1 下一代移动通信网络的定义和特征

迄今为止，下一代移动通信网络还没有一个准确定义。1999 年 9 月，国际电信联盟 ITU 把第三代之后的移动通信系统标准化问题提上日程。在 ITU-R 工作计划中列入 IMT-2000 及其以后系统（IMT-Advanced），提议各成员国在 2010 年实现商用。在 2003 年国际无线电大会中，通过一项关于 4G 的频谱议程，主要完成 4G 的频谱计算方法、业务分析、频谱需求量分析和频谱规划等。针对下一代移动通信网络的发展，目前国际上提出了三大主流意见：

- 超 3G（Beyond 3G）是基于 IP 协议，从现有 3G 系统演进而来的高速蜂窝移动网，传输速度大幅度提高，发射功率降低，支持手机互动功能；
- 4G 从 WiMAX 演进而来，基于 IP 的核心网，覆盖广大区域的移动无线城域网，主要应用于传送高速数据而不是语音；
- 4G 有望集成不同制式的无线通信，即从无线局域网、蓝牙等室内网络、蜂窝系统和广播电视到卫星通信，移动用户可以在不同的无线接入网络之间无缝漫游。

综合分析上述意见，4G 将沿着两个方向发展：无线宽带化；宽带无线化。随着移动通信技术向 B3G 演进，不同无线技术在 NGN 架构下共存、融合，形成多层次的无线网络环境。B3G 技术发展不仅包括移动通信领域的技术，还包括宽带无线接入领域的新技术。关于 4G 移动通信的概念，业内研究人员已经普遍认可的观点如下：

下一代移动通信网络定义为宽带接入和分布式网络，具有非对称的超过 2 Mbps 的数据传输能力，包括宽带无线固定接入、移动宽带系统和交互式广播网络，具有比第三代移动通信标准更多的功能。

下一代移动通信系统的应用包括各种移动环境，如典型的车载、高速车载、航空和卫星等，多媒体业务下载速率可达到 2 Mbps，下载速率达到 20 Mbps 的高密度盘的无线电广播、全动态视频和家庭娱乐的室内应用和高精度定位等，真正实现了在任何时间为任何地点的任何人提供多媒体业务的目标。与现在的移动通信业务相比，4G 移动通信系统的设计基准在于为用户提供完全不对称、高速率的多媒体业务。下一代移动通信技术呈现如下特征：

- 网络业务数据化、分组化，移动 Internet 逐步形成；
- 网络技术数字化、宽带化、IP 化；
- 网络设备智能化、小型化；
- 应用于更高的频段，有效利用频率；
- 移动网络的综合化、全球化、个人化；
- 不同接入网络的融合；
- 高速率、高质量、低费用的业务。

1.4.2　下一代移动通信的网络结构

从技术的视角展望，4G 系统中各种提供不同业务的接入网络连接到基于 IP 的核心网中，形成一个公共的、灵活的、多种接入方式并存的、可扩展的网络平台，移动用户可以在 2G，3G，WLAN，DAB 和 WiMAX 之间实现无缝漫游。第四代移动通信系统的架构如图 1.4 所示。

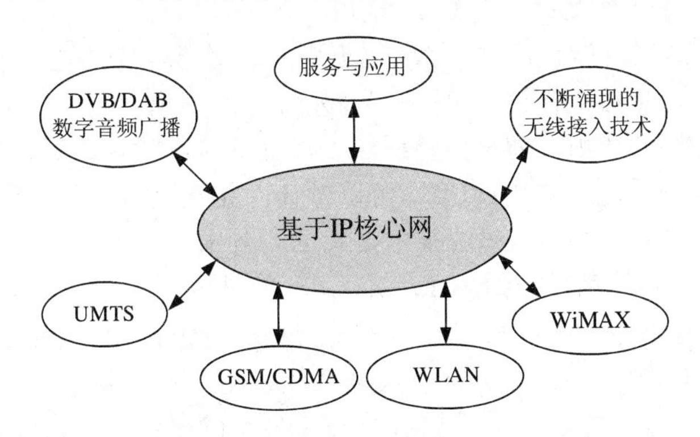

图 1.4　第四代移动通信系统架构

1.4.3　下一代移动通信系统的标准化研究

在移动通信产业界，针对不同的技术路线和任务划分，以产业联盟的形式存在着众多国际标准化组织，这些组织对技术的发展以及技术标准的制订、维护与升级发挥着重要的作用，是推动移动通信产业发展的主要力量。欧洲 3GPP 和北美 IEEE 是其中两个较为活跃的组织。其中 3GPP 代表了传统的蜂窝移动通信产业，作为 3G 时期中两大标准的 WCDMA 和 TD-SCDMA 主要国际标准化组织，在第三代移动通信的发展中发挥着十分重要的作用。而 IEEE 则代表了新兴的力量，IEEE 802 系列的 Wi-Fi 和 WiMAX 等技术受到了业界的广泛关注，尤其是 Wi-Fi，其应用程度之广，俨然已经成为世界上最通用的通信标准之一。而 WiMAX 则定位于更复杂的宽带接入网络网络，使得 IEEE 作为国际标准化组织逐渐进入了传统的移动通信领域，并以其技术的先进性受到了人们的青睐。

关于 B3G/4G 的发展和标准化问题，3GPP 和 IEEE 两大组织的相关工作也被普遍看好，被认为是最有希望提交候选技术的组织。因为目前这两个组织中都拥有较好的 4G 发展工作基础，即 IEEE 中的 WiMAX 技术和 3GPP 中的 LTE 技术，两种技术都采用了 OFDM-MIMO 等被广泛认为是下一代移动通信系统的特征技术。另外，在设计理念上，WiMAX 和 LTE 也都符合目前 4G 的整体发展方向。

IEEE 最早开始了相关的工作。2006 年 12 月 IEEE 启动了称为 IEEE 802.16m 的工作，根据它的系统需求文件，IEEE 802.16m 将是基于 WiMAX（IEEE 802.16e）进行的增强，以适应下一代移动通信网络的需求，明确提出系统将以满足 ITU 对于 4G 的需求为目标，相关成果将根据 ITU 的工作流程，作为 4G 的候选技术向 ITU 进行提交。目前，IEEE 中对于 IEEE 802.16m 已经制定了整体的工作计划，近期将完成系统需求的描述文件，然后启动具体系统设计的技术讨论工作，最后在 2009 年完成 IEEE 802.16m 技术标准的制订工作。在整体的工作计划中，IEEE 802.16m 还根据 ITU 的工作计划，确定了各个阶段向 ITU 4G 的相关输出，以确保 IEEE 802.16m 的工作能够与 ITU 的工作同步，并且最终成为 ITU 4G 的成员之一。

在 3GPP 最近的高层会议上，各个标准化组织成员对将 3GPP 的工作范围由目前的 3G 扩展到包含 4G 进行了讨论。由于 3GPP 在 3G 发展中的突出作用，人们普遍认为，在 4G 阶段仍然可以发挥重要的作用。为了保持组织和产业的延续性，成员们普遍对将工作范围扩展到包含 4G，表现出积极支持的态度。可以预计，3GPP 将很快就范围扩展的具体事项达成一致，正式加入准备 ITU 4G 候选技术提案的行列中。值得一提的是，虽然其工作范围还未正式扩展，但这并没有影响到 3GPP 对于 4G 的技术准备工作。从 2004 年年底至今，3GPP 一直在进行称为 3G 系统长期演进（ELong Term Evolution，LTE）的研究项目。与原来 3G 系统的技术更新不同，在 LTE 中引入了“革命性”的技术，标志性地改变了 3G 时期基于 CDMA 的空中接口技术，采用了基于 OFDMA 的多址方式，同时在包括网络架构和交换模式等系统设计的各个方面都进行了大幅度的优化。3GPP LTE 采用全新的无线接口和网络架构，主要系统目标包括：

- 更高的频谱效率和频谱利用效率，在 20 MHz 系统带宽情况下，下行数据速率可达 100 Mbps 上行数据速率可达 50 Mbps，频谱效率达到下行 3～4 倍于 HSDPA，上行 2～3 倍于 HSUPA；
- 改善的覆盖性能，改善小区边界用户的吞吐量，在 5 km 半径达到最优；
- 服务质量优化，网络延时在用户面小于 10 ms，在控制面小于 100 ms；
- 业务多样性，支持 MBMS 业务，支持实时性业务，VoIP 业务的 QoS 能够达到电路域的水平；
- 低运营成本。

因此，类似于 IEEE 中通过对 IEEE 802.16e（WiMAX）增强为 IEEE 802.16m 作为 4G

的候选提案，一种普遍的观点就是认为3GPP的长期演进系统（LTE）也将作为其向4G发展的工作基础，通过技术增强来满足ITU对于4G的要求，并最终作为3GPP向ITU提交的4G候选提案。

3GPP2在UMB方面的工作，第一阶段为Rev.B，完成时间为2006年2月；第二阶段为UMB，完成时间为2007年4月，进行UMBv2.0技术更新，制订IOS接口和RAN演进架构等配套标准，在2007年年底完成。

随着移动通信市场需求和技术的发展，将B3G由研究领域推向产业化的工作即将开始，ITU正在进行"IMT-Advanced"的整体工作计划，在IMT-2000之后将最先进的技术和系统性创新向全球移动通信产业推进，目标是成为全世界认可和采用的国际标准。IEEE和3GPP等在目前移动通信产业中发挥着重要作用的国际标准化组织都已经开始了相关的准备工作，着手准备IMT-Advanced的候选提案。同时，可以预计，其他国际/地区性组织，甚至各个国家作为ITU的成员也将抓住机遇向ITU展示各自的工作成果。随着B3G/4G工作的逐渐深入，在今后的几年内，4G系统必定成为移动通信领域研究的热点。

1.4.4 下一代移动通信技术演进

即将问世的IMT-Advanced系统必然面对一个异构的无线网络环境，不同的无线技术和接入网络将以互补的方式共存。不论是为了在异构环境下保持个性化业务提供的一致性，还是为了高效利用异构网络资源进行业务开放的部署，IMT-Advanced系统不仅在网络层面上要实现互连互通，而且在业务和应用层面上要实现用户体验的无缝融合。

在产业层面，信息产业融合日益明显，电信（通信和IT业）与广播电视、Internet服务、传统信息服务和信息技术服务等形成信息服务大行业；价值链和业务模式正在发生变化，产业价值链由封闭走向开放，并不断扩展和细分，电信业的商业模式发生显著变化。在业务层面，移动化、宽带化、IP化、扁平化成为主要的增长引擎，提供的业务将从以传统的语音业务为主向提供综合信息服务的方向发展，IP多媒体通信成为发展方向，通信的主体将从人与人之间的通信，扩展到人与物、物与物之间的通信，渗透到人们日常生活的方方面面。

当前的网络技术发展趋势：在无线宽带广域，IP多媒体为主导业务，呈现宽带移动化、移动宽带化。承载的无线技术提供高频谱效率、高速率、低时延和优化分组业务支持能力；网络整体设计基于全IP业务提供能力，简化网络架构，优化分组业务性能，优化业务提供和交互，开放业务接口。在实现无缝移动架构下，空中接口的关键技术主要包括新的无线接口，基于OFDM、带宽可扩展、智能天线/MIMO/天线阵、FDD/TDD融合、干扰协调和多跳接力；在业务层面，广播/多播业务成为关注热点。另一个趋势是接入多元化、网络一体化、应用综合化。蜂窝移动（广域网）、宽带无线接入（城域网）和各种短距离无线技术，与各种固定接入共同接入基于IP的同一个核心网络，通过网络的无缝切换，实现无处不在的最佳服务。

1.5　异构无线网络融合的技术问题

异构网络融合将涉及移动通信系统的多个层面，包括业务层面、控制层面、接入层面、传送层面和空中接口层面。各个层面的关键问题包括：统一的业务提供、快速鉴权与计费、移动性管理、安全性管理、QoS 控制、无线资源管理和频率规划等。在业务层面上，基于 IMS 的融合提供统一的业务；在控制层面上，基于网络层移动性管理等关键技术提供无缝切换和漫游；在接入层面上，通过联合无线资源管理和 QoS 控制技术保障平滑的业务；在传送层面上，基于 IPv6 或者 NGN 等关键技术保障传送质量；在空中接口方面，频率规划和减少各个系统之间的干扰是一个很重要的问题。

下一代移动通信网络具有的明显特征之一是多种异构无线接入技术并存，能够平滑地、自适应地传送实时多媒体业务和应用，终端和业务均能保持全球漫游，如图 1.5 所示。在设计和实现异构无线网络融合系统过程中，不同无线接入网络之间的融合将面临诸多的技术问题，如移动性管理、无缝融合网络架构、联合无线资源管理、软件无线电和重配置以及端到端 QoS 保障等。

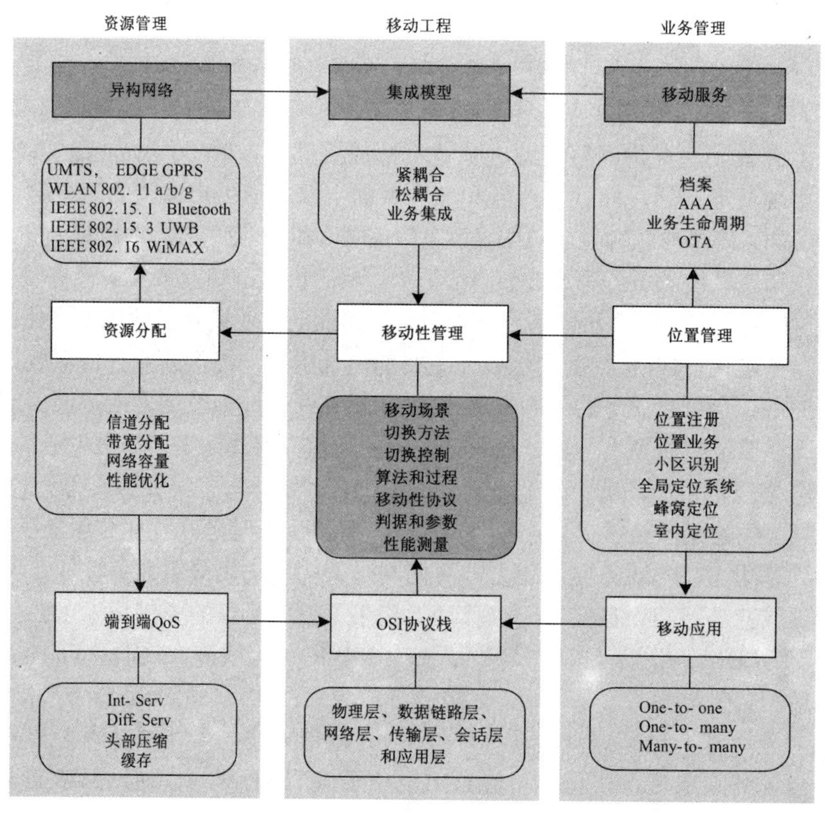

图 1.5　异构无线网络融合系统架构的设计和实现

1.5.1 基于网络层的异构无线网络移动性管理

异构网络并存、融合的场景给移动性管理方案的设计带来了新的挑战。移动通信网络中的移动性管理机制依赖于特定蜂窝技术所使用的协议，目前还没有通用的网络基础结构以及协议转换支持在这些不同类型接入网络之间的漫游。各种无线接入系统，如 WCDMA，cdma 2000，TD-SCDMA，WLAN 和 WiMAX 等由于其复杂多样性，完全基于物理层和链路层来提供移动性管理非常困难，需要一种通用的协议在网络层提供系统间的位置管理、寻呼、切换和无线资源分配等管理操作，屏蔽不同种类型的无线网络差异，而不需要针对每一种接入网络单独提供信令系统进行移动性管理。

1.5.2 异构无线网络融合的架构和理论模型

网络的异构性和业务种类的多样性对无缝融合的网络架构设计提出了更高的要求。在技术方面，为了支持全球漫游，下一代移动通信网络必须能够完全兼容无线设备的各种基本结构，并且保持高度的灵活性。用户能够体验到的移动性在实现形式上可分为以下几类：终端移动性、个人移动性、会话移动性和业务移动性。

无线网络融合应该包括系统、业务和覆盖等多个方面。在异构无线网络中，蜂窝网络提供广域移动性，WLAN 提供热点地区的高速业务，同时应当包含家庭和办公室的个域网络。

下一代移动通信网络采用基于 IP 的核心网络，可以允许多种方式的接入，包括 WLAN、WCDMA 和高性能的无线局域网等。由于采用 IP 协议承载，可以兼容多种无线接入协议，在设计核心网络时提供更大的灵活性。因此，基于 IP，充分利用网络的异构特征，设计全新的异构无线网络融合架构，解决用户无缝移动性问题成为研究的关键和热点。

1.5.3 异构无线网络联合无线资源管理

不同接入网络之间的异构性在于可用的无线资源不同，以及对无线资源的使用和管理方式不同。因此，建立联合无线资源管理模型和方法不仅对于接入网络之间协同工作的设计非常必要，而且对于各接入网络的部署和运营也起到重要的指导作用。

传统无线资源管理的目标是在有限带宽的条件下，为网络内无线用户终端提供业务质量保障，基本出发点是在网络话务量分布不均匀、信道特性因信道衰弱和干扰而起伏变化等情况下，灵活分配和动态调整无线传输部分和网络的可用资源，最大程度地提高无线频谱利用率，防止网络拥塞和保持尽可能小的信令负荷。传统意义上的无线资源管理包括接入允许控制、切换、负载均衡、分组调度、功率控制和信道分配等。

相比传统的典型意义的无线资源管理，联合无线资源管理不再局限于单一的集中式管理模式，而是采用集中式、分布式以及介于两者之间的分级式管理模式。异构无线网络间联合无线资源管理将是未来移动通信的研究方向，资源管理机制应该从整体上考虑无线资源的组成，利用重配置技术，通过业务测量，能够进行不同接入网间的业务分流，对异构网络中具有不同特性的接入网络进行联合接纳控制和资源调度，在满足业务需求的基础上，最优化异构网络的资源利用率。

1.5.4　异构多模终端和接入选择机制

下一代移动通信系统由各种无线网络组成，它们相互补充、无缝集成到统一的网络环境中。融合与互通涉及网络的方方面面，实现方案多种多样，然而终端的作用和功能始终不可回避。在这种复杂的应用场景中，需要异构多模终端的支持。未来的移动终端将拥有多个无线接口，具有接入不同网络的能力。因此，设计异构多摸终端接入选择的功能架构和接入选择策略，保持用户始终接入最优的网络，有效利用全网的无线资源，整合不同无线接入技术到一个统一的网络环境，在研究异构无线网络融合方面将扮演至关重要的角色，也是颇具挑战性的研究课题。

1.5.5　软件无线电和重配置

软件无线电是将标准化、模块化的硬件功能单元经过一个通用硬件平台，利用软件加载方式实现各种类型的无线电通信系统。作为一种具有开放式结构的新技术，软件无线电通过下载不同的软件程序，在硬件平台上实现不同的功能，也可以实现在不同的系统中利用单一的终端进行漫游，是解决移动终端工作在不同系统中的关键技术。

未来无线网络具有很强的异构性，为了使异构资源的使用和用户对业务的体验最优化，欧盟在IST计划中提出端到端重配置的概念，主要思想是采用重配置技术设计异构移动终端的功能架构，提高终端的兼容性，减少体积，降低功耗，节约成本。可重配置系统是指通过软件来改变硬件结构，以适应具体应用的计算平台。重配置技术由软件无线电（Software Defined Radio，SDR）技术发展起来，针对无线接入环境的异构性特点，以异构资源的最优化使用为目标，结合可编程、可配置、可抽象的硬件环境以及模块化的软件设计思想，实现终端对不同网络技术的支持。无线通信技术的异构性主要体现在空中接口上，重配置技术利用各种异构技术在物理层、媒体接入层和链路控制层上功能的相似性特点，通过模块化的、可重配置的协议栈的构建，实现了对不同接入技术的支持，并通过软件代码资源的重用性提高了设计效率。由于重配置技术其高度的灵活性，几乎可以改变空中接口包括高层在内的所有参数，复杂度极高。目前，端到端重配置技术在体系结构、资源管理、管理机制和空中接口实现等方面取得了重大进展，但在控制架构、无线资源的有效使用及动态重配置和原型机制等方面仍需要投入大量的研究工作，面临的技术挑战和研究重点是如何将系统的复杂性和可实现性有效地结合。

1.5.6 异构网络间垂直切换的研究

异构无线网络并存、重叠覆盖的场景为切换控制的设计提出了新的挑战。移动台在同种接入网络之间的切换称为水平切换，不同接入网络之间的切换称为垂直切换。异构网络间的垂直切换实现异构无线网络融合的突破性技术之一。在异构网络环境中，不同的接入技术在接收信号强度方面不具可比性，所以，传统水平切换控制策略无法满足垂直切换的特点和需求，不能从根本上解决异构无线网络间的垂直切换问题，需要针对垂直切换的特殊性和复杂性展开深入系统的研究。

1.5.7 TD-SCDMA 与 WiMAX 融合方案

TD-SCDMA 和 WiMAX 系统各具特色，从技术特征来看，两者具有很强的互补性。TD-SCDMA 系统提供广域无线覆盖，支持高移动性，提供语音业务和中、低速数据业务。WiMAX 提供热点区域覆盖，支持游牧移动性，提供高带宽流媒体数据服务。WiMAX 是 TD-SCDMA 的有效补充，两者在语音和数据业务方面互补。在 TD-SCDMA 和 WiMAX 重叠覆盖的网络中，双模终端根据业务和负载情况选择合适的接入网络。因此，有必要研究 TD-SCDMA 和 WiMAX 联合组网方案，有效利用彼此之间的优势，弥补各自的不足，向用户提供高质量的多媒体数据业务。

1.6 基于 IP 的异构无线网络融合研究现状

从目前的技术发展情况分析，对于异构网络环境下终端的漫游，采用基于 IP 的网络层移动性管理技术可以较好的屏蔽下层各种接入技术，实现用户的无缝漫游，从而实现个人通信的最终目标。为此，国际标准化组织、工业界和学术界都对基于 IP 的网络层异构无线网络融合的方案和技术研究投入了巨大的热情，已经取得了明显的进展。

针对基于 IP 的网络层移动性管理的研究和改进方面，主要包括 IP 微移动性技术以及其改进方案、IP 层切换技术及其网络选择算法、基于 IP 的位置管理和寻呼技术、控制信息向用户平面转移，以及 QoS 问题等。国内外的标准化组织和研究机构，如 IETF、3GPP、3GPP2、IEEE、纽约大学、瑞典皇家学院、新加坡国立大学、IBM、Intel、摩托罗拉、诺基亚和爱立信等都在关注并进行 IP 移动性的研究，获得了一系列的成果。国内的研究主要集中在大学和科研机构，如中国科技大学、西安电子科技大学、中山大学、北京交通大学、中国科学院计算所、北京邮电大学和中国移动研究院等，主要是进行跟踪研究。针对网络融合和蜂窝系统的 IP 移动性研究的实验系统主要有：欧盟 IST 的 Moby Dick 计划、Columbia 大学的 Cellular IP 试验床、新加坡国立大学试验系统、中国科技大学移动 IP 移动性性能实验系统和西安电子科技大学基于 IEEE 802.11b 的移动 IP 测试系统等。

1.6.1　国际标准化组织的工作

异构网络融合是未来移动通信网络发展的必然趋势，将面临诸多技术挑战，业界非常重视这一领域的研究与标准化工作。3GPP，3GPP2 和 IEEE 都已经把移动 IP 作为对移动性支持的基本协议。研究人员也正在纷纷通过建立试验系统等对移动 IP 的切换性能和位置管理功能进行研究，并开始着手未来移动通信网络技术规范的研究和制定，期望达到“任何人在任何时间、任何地点通过集成终端使用任意一种系统提供的业务”的通信目标。

IETF 是把移动 IP 作为移动 Internet 的移动性管理技术的主要倡导者，最早提出了移动 IP 的基本协议 RFC2002，并成立了专门的工作组对 IP 移动性进行研究。IETF 主要解决 Internet 上移动主机的路由等问题，比较活跃的工作组包括原来的移动 IP WG 和 Seamoby WG 以及现在的 mip4，mip6，mipshop 和 monami6 工作组。针对移动 IP 相继完成了封装协议：RFC2003、RFC2004、MIB 定义、防火墙协议、移动 IP 网络地址转换（NAT）、网络接入标识扩展、AAA 需求、反向隧道协议、IP Paging、IPv6 的移动性支持标准（RFC3775）、分级移动 IPv6（RFC4140）和快速切换移动 IPv6（RFC4068）等。另外，IETF 也提出了一些比较成熟的草案，如移动 IP 路由优化、移动 IP4 区域注册、移动 IPv4 低时延切换、移动 IPv4 动态注册、移动 IPv6 的认证协议、IPv6 解封的解决方式、候选接入路由器发现协议、微移动性协议、移动 IPv6 在 MPLS 网络中的支持以及移动 IP 与 MPLS 的结合和 AAAC，等等。对于分级移动 IPv6 和快速切换 IPv6，研究人员还提出了优化改进措施，比如将 HMIPv6 与 FMIPv6 结合，提出 FHMIPv6 的改进方案；在丢包率优化方面，主要是通过对接入路由器进行多播（Bi-casting）、在接入路由器进行数据包缓冲以及在接入路由器之间为 MN 建立隧道等方法。目前 IETF 关注的热点包括移动 IP 对 3G 和 4G 的支持、移动 IP 的 MIB 结构、移动 IP 安全、QoS、二层信号触发辅助切换、移动 IPv6 切换优化和移动 IPv6 节点的多重转交地址配置等问题。

3GPP 主要致力于利用 IETF 的 IP 移动性管理协议，结合 3G 和 4G 移动通信网，解决无线蜂窝网络向 All-IP 网络演化中所遇到的各种问题。3GPP 将逐步引入无线移动 IP 技术，主要解决 IP 路由、移动性管理、资源分配、安全认证和计费等问题。3GPP 认为，电信网络，无论是固定网络还是蜂窝网络，都向基于 IP 的网络发展演变。GSM 提供低速数据，3G 提供 Internet 的连接，使用二层的方法解决移动性管理。面向未来的移动管理应当从特定链路层属性解脱出来，切换应当在 IP 层进行，而移动 IP 无疑是最具竞争力的方案。3GPP Release7 中提出了系统架构演进（SAE）的基本架构，关于如何支持移动性是 SAE 的主要研究内容之一。3GPP SAE 在移动性管理方面要求异构接入网络间的无缝漫游，提供对实时业务和非实时业务的无缝操作。在规范草案的描述中，明确提出采用移动IP作为SAE移动性管理的方案。在核心网中考虑逐步引入移动IP协议，结合UMTS GTP和移动IP两种移动性管理方案，在全网范围内进行数据流的传输和控制。移动IP引入3GPP网络结构，必须依托现有网络实体之上，将移动IP的主要功能实体映射到UMTS、WLAN和SAE网络实体上，通过增加软件模块升级来实现移动IP的功能。另外，3GPP还提出针对WLAN/UMTS互连方案中的6种互操作场景，基于欧洲电信标准协会（ETSI）定义了两种异构网络（如WLAN和UMTS网络）的融合结构：松耦合与紧耦合。在松耦合方案中，WLAN通过Gi参考点和UMTS核心网连接；在紧耦合方案中，WLAN数据通过Gb或Iu-PS参考点连接到UMTS核心网。

3GPP2发布了由3GPP2 TSG-P工作组开发的标准P.S0001-B v1.0，即“无线IP网络”。在标准中定义了基于cdma2000的第三代无线系统上的无线分组数据网络能力的支持要求，为接入到公共网络（Internet）和专用网络（Intranet）提供了两种方法：简单IP和移动IP。3GPP2致力于在cdma 2000中完全采用移动IP作为网间漫游和切换协议，在归属网络中放置HA和归属AAA，FA功能由拜访网络中的PDSN承担，使用GRE隧道协议进行数据包的重定向。

ITU-R描述了各种无线接入系统如何在融合中共存，以提供综合服务。卫星通信、无线局域网、数字广播、蜂窝移动通信，以及其他接入系统将连接起来，通过公共的基于IP的核心网提供集成、无缝的服务。不同的接入系统将根据它们的应用区域、小区范围以及无线环境组织在一个分层结构中。这些不同接入系统无缝的网络的互连将由垂直切换或会话的连续来完成。不同的层次对应分布式的层次，包括数字广播、蜂窝层、若干小区层和热点层，对于短距离通信的个人网层，以及固定接入系统的固定层。按照最新的工作计划，国际电信联盟（ITU）将于2009年在国际范围内启动技术提案的征集工作，开始一整套包括技术征集、评估、融合以及标准化在内的4G无线通信技术的国际标准化过程（ITU称为IMT-Advanced）。2000年，ITU完成了对于第三代移动通信（3G）的国际标准化工作，这些协调全球产业界的工作在3G的技术研究和标准化，特别是商用和产业化推广上发挥了十分重要的作用，也可以作为目前3G能够取得成功的重要前提。同时，无线通信作为通信领域最活跃的部分之一，技术快速发展，市场竞争日趋激烈，在这种环境下，成为全球化的标准对一项技术或者一个系统的未来发展和产业成功至关重要，各方面都十分关注即将开始的4G标准化工作。IMT-Advanced系统必然面对一个异构的网络环境，不同的无线技术和接入网络将以互补的方式共存。不论是为了在异构环境下保持个性化业务的一致提供，还是为了高效利用异构网络资源进行业务开放部署，IMT-Advanced系统不仅在网络层面上要实现互连互通，而且在业务和应用层面上要实现用户体验的无缝融合。IMT-Advanced网络技术的研究将着眼于IP连通层面上异构网络的融合、移动性和QoS管理、异构网络安全以及网络的可扩展性等方面。通信过程必须自动调节以适应变化的用户需求，从而适应宽带无线化、无线宽带化以及异构环境。在目前的研究中已经提出许多新的概念，如移动软切换、NGN 以及 IMS 和 IPv6 等。

IEEE 近年来在 WLAN 的研究和标准化方面做出了突出的贡献。WLAN 不但被广大的 Internet 用户接受，而且还被移动通信运营商集成至移动通信网络，如 GSM 网络，产生了所谓的可运营 WLAN，从而使得 WLAN 和已有的移动通信网络的互连问题变得有意义而且急迫起来。目前，广泛认同的方案仍旧是使用移动 IP 作为互连的主要方法，一些产品已经问世。但由于二者在无线链路质量和鉴权等方面存在比较大的差异，没有得到广泛应用。目前，基于 IEEE 802.16e 的 WiMAX 网络正在成为研发的热点，以提供高速运动下的宽带接入的 IEEE 802.20 网络也已经开展研究，虽然二者的应用场合不同，但共同的趋势就是均准备采用移动 IP 作为主要的漫游和切换方案。随着更多种无线接入系统的研究和应用，不同系统之间的漫游和切换成为问题的关键。由于在链路层实现各种无线系统的互连和融合几乎不可能，因此，在 IP 层的移动性支持成为网络融合的必然趋势。2004 年 3 月，IEEE 正式成立的 802.21 工作组，首要目标是在无须用户干预情况下，实现移动终端在网间漫游时自动选择最优的网络连接，并能够无缝切换。IEEE 802.21 成立的另一个重要原因是目前移动 IP 用作漫游时存在目标网络发现和网络时延等问题，IEEE 802.21 工作组致力于使用网络底层相关的信息来克服这些问题，实际上归结为二层触发机制的问题。

1.6.2 业界具有影响力的研究项目

（1）欧盟 IST 第六框架计划（FP6）中 Moby Dick 项目（Mobility and Differentiated Services in a Future IP Network）

Moby Dick 项目由来自欧洲和其他国家的十几家电信运营商和研究机构发起，旨在对未来全 IP 网络中的移动性和 QoS 提供解决方案，并且以 WCDMA、WLAN 和以太网为主要的接入方式，搭建了横跨欧洲的试验网。项目的主要目标是在 IPv6 的基础上集成了移动性支持、QoS 和 AAA 的全 IP 体系结构，支持在不同接入网络或者管理域之间的无缝切换。Moby Dick 计划目的在于研究下一代统一 IP 网络的框架性协议和性能测试，在移动性支持方面，主要采用已有的 FMIPv6，HMIPv6 和 IP Paging 等机制来提供 IP 层移动性支持。在关键技术创新上没有投入更多的力量，更注重于提供一个异构 IP 网络组成的移动 Internet 的解决方案。Moby Dick 是在异构网络融合领域内非常有影响的研究和应用解决方案，显示了基于 IP 移动性管理的移动 Internet 对未来通信网络的重要意义和深远影响。

（2）欧盟 IST 第六框架计划（FP6）中 Ambient Networks 项目

Ambient Networks 项目主要研究不同接入网络在 QoS、移动性、安全和多播等能力方面的融合，并设计了跨越不同的空中接口的通用 RRM 算法（MRRM）和通用链路层（Generic Link Layer，GLL）。其中，GLL 可以被用来集成不同的无线接入技术，如 GSM/EDGE，WCDMA，cdma2000，WLAN，HSDPA 或新的 4G 无线接入技术。与 3GPP

提出的紧耦合方式相比，GLL 具有以下优势：首先，GLL 的耦合程度更为紧密（共用多个链路层的协议实体），且通用的无线链路协议被定义成一个根据底层传输技术不同而进行自适应调整的协议实体，GLL 方案具有更好的切换性能；同时，由于更紧密耦合的特点，GLL 更适用于在一个网络接入节点上集成多种无线接入技术，否则不同的无线接入点间需要复杂的信令系统实现网络侧的不同 GLL 实体间的协同操作。

在 Ambient Networks 项目的研究中，爱立信研究中心的 E. Gustafsson 和 A. Jonsson 提出了未来异构网络环境中 Always Best Connected（ABC）的概念。“ABC”的含义就是当多模终端在不同运营商的系统之间，在同一个运营商不同类型的接入网络之间移动的过程中，选择最适宜的接入方式进行业务承载。对于 ABC 问题的研究，从不同的角度考虑，其解决方案也不尽相同。比如从运营者的角度考虑该问题，ABC 就是如何尽可能减少网络资源占用的情况下，保证每个用户的最小 QoS 需求；而终端用户的角度考虑该问题，ABC 就是在如何尽可能减少用户资费的情况下，最大化业务的 QoS 需求。ABC 问题对于确定在多接入系统中选择目标网络的准则具有一定的参考价值。但是，ABC 问题的定义还只限于概念层面，没有涉及在接入网重新选择的过程中如何保持业务的连续性，以及如何利用多个接口提供优化的数据传输能力，有待进一步深入地研究。

（3）欧盟 IST 第六框架计划（FP6）中 EVEREST 项目（Evolutionary Strategies for Radio Resource Management in Cellular Heterogeneous Networks）

EVEREST 项目主要研究跨越异构接入网络的通用无线资源管理算法以及异构环境下的端到端 QoS，考虑 UMTS 与 WLAN 共存场景，并搭建验证平台。

（4）微软亚洲研究院 WWAN 和 WLAN 之间垂直切换项目

微软亚洲研究院提出了一种端到端的垂直切换的解决方案。与移动 IP 的路由优化机制类似，该方案要求通信的双方必须支持端到端切换的功能，包括一个连接管理器和一个虚拟连接管理器。连接管理器用来探测底层链路动态变化的情况，用以辅助高层进行切换判决操作，相当于移动 IP 中的底层触发机制。虚拟连接器维持端到端传输的连续性，相当于移动 IP 中的地址更新绑定功能。

1.6.3 其他机构和组织的相关研究情况

- 美国国家自然科学基金从 2000 年开始资助基于 IP 的 4G 移动性管理项目。
- UC Berkeley 的 BARWAN 研究计划，研究基于代理的业务适配、不同接入网络之间基于策略的选择机制，以验证支持异构接入的体系结构。
- 中国国家 863 的“Future 计划”提出未来无线通信通用环境技术和一套完整的异构网络环境下的无缝漫游解决方案。
- 北京邮电大学国家自然基金资助项目“下一代移动通信系统中网络融合的理论和

关键技术研究”。

- 上海交通大学项目“全 IP 异构网络无缝融合的若干关键技术研究”。
- 日本 MIRAI 国家计划项目“实现异种无线系统之间的无缝集成”。
- 中国移动等运营商也准备进行利用基于 IP 的移动性管理技术进行 UMTS 与 WLAN 的融合的研究工作等。
- 北京邮电大学 PCN&CAD 中心 Net-Go 项目组分级网络层移动性管理研究（Hierarchical Network-layer Mobility Management，HNMM）、自适应移动性管理研究（Adaptive Mobility Management，AMM）和接入网络聚合层（Access Networks Convergence Layer，ANCL）。

参 考 文 献

[1] Tero Ojanpera，Ramjee Prasad 著，朱旭红，卢学军，等译. 宽带 CDMA：第三代移动通信技术[M]. 北京：人民邮电出版社，2000.

[2] 李军，宋梅，宋俊德. 一种通用的 Beyond 3G Multi-Radio 接入架构[J]. 武汉大学学报，Vol.51（S2）：pp.95～98，Dec.2005.

[3] 黄建文. 异构全 IP 移动通信系统中网络融合若干关键问题研究. 北京邮电大学博士学位论文，2006.4.

[4] 彭林，朱小敏，朱凌霄. WCDMA 无线通信技术及演化[M]. 北京：中国铁道出版社，2004.

[5] 陈琳，李志蜀，翁启斌. 第四代无线通信系统的构架及其关键技术[J]. 计算机应用研究，pp.248～250，2004.6.

[6] 陈林星，曾曦，曹毅. 移动 Ad Hoc 网络[M]. 北京：电子工业出版社，2006.

[7] http：//www.ieee802.org/21.

[8] Mika Ylianttila，Vertical Handoff and Mobility-System Architecture and Transition Analysis，Academic Dissertation，2005.5.

[9] http：//w3.antd.nist.gov/seamlessmobility.ppt.

[10] 朱艺华. 无线移动网络的移动性管理[M]. 北京：人民邮电出版社，2005.

[11] 陈前斌，黄琼，隆克平. 下一代网络通用移动性管理技术初探. 通信学报[J]，Vol.25（12）：pp.65～70，Dec.2005.

[12] N. A. Fikouras et al.，Performance Analysis of Mobile IP Handoffs[C]，Asia Pac. Microw. Conference，Vol.3：pp.770～773，Jun.1999.

[13] 庄宏成. 无线移动 IP 关键技术的研究. 中山大学博士学位论文，2002.4

[14] http：//www.ist-mobydick.org.

[15] http：//comet.columbia.edu/cellularip.

[16] http：//www.ietf.org.

[17] http：//www.3gpp.org.

[18] http：//www.3gpp2.org.

[19] http：//www.itu.int/home.

[20] http：//www.ieee802.org.

[21] http：//www.ambient-networks.org.

[22] E.Gustafsson，A.Jonsson，Always Best Connection-ABC[J]，IEEE Wireless Communications， Vol.10（1）：pp.49～55，Feb.2003.

[23] Gábor Fodor，Anders Eriksson，Aimo Tuoriniemi，Providing Quality of Services in Always Best Connected Networks[J]，IEEE Communications Magazine，pp.154～163. Jul.2003.

[24] 毕亚娜. 基于 IP 集成的无线多接入系统中相关理论和关键技术的研究. 北京邮电大学博士学位论文，2006.4.

[25] 方波. 基于 IP 的移动性管理体系结构和网络层切换机制的研究. 北京邮电大学博士学位论文，2005.5.

[26] http：//www.everest-ist.upc.es.

[27] Qian Zhang，Chuanxiong Guo，Zihua Guo，Efficient Mobility Management for Vertical Handoff between WWAN and WLAN[J]，IEEE Communications Magazine，pp.102～108，Nov.2003.

[28] Chuanxiong Guo，Zihua Guo，Qian Zhang，A Seamless and Proactive End-to-End Mobility Solution for Roaming Across Heterogeneous Wireless Networks[J]，IEEE JOURNAL ON SELECTED AREAS IN COMMUNICATIONS， Vol. 22（5）：pp.834～848，Jun.2004.

[29] http：//www.ece.gatech.edu/research/labs/bwn/projects.html.

[30] http：//http.cs.berkeley.edu/～randy/Daedalus/BARWAN.

[31] http：//www.nict.go.jp.

[32] NetGo Project，Renewal Proposal 2005，NetGo Project 项目技术报告，2005.8.

[33] 移动研究院技术报告，移动 IP 建模及性能分析. 2007.4.

[34] 陆占红. 展望 4G（第四代）移动通信[J]. 电信网技术，2003.5.

[35] 罗强，张平. B3G 网络联合无线资源管理的研究[J]. 电信科学，2006.6.

[36] 杨光，余凯，章魁，张平. 基于 IEEE 802.11e MAC 的联合无线资源管理[J]. 重庆邮电学院学报，Vol.17（6）：pp. 662～666，Dec.2005.

[37] 罗伟. 网络融合技术方案探讨[J]. 电信快报，2006.1.

[38] 李军. 未来异构无线网络融合的关键技术研究. 北京邮电大学博士学位论文，2007.5.

第2章　基于网络层的异构无线网络融合

本章要点

- 下一代移动通信系统中的移动性管理
- 基于网络层的移动性管理
- 基于移动 IP 的异构无线网络融合
- 分层移动 IP 最优管理区域设置方案
- 移动 IP 技术在第三代移动通信中的应用

本章导读

基于移动 IP 的网络层移动性管理被公认为是解决异构无线网络融合最具竞争力的方案。本章首先论述了下一代移动通信系统中移动性管理的特征和概念，接着详细介绍了移动 IP 切换和性能优化技术，然后通过建立分层移动 IP 的网络分析模型，提出了一种分层移动 IP 最优管理区域的设置方案，最后介绍了移动 IP 在第三代移动通信网络中的应用情况。

2.1 引　　言

异构无线网络融合是未来移动通信网络发展的必然趋势，将面临诸多的技术挑战。多接入网络之间无缝移动性问题是实现网络融合的关键之一，移动 IP 被公认为是解决异构无线网络融合最具竞争力的移动性管理方案，主要应用于不同接入网络之间的切换和漫游。随着移动通信与 Internet 的日趋融合，业界已经意识到无线数据业务主要通过蜂窝移动网络来提供，有必要对下一代移动通信系统中移动性管理、基于网络层的移动性管理、移动 IP 的性能优化和移动 IP 在第三代移动通信系统中部署等问题进行深入的探讨。通过改善和增强移动 IP 的性能，最终使其成为一种适合于未来移动通信网络中宏移动性和微移动性管理的方案。

2.2 下一代移动通信系统中的移动性管理

移动性管理是指移动通信网络中用户移动所涉及的相关问题。由于用户的移动性，要求网络对此特性给以支持及管理。用户的移动性通常涉及用户在不同网络、不同域之间的漫游。在无线网络中，移动性是指对于用户和终端位置的改变，即持续接入服务、继续通信的能力。目前，蜂窝移动通信网络中的移动性管理机制依赖于特定蜂窝技术所使用的协议，还没有一种通用的网络基础结构或协议支持不同类型接入网络之间的漫游。

下一代移动通信网特征之一是多种异构无线接入技术并存，能够平滑、自适应地传送实时多媒体业务和应用，终端和业务均能保持全网漫游。异构网络并存、融合的场景给移动性管理方案的设计带来了新的挑战。未来无线网络的移动性管理必须解决以下问题：

① 提供一个灵活、分层、符合安全要求的理论模型，建立各层之间的映射机制，既能够实现不同地址域的全球可达性，又能支持业务、节点、网络和会话的移动性。

② 不管是域内移动性还是域间移动性，必须降低移动性管理信令的负荷，尽可能减少实体之间的交互，最小化位置更新信令代价，减小会话传递的时延。

③ 异构网络之间的切换管理必须满足 QoS 要求，解决路由优化问题，减少传输时延。

④ 具有可升级性，以便新的无线接入网能简捷、迅速地融合进移动性管理框架中。

网络的异构性和业务种类的多样性使用户对移动性提出了更高的要求。传统意义上的移动性管理模型和架构需要重新考虑。在异构网络环境中，用户体验到的移动性在实现形式上可分为以下几类：终端移动性、个人移动性、会话移动性和业务移动性。由于用户处于不同类型接入网络的重叠覆盖区中，研究人员提出了多种不同的技术方案和设想，利用不同的方法实现异构网络的融合与互通。在蜂窝移动通信网络中，移动性管理的目的是为终端和业务提供移动性，主要包括位置管理和切换管理。

位置管理使系统具备定位和跟踪随时可能漫游或移动的主机 / 终端的位置，然后将呼叫或分组准确地递交至目的移动主机 / 终端的能力。如图 2.1 所示，位置管理所涉及的概念有位置更新和呼叫递交两个子过程。网络必须跟踪记录移动台的位置信息，才能按要求把来话的呼叫递交到正确的用户。

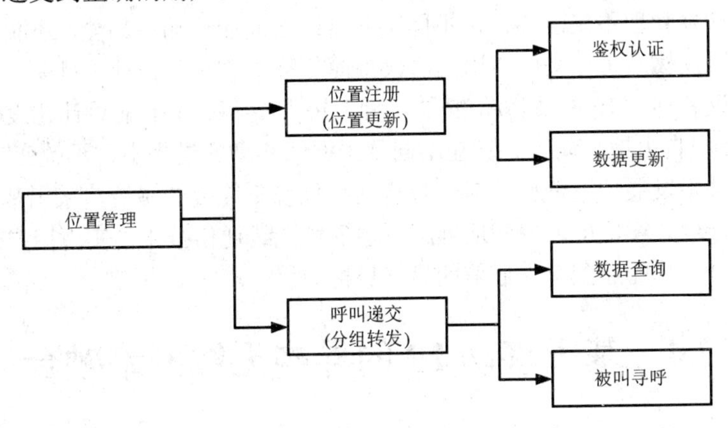

图 2.1　位置管理

切换管理是移动性管理中最重要和最具挑战性的问题之一，允许终端在改变网络接入点时，仍然保持正在进行的连接，主要包括 3 个步骤：切换的初始化、新链接的建立和数据流控制。如表 2.1 所示，在切换管理的研究主要包含切换架构和切换算法的设计，其中，关键问题是切换判决策略和切换性能的评估。

表 2.1　切换管理内容

切 换 管 理					
切 换 架 构			切 换 算 法		
切换类别	切换控制	切换执行	切换判据	判决策略	切换性能
· 硬切换 · 软切换 · 无缝切换	· 网络控制 · 移动台控 · 移动台帮助	· 附着 · 重附着 · 去附着 · 注册通信	· RSS · 优先级 · BER，BLER · SIR · 路径损耗 · 功率预算	· 传统方法 · 神经网络 · 模式识别 · 模糊逻辑 · 带后测试	· 切换时延 · 切换速率 · 切换阻塞率 · 呼叫掉话率 · 呼叫阻塞率

2.3　基于网络层的移动性管理

未来异构网络环境下的移动性管理需要一种通用的协议来屏蔽不同种类型无线网络的差异。而 IP 技术恰恰可以屏蔽第二层接入技术，为上层提供统一的接口。基于 IP 的网络层移动性管理协议可以为终端在异构网络环境下的漫游提供统一的解决方案。传统的移动通信系统通过专门的 7 号信令网传输信令，信令传输与业务传输独是相互独立的；在全 IP 网络中，核心网和空中接口都已经 IP 化，所有业务由 IP 直接承载，即控制和业务都在 IP 层面承载。由于 IP 网络本身的性能和传统的 7 号信令网的差异，需要重新考虑 IP 平面上同时传送信令和业务数据时的性能要求。

网络层移动性管理不仅能够提供不同接入网络之间的移动性功能，还能通过在任何特定的接入链路协议栈之上，采用通用的协议来简化移动终端的设计。目前，常见的网络层移动性管理协议有移动 IP 以及移动 IP 的各种改进方案。移动 IP 的设计初衷使得移动终端能够在 Internet 中自由地移动，并且在不同的子网间移动的过程中，不改变其 IP 地址。

从目前的技术发展情况分析，对于异构网络环境下终端的漫游，采用基于移动 IP 的网络层移动性管理方案，可以较好地屏蔽下层各种无线通信技术，实现用户无缝漫游和移动性管理的统一，从而达到个人通信的最终目标。

2.4　基于移动 IP 的异构无线网络融合

2.4.1　移动 IP 的工作机制

1996 年 11 月，移动 IP 由因特网工程指导组（IESG）公布为建议标准（Proposed Standard），IETF 移动 IP 工作组在 1992 年 6 月制定了一系列相关的 RFC 文件，包括 RFC2002～RFC2006 等。文件中提出了移动 IP 这一新的 IP 路由机制，使移动节点以一个永久的 IP 地址连接到任何链路上，目的是为因特网（Internet）提供移动计算的功能，具有可扩展性、可靠性和安全性等特点。移动 IP 的主要设计目标是移动节点在改变网络接入点时，不必改变节点的 IP 地址，能够在移动过程中保持通信的连续性，使用户能够在漫游过程中自由实现 Internet 接入。目前，IETF 公布了移动 IPv4、移动 IPv6 和分层移动 IPv6 等相关技术标准。以下介绍移动 IP 的相关技术及工作机制。

1. 移动 IPv4 的工作机制

在移动 IPv4 的工作机制中，当移动主机（MN）检测出自己已经漫游至外地网络时，它将通过外地代理 FA 获得一个临时转交地址。转交地址有两种类型：FA 转交地址和配置转交地址。MN 把这个转交地址通过 Internet 通知它的本地代理 HA。此后，其他子网发给该 MN 的 IP 数据报仍将发给其家乡网络，在家乡网络中，由 HA 通过代理 ARP 截获发向 MN 的报文，把发至 MN 的 IP 数据报进行重新装配，装配时把 IP 数据报的目的 IP 地址域改为 MN 的转交地址（隧道技术），然后再发送出去。如果转交地址是 FA 转交地址，则隧道的接收端是 FA。FA 把重新装配的 IP 数据报恢复成原来的格式再转交给 MN。如果转交地址是配置转交地址，则隧道的接收端是该 MN，由它自己完成拆包工作。当 MN 在外地网发送 IP 数据包时，使用通常的 IP 协议发送，无须 HA 与 FA 的介入。

如图 2.2 所示，当移动主机移动到外地网络时，通过代理搜索确定自己的位置和转交地址，然后通过注册使代理可以完成转发功能，最后通过隧道技术完成数据包的转发。

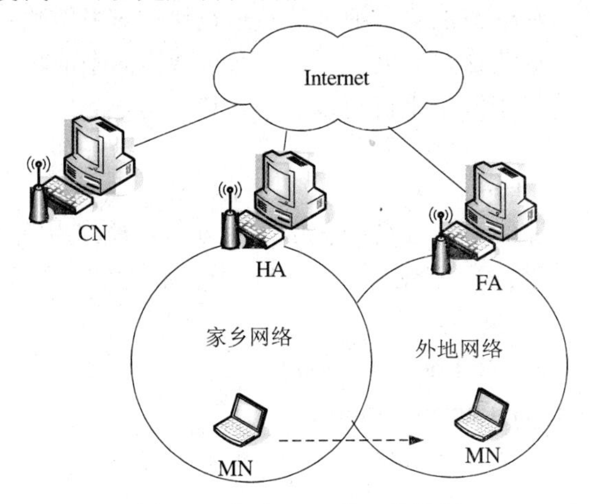

图 2.2　移动 IPv4 的工作机制

（1）代理搜索

移动节点利用代理搜索（Agent Discovery）过程完成以下的功能：判定它当前是连在家乡链路上还是外地链路上；检测它是否切换了链路；当连在外地链路上时，得到一个临时的转交地址。代理搜索由两条简单的消息构成，一条消息是代理广播消息（Agent Advertisement），代理利用这个消息向移动节点宣布它们的功能；另一条消息是代理请求消息（Agent Solicitation），当移动节点没有收到代理广播消息时，可以发送代理请求消息，让链路上所有代理立即发送一个广播消息。移动节点可以通过代理广播消息中 ICMP 路由器广播部分的生存时间域或者网络前缀作为移动检测的标准，确定移动节点是否从一条链路切换到了另一条链路上。

（2）注册

注册是移动节点向外地代理请求选路和隧道拆封服务，以及将当前转交地址告诉家乡代理的方法。当移动节点发现自己从一条链路切换到了另一条链路上时，便启动注册过程。

当出现一些特殊情况时，也需要进行注册，例如，当移动节点发现它所连接的外地代理进行了重新启动时，它就会重新进行注册；当前注册如果过期时也要重新注册。移动 IP 注册包括两种消息的交互：注册请求消息（Registration Request）和注册应答消息（Registration Reply）。

（3）包传送

包传送即数据包的路由选择，包括两种情况：移动节点连在家乡链路上；移动节点连在外地链路上。当移动节点连在家乡链路上时，目的地址为移动节点家乡地址的数据包送到移动节点的家乡链路上，可以采用普通的网络前缀路由分析技术。当移动节点连在外地链路上时，把目的地址为移动节点家乡地址的数据包送往家乡链路，实际上是送往移动节点的家乡代理，家乡代理截获这些数据包后，就通过隧道向当前转交地址发送一个数据包的备份，原始数据包从隧道中取出来拆封以后送往移动节点。

（4）隧道技术

数据包被封装在另一个数据包净荷中传送所经过的路径称为隧道。毫无疑问，隧道是移动 IP 中不可或缺的关键技术，它主要包括 IP 的分片和封装。在移动 IP 中使用的隧道技术有以下 3 种：

- IP 的 IP 封装（IP in IP Encapsulation）；
- 最小封装（Minimal Encapsulation）；
- 通用路由封装（Generic Routing Encapsulation，GRE）。

2．移动 IPv6 的工作机制

随着网络技术和规模的迅猛发展，为满足不断增长的需求，Internet TCP/IP 协议正从 v4 版本向下一代 Internet 协议 IPv6 版本逐步演进，作为网络层协议的移动 IP 将在 v6 版本中为网络节点提供较为完善的移动性支持。目前，IETF 移动工作组把制定和完善移动 IPv6 标准作为移动 IP 工作组议程的主要研究课题，并取得了一定的进展。移动 IPv6 是在继承移动 IPv4 诸多优点的基础上，利用 IPv6 中增加的许多新特点而进行设计的，已经成为 IPv6 协议不可分割的一部分，为 Internet 提供了更加完善的移动性支持。与移动 IPv4 相比，移动 IPv6 做了许多改进，其中最主要的是消除了“三角路由”问题，集成了路由优化机制，允许任何通信节点和移动节点之间直接路由数据包。另外，原来移动节点的家乡地址被全球可路由的家乡地址和链路本地地址所代替；外地代理也被外地链路上的一个纯 IPv6 路由器所替代，并且转交地址都通过自动或手工方式配置；家乡代理的经过认证的注册被家乡代理和其他通信伙伴的带认证的通知所取代；数据传送方式也在原来的隧道方式基础上增加了源路由的方式。所有这些改进机制都提高了移动 IPv6 的性能和效率。移动 IPv6 的设计借鉴了移动 IPv4 的开发经验，但与移动 IPv4 存在很多区别，两者比较情况如表 2.2 所示：

表 2.2　移动 IPv4 与移动 IPv6 的比较

移动 IPv4 的概念	移动 IPv6 的概念
移动节点，家乡代理，家乡链路，外地链路	（相同）
移动节点的家乡代理	全球可路由的家乡地址和链路-局部地址
外地代理 / 外地代理转交地址	外地链路上的一个“纯”IPv6 路由器（不再有外地代理）所有转交地址都是配置转交地址
配置转交地址 通过代理搜索，DHCP 或手工获得转交地址	通过主动地址自动配置，DHCP 或手工得到转交地址
代理搜索	路由器搜索
向家乡代理的经过认证的注册	向家乡代理和其他通信伙伴的带认证的通知
到移动节点的数据传送采用隧道	到移动节点的数据传送可采用隧道和源路由
由其他协议完成路由优化	集成了路由优化

3．分层移动 IPv6 的工作机制

分层移动 IPv6（HMIPv6）是一种微移动性管理模型，通过采用层次型路由结构，使注册信令过程局部化，减少移动节点与家乡代理和通信对端的信令交互量，减少切换引起的通信中断时间。HMIPv6 是在 MIPv6 的基础上，引入一个新的实体，称为移动锚节点（MAP），通过 MAP 管理本地切换，而全球移动性仍由 MIPv6 协议管理。HMIPv6 协议对移动节点和 HA 操作进行了较小扩充，主要原因是移动节点在 HA 登记 MAP 的 CoA。因此，当移动节点在本地移动时，只需要在当前 MAP 上登记它的新位置，而不需要与 HA 或接入网之外的任何 CN 进行有关操作，通过使用这种方法，信令只发生在较小的区域，不会扩散到核心网，完成位置更新的时间较短。MN 有 3 个不同的地址：MN 归属地址、区域地址（RCoA）和本地地址（LCoA）。当 MN 连接到新的网络时，向服务这个网络的 MAP 请求注册，MAP 截取到它服务的 MN 的所有分组，并用隧道方式将分组转发到 MN 的 LCoA。

2.4.2　移动 IP 的切换技术

1．基本移动 IP 的切换

移动 IP 的主要设计目标是移动节点在改变网络接入点时，不必改变节点的 IP 地址，能够在移动过程中保持通信的连续性，使用户能够在漫游过程中自由实现 Internet 接入。在移动 IP 的工作机制中，当移动主机移动到外地网络时，通过代理搜索（Agent Discovery）

确定自己的位置和转交地址，然后通过注册使代理可以完成转发功能，最后通过隧道技术完成数据包的转发。

在移动 IP 中，当 MN 位置发生移动，从一个子网移动到另外一个子网就产生了切换。移动 IP 的切换过程如图 2.3 所示。当 MN 位置移动，从一个子网移动到另外一个子网就产生了切换。整个移动 IP 的切换过程不但要进行链路层切换，而且需要完成网络层的切换。

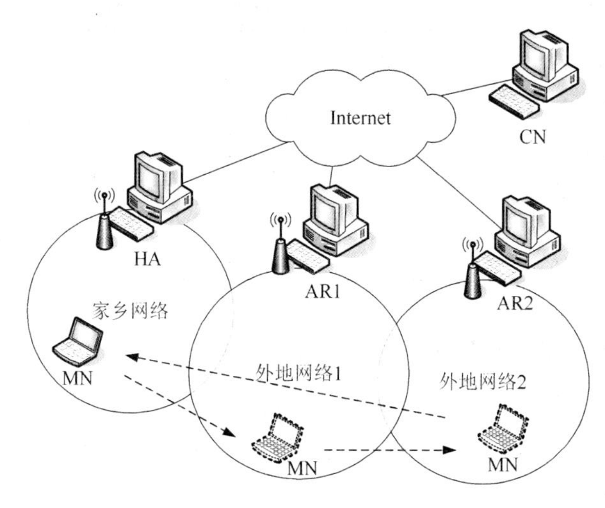

图 2.3　移动 IP 的切换过程

图 2.4 显示了移动 IP 的切换信令流程。在切换过程发生以前，移动节点 MN 通过旧接入路由器（Old AR）发送和接收数据。在 *t*0 时刻，MN 进入新接入路由器（New AR）的信号范围，MN 处于新旧 AR 蜂窝重叠区域（*t*0 到 *t*2 时刻）。MN 根据链路特性（RSSI 接收信号强度）判断是否需要进行链路层切换，链路层切换使用硬切换技术，*t*1 时刻和 *t*3 时刻分别为链路层切换的开始时刻和完成时刻。当链路层切换完成后，MN 就可以收到新 AP 周期性广播的公告报文，当 MN 接收到新 BS 广播的第 1 个公告报文时（*t*3 时刻），开始进行转交地址配置，在 *t*4 时刻完成，然后 MN 发出路径更新报文，向家乡代理进行注册，路径更新完成后（*t*5 时刻），MN 就可以通过新 AP 接收和发送数据。

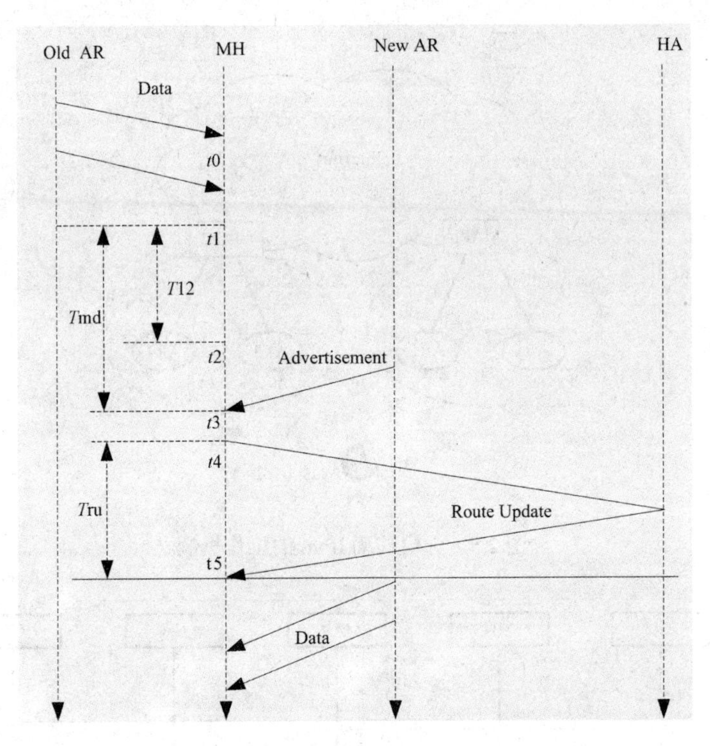

图 2.4　移动 IP 的切换信令流程

2．分层移动 IPv6 的切换

HMIPv6 的基本思想是把网络划分成不同的管理域，将移动节点 MN 的行为分为宏移动（域间移动）和微移动（域内移动），分别由传统移动 IP 和微移动性管理协议支持。如图 2.5 所示，在分层移动 IPv6 切换过程中，如果移动节点 MN 在同一管理域中不同的接入路由器（AR）之间切换，LCoA 改变，需要绑定 MN 新的 LCoA 到 MAP。如果 MN 移动到另一个 MAP 域，需要获得一个新的区域地址 RCoA 和 LCoA。构成这些地址后，MN 发送常规的 MIPV6 绑定更新消息（BU）到 MAP，MAP 绑定 MN 的 RCoA 和 LCoA。作为响应，MAP 回送一个绑定确认消息（BA）给 MN。而且 MN 也必须通过发送另一个 BU 给 HA，指定归属地址与新的 RCoA 的绑定。最后，发送 BU 给正与它通信的 CN，指定归属地址与新的 RCoA 的绑定。分层移动 IP 的 MN 切换注册过程如图 2.6 所示。

在移动 IP 的切换过程中，为了保证已有连接的通信服务质量，使移动节点在切换过程中通信连接中断的时间达到最小，研究人员还提出了低延迟切换技术和快速切换技术。

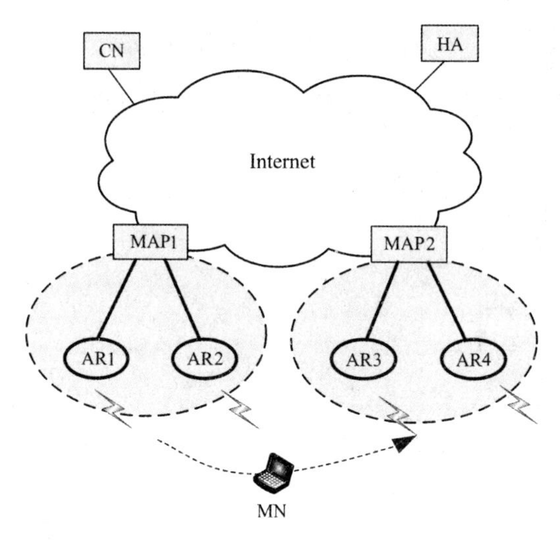

图 2.5　分层移动 IPv6 的工作机制

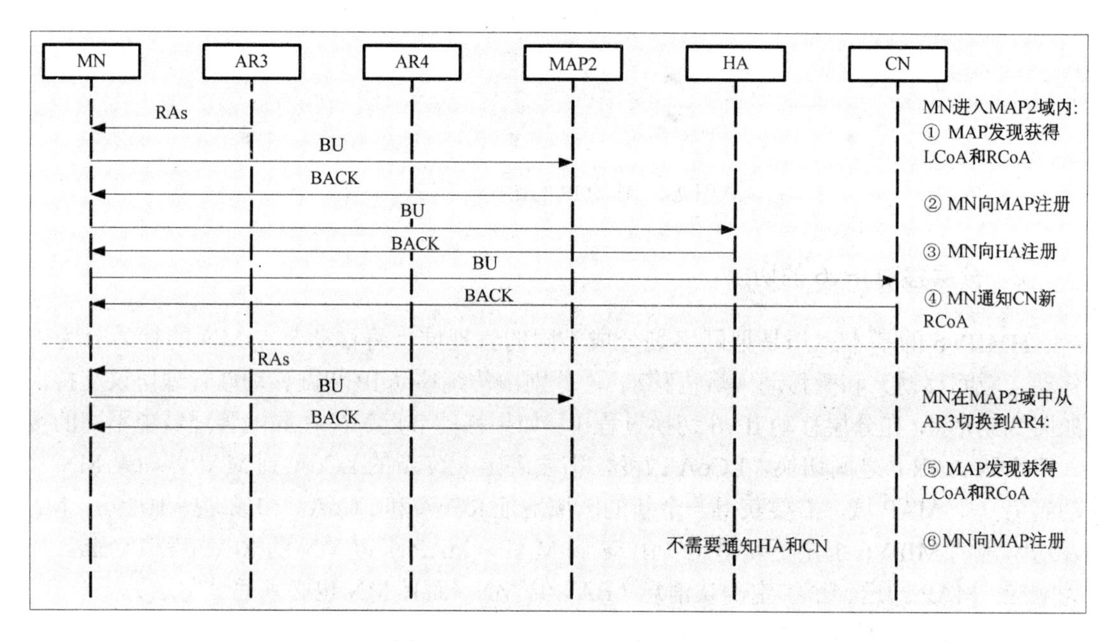

图 2.6　分层移动 IP 的切换过程

3．移动 IPv4 低延迟切换

为了减小移动 IP 的切换时延，提出了 3 种切换方法：预先注册切换方法、过后注册切换方法和联合切换方法。

（1）预先注册切换

允许移动主机参与即将发生的第三层切换。在网络支持下，移动主机在没有完成第二层的切换时，就启动第三层切换的部分操作。第三层切换可以是移动终端发起的，也可以是网络发起的。除了移动终端发起的情况下需要对代理请求信息进行扩展外，没有提出新的消息类型。

（2）过后注册切换

使用双向隧道来实现低延迟切换。当移动主机和旧外地代理之间成功地完成移动 IP 注册之后，旧外地代理就变成了移动主机的"锚点"。移动主机移动到一个新的外地网络，可以推迟第三层的切换而继续使用其原外地代理。如果主机还没有完成向新外地代理注册就又移动到第三个外地代理所在网络，第三个外地代理可以与"锚点"进行信令交互，将双边隧道移到第三个外地代理处。当移动主机在外地网络上完成注册后，双边隧道将会被拆除。

（3）联合切换

同时执行预先注册切换和过后注册切换，如果预先注册切换可以在二层切换完成前完成，联合方法转化为预先注册切换。如果预先注册切换没有完成，旧外地代理开始向过后注册切换方法那样，将发送到移动主机的数据分组转发到新的外地代理。在二层切换完成前，预先注册不能保证一定能够完成，该方法提供了一种备用机制。

4. 移动 IPv6 快速切换

移动 IPv6 快速切换可以分为两种机制：预先切换和基于隧道的切换。预先切换的定义与移动 IPv4 中的预先切换机制基本相同。而基于隧道的快速切换是当移动主机与新接入路由器第二层连接已经建立时，不立刻启动网络层的切换以获得新的转交地址，而是在两个网络的接入路由器之间建立隧道，移动主机可以通过隧道从前一个网络接收数据。

移动 IPv6 中没有对切换机制进行详细描述。通过分析可以看出，切换的发起和新连接的建立主要是由 MN 来完成的，MN 仍然是通过向 HA 发送新的 BU 来建立新的数据通道。对于正在进行的通信，移动 IPv6 没有给出特别的处理，只有在新的连接建立后，分组数据才能发送到新的 CoA，所以，在切换过程中，一定存在数据包的丢失。

2.4.3 移动 IP 切换性能优化

1. 移动 IP 中 2.5 层触发机制

在移动 IP 的切换过程中，可以利用 2.5 层触发机制优化切换性能。2.5 层的功能和协议架构以及一些特定网络实体必须重新定义，目的是适合新的网络环境，有效利用多种可用网络。2.5 层可能被定义成一个 2 层和 3 层之间的逻辑功能组件。任何来自 1 层和 2 层的事件或静态和动态信息，可以通过 2.5 层和 3 层之间统一的服务访问点（SAP）被提供到上层。

图 2.7 包括了 2.5 层架构和 2.5 层的功能组件，也包括了传递的跨层信息，以及提供了完整的解决方案，并能够有效控制切换、实时检测网络业务环境、准确判决目标网络、切换类型和切换时间。

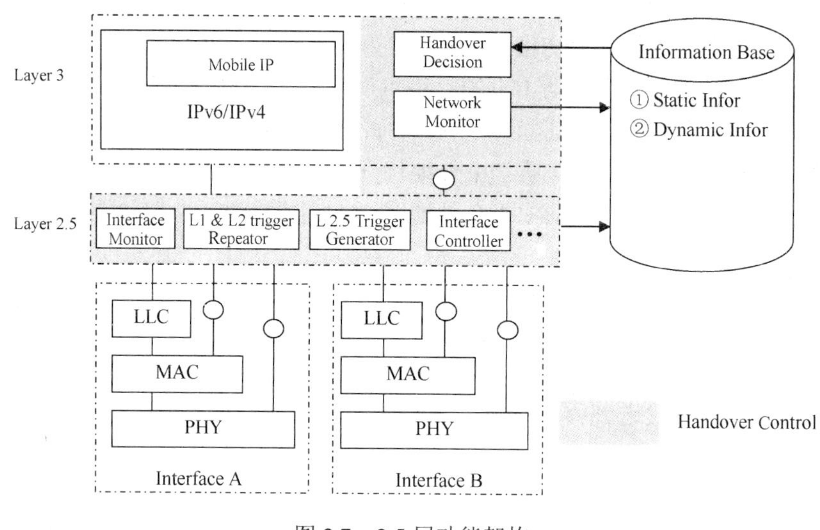

图 2.7　2.5 层功能架构

（1）2.5 层关键功能

A．信息收集

2.5 层可以从所有本地接口和特定远端的相应协议层动态收集信息，这些信息可以在本地和远端从非绑定触发获取，或者通过所有接口定时获取。动态信息可以被存储在信息实体中，通过跨层方式协助切换判决，产生多维触发（Trigger）。

B．统一触发接口

2.5 层提供给上层统一接口：来自 1 层、2 层和 2.5 层可产生多维触发。触发可以被分为以下两类。

① 一维触发：该触发应该只指示出与一个参数相关的一件事情。例如，当信令长度超过一个预定义门限时，一维触发将产生。

② 多维触发（抽象触发）：该触发反映一个抽象事件，与多个参数相关。例如，“链路将要断开”指示一个抽象概念：一条链路将会断开。按照特定算法，更多确切链路断开

指示应该通过在多重输入参数集成判决，如信令强度和 FER。算法应该被认真设计以产生更加准确的指示。

（2）2.5 层架构的功能组件

- 接口检测器：负责从所有物理接口收集动态和静态信息，并将所有信息存储在信息基站中。
- 二层触发器：通过统一的服务访问点（SAP），负责发射所有注册的 L1 和 L2 触发到上层。
- 2.5 层触发器：按照特定算法和多种输入参数，负责产生抽象触发（多维触发）。
- 接口控制器：负责在底层提供有限的控制功能给上层。

2.5 层提供给上层有限的控制功能，3 层不应该干扰功能过程和工作状态，除了功率管理方面的考虑之外。按照跨层设计的思想，3 层应该选择合适接口使用，但是不能决定何时初始化一个附着新接入点的过程。2.5 层可以影响 3 层的活动，通过触发或收集输入参数支持 3 层的切换判决。

基于 2.5 层触发机制，通过一个底层或多个底层参数获得触发，以一种有效方式提供给上层，及时发现底层改变的情况，目的是提高移动 IP 的切换性能。

2. 自适应快速分层移动 IPv6 切换优化

在 MIPv6 基本模型的切换机制中，性能并不理想，存在着丢包率和时延较大等问题，不能满足时延敏感的实时业务（如 VoIP 和视频流）需要。为此，IETF MobileIP 小组陆续提出层次化 MIPv6（Hierarchical MIPv6）和快速切换 MIPv6 模型（Fast-Handoff Model for MIPv6），如图 2.8 所示。

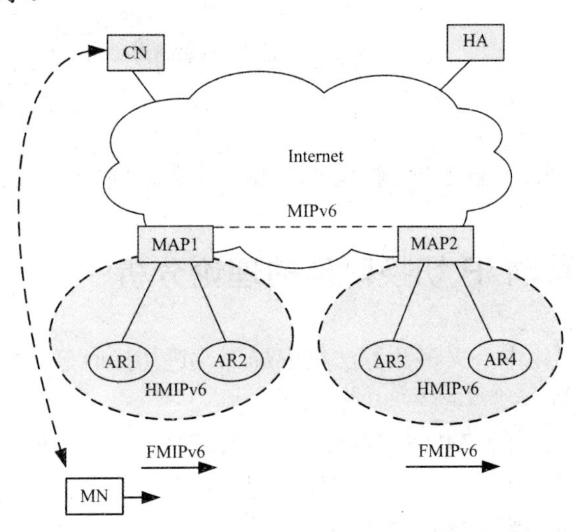

图 2.8　自适应快速分层的移动 IPv6 切换网络拓扑

快速移动 IPv6 的目的是减少移动检测和转交地址配置阶段的时延，而层次移动 IPv6 处理的是与绑定更新（BU）操作相关的时延。FMIPv6 与 HMIPv6 对 MN 切换过程的不同部分进行了时延优化，但两者都没有从切换的整个过程即从全网的角度考虑改善切换时延问题。

如果考虑将 FMIPv6、HMIPv6 以及自适应（MN 移动特性）三者结合起来，提出一种自适应快速层次移动 IPv6 切换时延优化方法，将在很大程度上提高移动 IP 的切换性能。自适应快速层次移动 IPv6 切换时延优化方法是利用 MN 在某个子网内的停留时间与该子网内的平均停留时间（设置的门限值）相比较的结果。有选择地进行路由优化。若前者大于后者，则 MN 向 CN 注册它在该子网内的链路转交地址 LCoA，这样 MN 与 CN 之间可以直接通信而不再经过 MAP。若前者小于后者，则 MN 向 CN 注册的是区域转交地址 RCoA，这时 MN 与 CN 之间的分组需要经过 MAP 转发。这种根据 MN 的移动特性进行自适应分组传输的方式，不仅减轻了 MAP 的负载，而且减少了 MN 与 CN 之间分组路由。因此，自适应快速层次移动 IPv6 切换策略从整体上减小了 MN 的切换时延，提高了整个网络的性能，具体切换信令流程如图 2.9 所示。

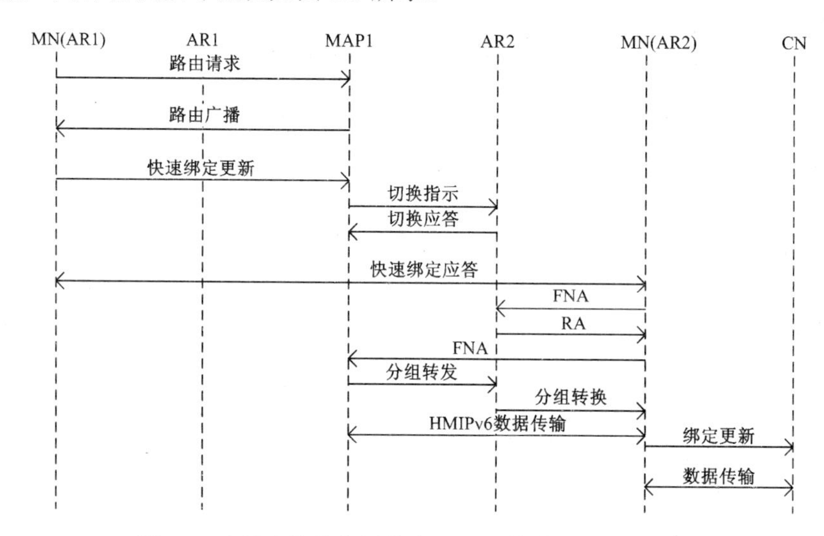

图 2.9　自适应快速分层移动 IPv6 切换算法信令流程图

2.4.4　减少移动 IP 切换时延的理论分析

在移动 IP 切换优化中，大多数算法集中局部改进切换时延，如快速移动检测、快速切换和微移动管理机制。

在分层移动 IP 中，由于 MN 位置移动而进入新的子网，不但要进行链路层切换，而且需要完成网络层的切换。其中网络层切换过程包括 3 个部分：移动检测、转交地址配置和绑定更新，切换时延的组成如图 2.10 所示。

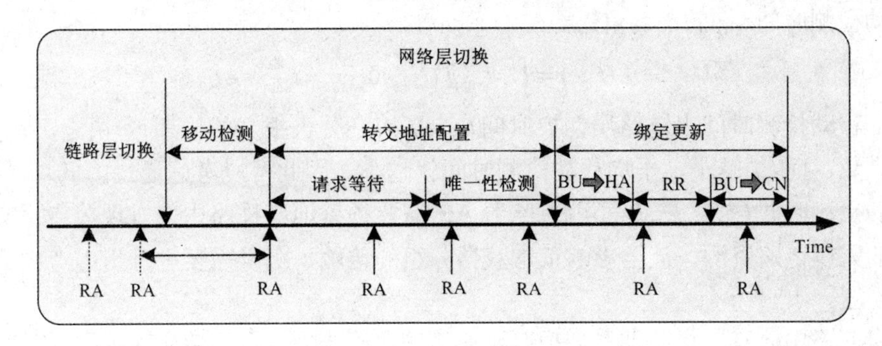

图 2.10　网络层切换时延组成

在切换时延组成中，链路层切换、移动检测和转交地址配置与协议自身的机制相关，只有绑定更新时延与管理域半径有直接关系。绑定更新时延由报文传输时延和移动支持节点（MAP，AR 和 HA）对绑定更新的处理时延组成，因此，需要对移动 IP 的切换全过程时延进行理论分析，研究影响切换时延的因素。

（1）定义 1——网络层切换时延 T

从MN断开与旧AR的连接到MN能够通过新AR接收数据所需时间为网络层切换时延。

（2）定义 2——网络层移动检测时间 t_{MD}

从 MN 断开与旧 AP 连接到接收到新 AP 广播的第 1 个公告报文所经过的时间为网络层移动检测时间，简称移动检测时间。

（3）定义 3——转交地址配置时间 t_{CoA}

从 MN 接收到新的 AR 代理广播到转交地址配置完成，主要包括请求等待随机时间和地址唯一性检测（DAD）。

（4）定义 4——网络层路径更新时间 t_{BU}

MN 发出路径更新报文到家乡代理注册时间称为网络层路径更新时间，简称路径更新时间。

网络层切换时延计算：$T = t_{MD} + t_{CoA} + t_{BU}$

其中，移动检测时间 t_{MD} 由两部分组成：链路层切换时间 t_{link} 和等待新 AR 公告报文的时间 t_{wait}。所以，$t_{MD} = t_{link} + t_{wait}$。

假设 t_{adv} 为公告报文的广播周期，以链路层切换完成时刻为零时刻，t_{wait} 在[0，t_{adv}]时间段内服从均匀分布，则 t_{wait} 的概率密度函数：

$$f(t_{wait}) = \begin{cases} 1/t_{adv} & 0 \leqslant t_{wait} \leqslant t_{adv} \\ 0 & \text{其他} \end{cases}$$

移动检测时间 t_{MD} 的平均值：

$$E(t_{MD})=\int_{-\infty}^{+\infty} t_{MD} f(t_{wait}) \mathrm{d}t_{wait} = t_{link} + \frac{1}{2} t_{adv}$$

平均移动检测时间由链路层切换时间 t_{link} 和 AR 公告报文的周期 t_{adv} 决定，t_{link} 可以看成一个常数，而 t_{adv} 越小，平均移动检测时间就越小，因此可以考虑通过降低 t_{adv} 的方法来减小移动检测时间 t_{MD}。t_{adv} 越小就意味着 AR 需要频繁地广播路由去发现公告报文，会占用大量的无线链路资源，甚至影响正常数据分组的传输，所以需要进行折中考虑公告报文的周期设置。

从研究路由公告广播周期对切换时延影响的角度来看，由于转交地址配置时间和绑定更新时间与公告报文的周期没有关系，因此整个移动 IPv6 的切换时延：

$$T = t_{CoA} + t_{BU} + t_{link} + \frac{1}{2} t_{adv} = t_{const} + \frac{1}{2} t_{adv}$$

其中，$t_{const} = t_{CoA} + t_{BU} + t_{link}$ 包括链路层切换时延、转交地址配置时延和绑定更新时延等，与路由器广播周期没有关系，可看做常数。路由器广播周期对切换时延产生较大影响。在一次 MIPv6 切换期间，由于切换时延的存在而丢失的数据包总数：

$$C_{loss} = (v_{down\text{-}link} / P_{length}) \times T$$

其中，P_{length} 为 IP 数据包平均长度；$v_{down\text{-}link}$ 为通信节点 CN 下行数据包的发送速率。

在一次会话期间切换次数：

$$N_{handoff} = T_{session} / T_{resid}$$

其中，$T_{session}$ 为会话平均时间；T_{resid} 为 MN 在小区驻留平均时间。

在一次会话期间，由于多次切换，导致丢失的分组数：

$$(C_{loss})_{session} = N_{handoff} \times C_{loss} = N_{handoff} \times ((v_{down\text{-}link} / P_{length}) \times T)$$

在一次会话期间，通信节点连续向 MN 发送的分组总数量：

$$C_{session} = (v_{down\text{-}link} / P_{length}) \times T_{session}$$

在一次会话期间 MN 的丢包率：

$$(R_{loss})_{session} = (C_{loss})_{session} / C_{session} = \frac{(t_{const} + \frac{1}{2} t_{adv})}{T_{resid}} = f_1(x)$$

此时，$t_{adv} = x$。

由于发送路由广播而造成广播消息占用的无线链路的占有率：

$$(R_{use})_{link} = (L_{adv} / B_w) / t_{adv} = f_2(x)$$

其中，L_{adv} 为广播消息长度，B_w 为无线链路带宽。

上述表明，MN 在会话期间的丢包率与通信节点发送数据包的速率无关，只和路由器广播消息周期 t_{adv} 和 MN 在小区的平均驻留时间 T_{resid} 有关，t_{adv} 越大，丢包率越大。相反，广播周期越长，向子网发送的广播分组数越少，无线链路负荷越低，利用率越高。

可见，丢包率和无线链路占有率之间存在矛盾，我们的目的就是寻找满足丢包率和无线链路占有率最低的公告报文的广播周期 t_{adv} 值，也就是需要找到 t_{adv} 折中的最优路由广播

周期 $t_{adv\text{-}opt}$。此问题将进一步转化为求多目标优化问题，即寻找 $t_{adv}=x$ 的限制条件：路由公告的广播周期小于 MN 在小区的驻留时间。

2.4.5　移动 IP 的流切换技术

未来的无线宽带移动通信是 IP 和移动通信融合的全 IP 移动通信系统。在系统中同时存在多种类型的无线接入网络，支持异构系统间的无缝漫游，因此，如何充分利用网络的异构特性和分集特性成为提供优质服务的关键。人们提出了多种不同的技术方案和设想，利用不同的方法实现异构网络的融合与互通，但是这些设想和方法仅考虑通信连接本身，系统控制软件往往只选择使用某一个空中接口，并将所有的业务流定向到该接口。下面介绍一种基于业务（流）的切换策略 FLHO（FLow HandOff），即根据效益函数，为某些具有优先权的业务（流）选择切换代价最小的目标网络。通过代价函数选择的方式，把满足切换条件的业务流合理定向到代价更为合适的网络，充分利用重叠覆盖区内网络分集的优势，提高终端的吞吐量，有效改善资源利用率。

1．流切换的概念

一般意义上的切换控制策略通常只考虑通信连接本身，即在移动终端移动过程中，保证通信连接可以从一个网络接口转移到另外一个网络接口，同时保持该通信连接的连续性。但未来的移动通信网络提供的是综合业务，即每一个通信连接上可能有多种不同的业务同时在进行，而每一种业务都有各自不同的 QoS 要求。如果要保证这些业务在某次接口切换过程不中断，目标接入网络必须要为每一种业务估计质量，满足这些业务的 QoS，然后才能顺利完成切换。如果有一项业务的 QoS 要求没有得到满足，那么在网络选择过程中，通信连接就很可能会因为没有合适的网络而发生中断。图 2.11 表示一个通信连接。

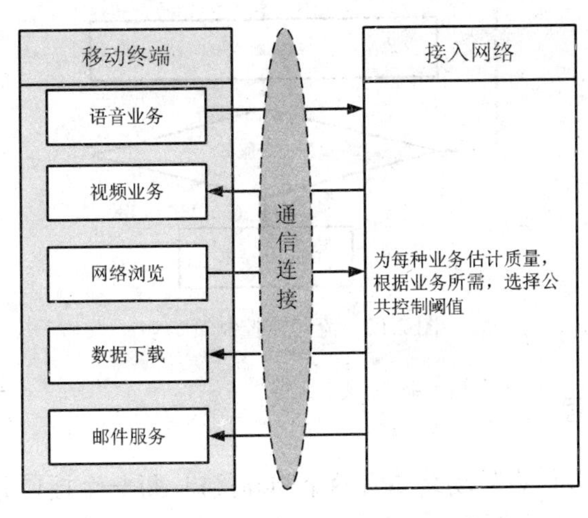

图 2.11　一个通信连接

所谓流切换又称业务流切换，是指把移动终端上承载的业务流作为切换研究的对象，每一种业务流，可以根据自身的 QoS 要求，并结合其他相关参数来选择合适的目标网络。当移动终端进入一个多种网络重叠覆盖区的时候，可以主动地把各种不同类型的业务合理地分布到这些不同的无线接入网络当中，充分利用网络分集的优势，提高了资源的利用效率。

2．流切换控制策略

流切换也为切换接入控制带来一定的灵活性。例如，当资源比较紧张的时候，流切换机制发现某些优先级不高的业务却占用较多的资源，那么它可以通过阻塞这些业务，缓解当前资源紧张的情况，从而可以保证让更多的移动终端接入和使用网络。另外，在资源不对称的异构网络系统间的执行垂直切换，例如，从 WLAN 网络切换到 UMTS 网络，两者的带宽有很大的不对称性，流切换机制可以阻塞或者拒绝那些优先级不高或者需要占用大量资源的业务流，从而保证该通信连接中那些基本和关键的业务能够平滑切换到目标网络中。图 2.12 描述了流切换控制策略的具体流程。

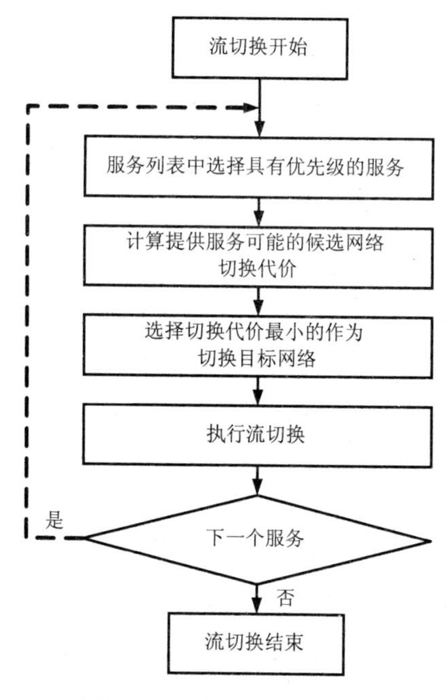

图 2.12　流切换控制策略

3．流切换实现过程

在流切换的研究中，假设移动终端有两个物理接口，每一个接口分配一个全局的 IP 地址，每一个接口对应一种无线技术。接口 1（I1）对应热点覆盖的网络（例如，WLAN），接口 2（I2）对应大范围覆盖的移动通信网络（例如，UMTS）。每一个接口就有各自的家乡网络和家乡代理。流切换控制模型负责处理和完成单个业务流在两个接口间的切换。例如，MN 上所有业务流初始是通过已有接口 2 进行通信的，当它移动进入 WLAN 覆盖区域后，可以把一些带宽要求高、非实时性业务流转换到新接口 1 上。每一个业务流可以选择使用最适合的接口，并分配该接口的 IP 地址。图 2.13 描述了流切换控制模型应用于多模终端快速切换控制的情况。多接口管理器模块主要负责完成对终端内的多个接口的管理工作，主要工作包括接口的启动和停止，以及业务流在多个接口之间的切换等。

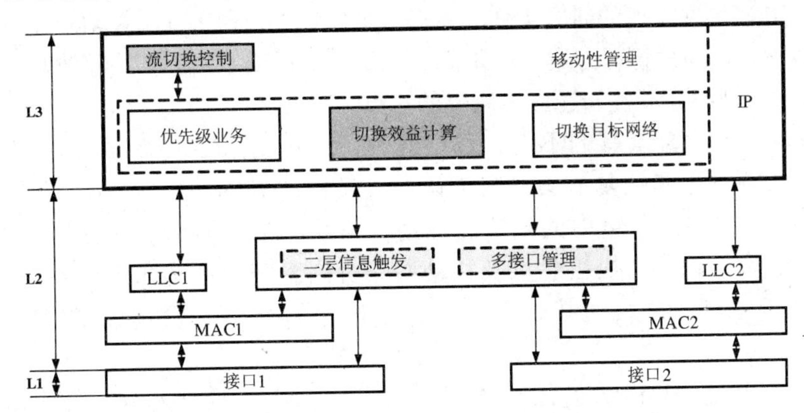

图 2.13　多模终端流切换控制模型

多接口切换管理的关键步骤是移动节点（MN）通过新接口向旧接口对应的家乡代理发送绑定更新消息，建立旧接口的家乡地址和新接口的转交地址之间的映射。发往旧接口 I1 的数据流会被它的家乡代理截获，并且根据地址映射关系，将该数据流重定向到 I2 的转交地址，从而完成多接口数据流之间的切换，如图 2.14 所示。

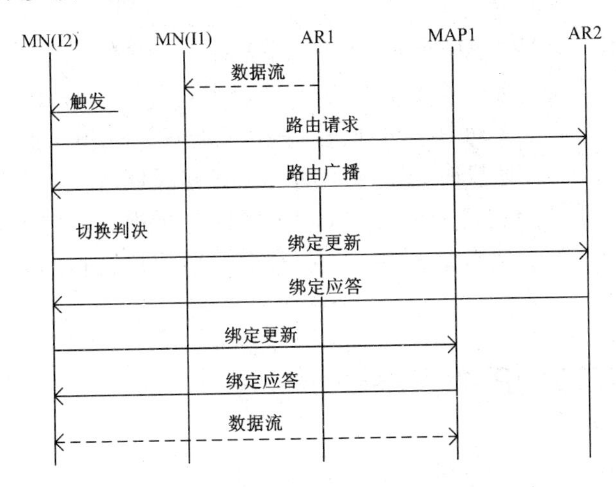

图 2.14　多接口数据流切换过程

2.5 分层移动 IP 最优管理区域设置方案

移动 IP 在进入商用部署阶段时，必须考虑提供业务的可靠性。移动 IP 协议简单、灵活，能够保持具体网络无关性以提供全球无缝漫游能力。但是作为 Internet 网络层的移动性管理协议，同正常的 IP 路由机制比较，移动 IP 附带了许多额外开销，如切换时延和丢包、注册信令开销及 QoS 保障等。为了改进移动 IP 对移动性的支持，国内外很多研究人员开展了对 IP 移动性支持的研究工作，并提出了如 Cellular IP、HAWAII、分层移动 IP 和 IP 组播等多种微移动性管理方案。近年来，采用分层移动 IP 微移动性管理方案处理网络中节点的域内、域间移动性问题成为研究的热点。

除了移动 IP 本身固有的不足和局限性外，在移动网络部署过程中，还面临着如切换性能、故障发现和恢复方案、安全认证以及移动 IP 实体映射等一系列实际问题，影响着移动 IP 在实际网络中的部署和应用。为此，学术界和工业界等正在积极的探索，分别从切换延迟、切换丢包以及移动网络分层管理效率等角度出发，改善、增强和优化移动 IP 性能，最终使其成为一套适合于宏移动性和微移动性的 IP 移动性管理方案。

分层移动 IPv6（HMIPv6）是一种微移动性管理协议，通过采用层次型路由结构，使注册信令过程局部化，减少移动节点与家乡代理和通信对端的信令交互量，减少切换引起的通信中断时间。针对地域广阔的移动网络，为保证网络性能，采用分层移动 IP 比较适合，便于网络分级管理，将注册信令局部化，能够降低信令开销，减少切换时延。在分层移动 IP 部署的时候，性能是决定系统实用性的关键，必须考虑网络规划等工程实施问题，其中分层移动 IP 中移动锚节点（MAP）管理区域大小与具体网络性能指标之间的关系是应该考虑的主要问题之一。

在现有的分层微移动性管理协议及其改进算法中，大量的工作集中在通过实验仿真的方法对部分性能指标进行定性分析，很少在理论上对分层移动 IP 管理域的设置进行定量地描述，特别是在基本移动 IP 和分层移动 IP 系统理论建模方面。在已有的文献中，有学者提出使分层移动 IP 切换时延达最小的最优管理区域规模的存在，但未能详细量化二者之间的关系。本章通过建立分层移动 IP 网络分析模型，提出了一种最优管理区域的设置方案，研究的结论为分层移动 IP 在移动网络中建设和部署提供了理论指导和参考依据。

2.5.1 分层移动 IP 的网络分析模型

首先建立分层移动 IP 网络模型，如图 2.15 所示，类似移动通信网中的小区结构。整个无线接入网（Access Network）由许多正六边形的蜂窝组成，每个蜂窝与周围 6 个蜂窝相邻。每个蜂窝小区中心设置一个 AR（Access Router），看成是一个个拥有不同网络前缀的小型子网，每个 AR 通过无线方式与 MN 通信，相邻 AR 之间通过有线连接，它们之间的距离设为一跳。在管理域中处于中心位置的蜂窝作为分层移动 IP 的移动锚节点（MAP），与 Internet 直接相连。网络模型采用最简单的两层网络结构，MAP1 和 MAP2 分别管辖区域 1（Area1）和区域 2（Area2）。MN 在同一 MAP 域内的不同 AR 之间移动时，只需向本地的 MAP 进行区域注册。当 MN 移出本地管理域而进入另一个区域时，才需要通过新的 MAP 向家乡代理进行注册。

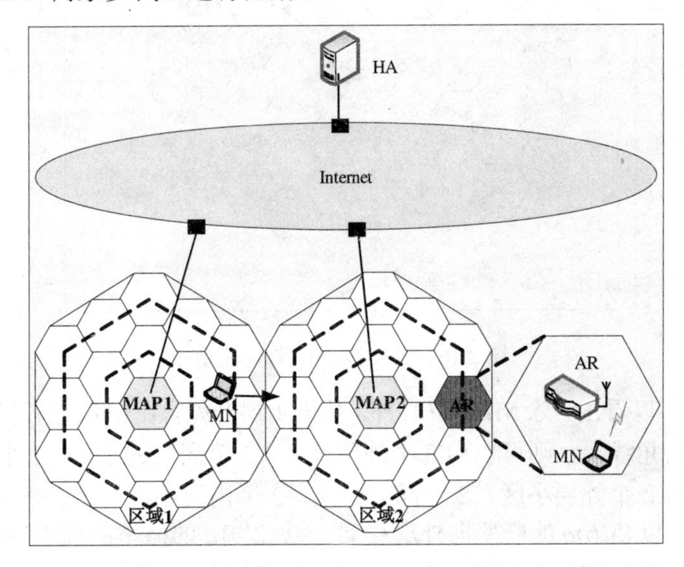

图 2.15　两级分层移动 IP 网络结构

针对每个管理域内部，建立蜂窝模型，如图 2.16 所描述和规定：以 MAP 为中心（称为第 0 层蜂窝）向周围发散，依次为第 1，2，3，…层，分别画出正六边形环型虚线，第 m 层蜂窝到中心的距离被定义为 m 。第 1 层蜂窝总数为 6 个，第 2 层蜂窝总数为 12 个，第 $j+1$ 层蜂窝总数比第 j 层蜂窝总数多 6 个。设管理域共有 $K+1$ 层蜂窝，最外层是第 K 层，其中，K 代表了 MAP 管理区域大小，称为管理域半径。第 j 层蜂窝到 MAP 距离为 j，则第 j 层蜂窝总数为：

$$N(j)=\begin{cases}1 & (j=0)\\ 6j & (j=1,2,3\cdots,K)\end{cases} \tag{2.1}$$

随机移动模型是对用户移动特征的最简单的抽象，用户向任何方向移动的概率都是相等，该模型是一种典型的无记忆性的移动模型，往往用来描述刻画移动用户在漫游场景下简化的移动特征。从分层移动 IP 的网络分析模型可以看出，蜂窝小区是环形布局，假设 MN 的运动服从随机游动模型，每次移动定义为一跳，当移动用户处于第 i 层小区时，它只有移动到第 i–1 层、第 i+1 层或仍然驻留在第 i 层小区中。MN 在蜂窝中停留的概率为

$1-q$，则移动的概率为q，且向相邻6个蜂窝切换概率相等。

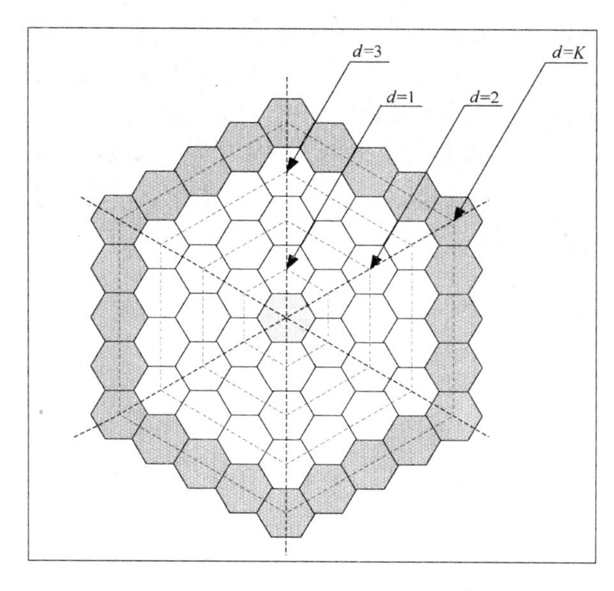

图 2.16　分层移动 IP 蜂窝模型

从图 2.16 中可以看出，除 MAP 中心外，从第 1 层开始，在正六边形环型虚线位置上，如果 MN 在环线对角线上，则可以向 3 个外层小区，2 个同层的小区，1 个内层小区移动；如果不在，则它向 2 个外层小区，2 个同层小区，2 个内层小区移动。所以，当 MN 位于环线对角线上时，以$(3/6)q$的概率向外层移动，以$(2/6)q$的概率向同层移动，以$(1/6)q$的概率向内层移动。如果 MN 不在对角线上，则分别以$(2/6)q$的概率向外层、同层和外层小区移动。当$m \geqslant 1$时，第m层环线上共有蜂窝小区$6m$个，其中在对角线上的小区数为 6，不在对角线上的蜂窝小区数为$6m-6$，那么，MN 在第m层正六边形环线处于对角线上的概率为$1/m$，处于非对角线上的概率为$(m-1)/m$。处于m层的 MN 经过一次移动，向外层、内层和同层的一步转移概率：

$$\begin{cases} p_{m,m+1} = \begin{cases} q & \text{如果 } m=0 \\ q\left(\dfrac{3}{6}\times\dfrac{1}{m}+\dfrac{2}{6}\times\dfrac{m-1}{m}\right)=q\left(\dfrac{1}{3}+\dfrac{1}{6m}\right) & \text{如果 } 1\leqslant m\leqslant K \end{cases} \\ p_{m,m-1} = \begin{cases} 0 & \text{如果 } m=0 \\ q\left(\dfrac{1}{6}\times\dfrac{1}{m}+\dfrac{2}{6}\times\dfrac{m-1}{m}\right)=q\left(\dfrac{1}{3}-\dfrac{1}{6m}\right) & \text{如果 } 1\leqslant m\leqslant K \end{cases} \\ p_{m,m} = \begin{cases} 1-q & \text{如果 } m=0 \\ \dfrac{1}{3}q & \text{如果 } 1\leqslant m\leqslant K \end{cases} \end{cases} \tag{2.2}$$

由以上移动节点的一步转移概率表达式，可以定义一个 $K+1$ 种状态的马尔可夫链，得出图 2.17 所示的状态转移图。椭圆及其中数字表示移动节点目前所处的 MAP 管理域的层数，也表示移动节点当前的状态。箭头表示移动节点从当前位置向同层、内层、外层蜂窝移动的状态转移概率。

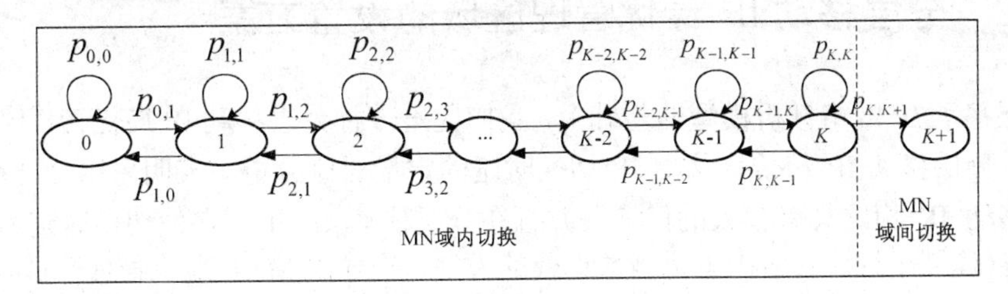

图 2.17 MN 的状态转移图

由移动节点的状态转移图出发，可得出移动节点经过一次位置移动的状态转移矩阵：

$$M=(p_{i,j})=\begin{pmatrix} p_{0,0} & p_{0,1} & p_{0,2} & \cdots & p_{0,K} & p_{0,K+1} \\ p_{1,0} & p_{1,1} & p_{1,2} & \cdots & p_{1,K} & p_{1,K+1} \\ p_{2,0} & p_{2,1} & p_{2,2} & \cdots & p_{2,K} & p_{2,K+1} \\ \vdots & \vdots & \vdots & \vdots & \vdots & \vdots \\ p_{K,0} & p_{K,1} & \cdots & p_{K,K-1} & p_{K,K} & p_{K,K+1} \end{pmatrix} \text{其中，} \begin{cases} i=0,1,2\cdots,K+1 \\ j=0,1,2\cdots,K+1 \end{cases}$$

当移动节点在 MAP 管理域的各层蜂窝之间移动 N 次的转移概率为 M^N，通过矩阵运算可知：

$$M^N=\underbrace{M\times M\times M\cdots M}_{N\text{个}}=p_{i,j}{}^{(N)}$$

其中，M^N 的构成元素为 $p_{i,j}{}^{(N)}$，即移动节点从第 i 层开始经过 N 次移动到达第 j 层的转移概率。

假设移动节点初始状态位于第 i 层的概率为 P_i，则经过 N 次移动到达第 j 层，那么，位于第 j 层的概率为 $P_j=P_i\times p_{i,j}{}^{(N)}$。

特殊地，当 MN 从第 K 层移动到第 $K+1$ 层时，被定义为切换到相邻管理域，即发生域间切换。

移动节点在网络中经过多次（当 $N\to\infty$ 时）随机游动后，MN 处于稳定状态，可以看成一种特殊的生灭过程。令 MN 位于第 m 层的稳定状态概率为 P_m，初始状态概率为 P_0，根据生灭过程中状态平衡方程可得：

$$P_m=P_0\prod_{i=0}^{m-1}\frac{p_{i,i+1}}{p_{i+1,i}} \qquad (1\leqslant m\leqslant K) \tag{2.3}$$

根据马尔可夫链性质可知，所有稳态概率之和为 1，即 $\sum_{m=0}^{K}P_m=1$。因此可得：

$$P_0 = \frac{1}{1+\sum_{m=1}^{K}\prod_{i=0}^{m-1}\frac{p_{i,i+1}}{p_{i+1,i}}} \tag{2.4}$$

2.5.2 分层移动 IP 最优管理区域的设置方案

在分层移动 IP 网络分析模型的基础上，我们提出一种分层移动 IP 最优管理区域的设置方案。通过分层移动 IP 与传统移动 IP 切换时延的定量对比分析，表明采用分层移动 IP 与采用传统移动 IP 相比具有较大的优势，并且在分层移动 IP 中存在使切换时延达到最小的 MAP 最优管理域半径。利用极小化函数迭代的方法，推导出 MAP 最优管理区域半径 K_{opt} 。

在分层移动 IP 中，由于 MN 位置移动而进入新的子网，根据上面提出的移动 IP 切换模型可知，MN 不但要进行链路层切换，而且需要完成网络层的切换。其中网络层切换过程包括 3 个部分：移动检测、转交地址配置和绑定更新。在切换时延组成中，链路层切换、移动检测和转交地址配置与协议自身的机制相关，只有绑定更新时延与管理域半径有直接关系。绑定更新时延由报文传输时延和移动支持节点对绑定更新的处理时延组成。

首先进行如下假设：

① 绑定更新报文在管理域内单位距离的传输时延为 T_1 ，包括历经的有线链路和无线链路；

② 表示 MAP 与 HA 之间单向传输时延为 T_i ；

③ 移动支持节点对每条绑定更新报文的处理平均时延为 T_3 ；

④ MN 到 MAP 的距离等于 MN 所在蜂窝的层数；

⑤ MAP 对 CoA 重复地址检测（DAD 检测）时延忽略不计；

⑥ T_{HMIP}——分层移动 IP 绑定更新总时延，T_{MIP}——传统移动 IP 绑定更新总时延。

（1）分层移动 IP 切换时延计算

当 MN 位置移动，发生域内、域间切换的信令流程不同，如图 2.18 和图 2.19 所示。其中，当 MN 发生域内切换时，采用微移动性管理信令流程处理，绑定更新报文在新 AR 和原 MAP 之间交互，使注册信令区域化。域间切换按照传统移动 IP 的信令流程处理，但 MAP 需要对绑定更新报文进行处理。只有当 MN 处于管理域的边界蜂窝（第 K 层）时，才有可能发生域间切换，切换后 MN 仍处于新的管理域边界蜂窝中。MN 位置移动发生域间切换的概率：

$$p_{\text{inter}} = P_K \times p_{K,K+1} \tag{2.5}$$

其中，P_K 为 MN 处于第 K 层的稳定状态概率。

当 MN 在域内移动时，且仅在同层之间切换时，绑定更新时延：

$$T_{\text{域内同层}} = \sum_{i=1}^{K} p_{i,i} \times P_i \times [2(i+1)T_1 + 3T_3] \tag{2.6}$$

其中，P_i 为 MN 处于第 i 层的稳定状态概率。

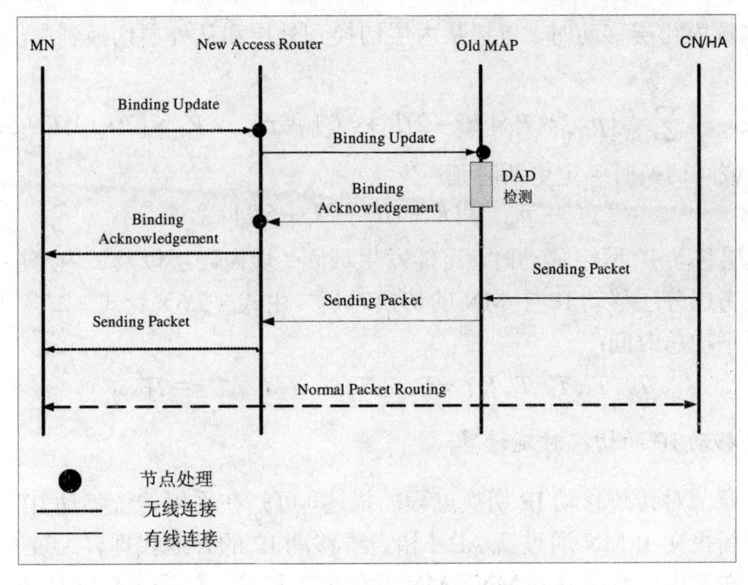

图 2.18 分层移动 IP 的域内切换信令流程

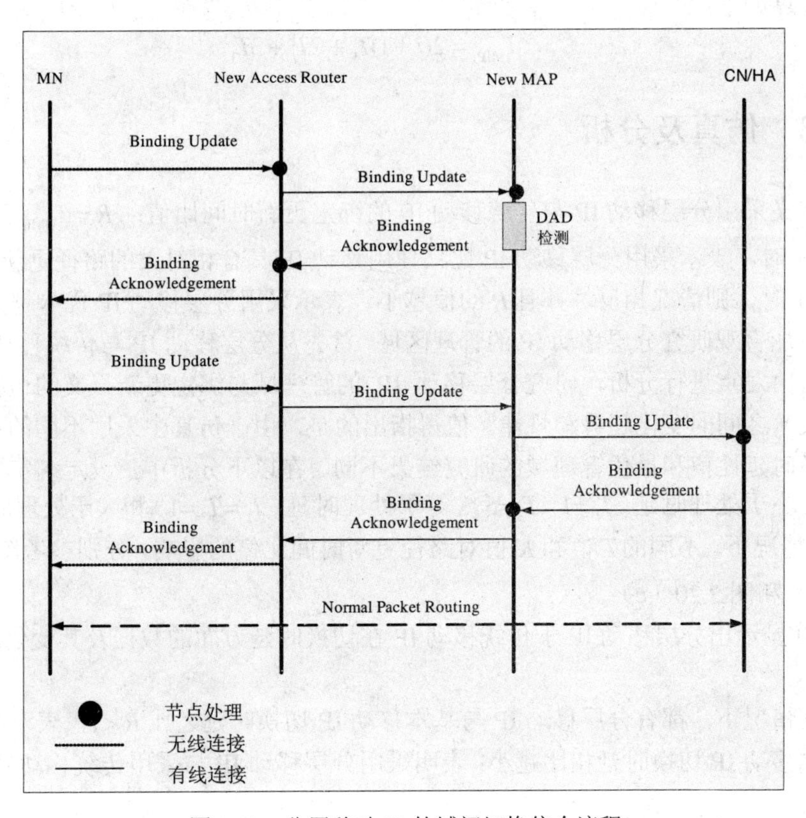

图 2.19 分层移动 IP 的域间切换信令流程

当 MN 在域内跨层移动时，包括从内层切换到外层和从外层切换到内层，此时绑定更新时延：

$$T_{域内跨层}=\sum_{i=0}^{K-1}\{p_{i,i+1}\times P_i\times[2(i+2)T_1+3T_3]+p_{i+1,i}\times P_{i+1}\times[2(i+1)T_1+3T_3]\} \quad (2.7)$$

MN 发生域间切换时绑定更新时延：

$$T_{域间}=p_{inter}[2(K+1)T_1+2T_i+5T_3] \quad (2.8)$$

MN 在分层移动 IP 网络移动时，可能发生域间、域内同层以及域内跨层切换过程，所以应该全面地考虑分层移动 IP 中 MN 的切换时延。由式（2.6）、式（2.7）和式（2.8）可知，绑定更新平均总时间：

$$T(T_1, T_3, T_i, K)=T_{域间}+T_{域内间层}+T_{域内跨层}=T_{HMIP} \quad (2.9)$$

（2）传统移动 IP 的切换时延计算

鉴于前面章节对传统移动 IP 切换过程的描述，可知在采用传统移动 IP 的情况下，MN 切换时路径更新报文由 MN 通过新 AP（相当于移动 IP 的外地代理）经过 MAP 发往本地代理，应答报文沿相反路径返回 MN。MN 发生位置移动，仅采用传统移动 IP 时候，绑定更新时延计算如下：

$$T_{MIP}=2(i+1)T_1+2T_i+3T_3$$

2.5.3 仿真及分析

首先定义采用分层移动 IP 与传统移动 IP 的绑定更新时间比值：$R=T_{HMIP}/T_{MIP}$。

当 $R>1$ 时，表示采用分层移动 IP 比只使用移动 IP 具有相对大的路径更新时间。

当 $R<1$ 时，则情况相反，并且 R 的值越小，表示采用分层移动 IP 优势越大。

为了更加直观研究分层移动 IP 的管理区域，首先从分层移动 IP 与传统移动 IP 的切换时延对比为出发点进行分析，研究分层移动 IP 的管理域与绑定更新报文的传输时延（切换时延有关）之间的变化趋势和规律。值得指出的是，由于仿真中采用不同的参数值，所获得的切换时延比值和最优管理域的研究结果不同。在以下分析中，设定绑定更新报文的传输时延在小于处理时延（$T_1=1$，$T_3=5$）、等于处理时延（$T_1=T_3=1$）和大于处理时延（$T_1=1$，$T_3=0.2$）的情况下，不同的 T_i 值和 K 值对路径更新时间比值的影响，分别参考图 2.20（a）、图 2.20（b）和图 2.20（c）。

图 2.20 显示出分层移动 IP 于传统移动 IP 在切换时延方面的数据及其变化趋势，可得如下结论：

在任何情况下，都有分层移动 IP 与基本移动 IP 切换时延之比 $R<1$，表示分层移动的切换时延比移动 IP 切换时延相比越小；表明采用分层移动 IP 与采用传统移动 IP 相比具有较大的优势。

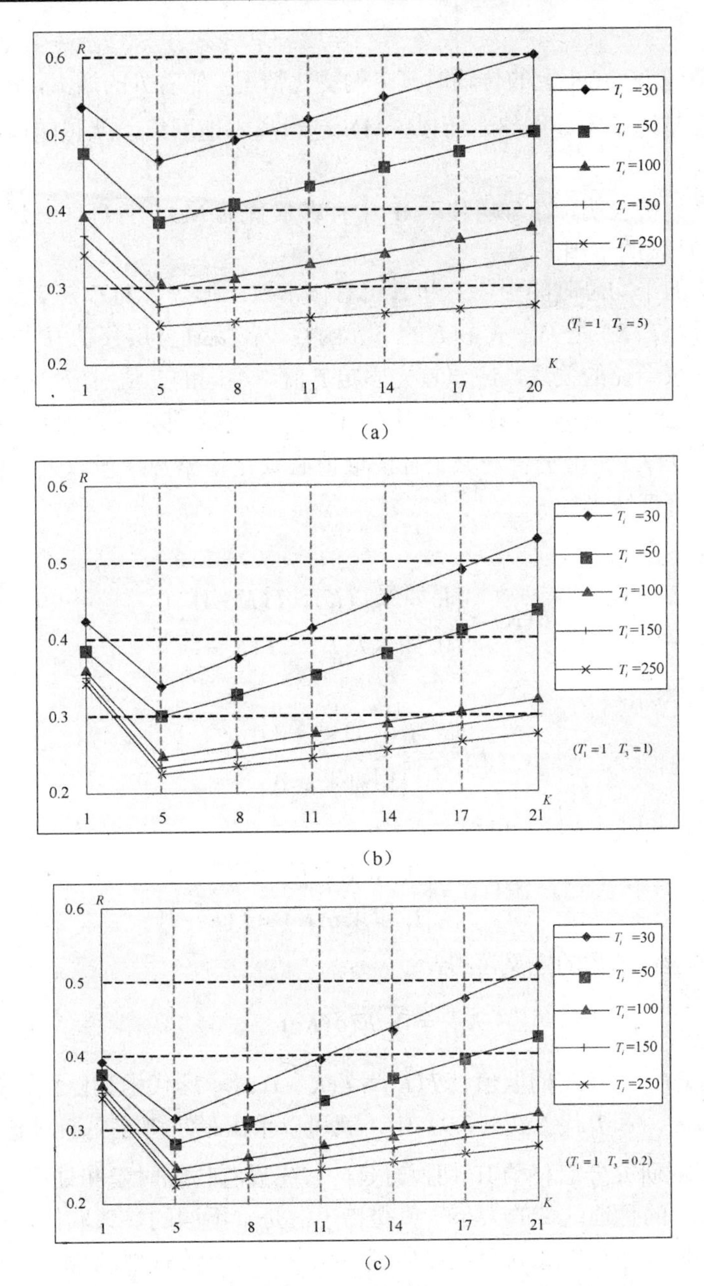

图 2.20　分层移动 IP 与传统移动 IP 网络层切换时延对比

观察 R 值随着管理域半径 K 的变化趋势可见，当 K 值很小时，R 值处于中等水平，引入分层移动 IP 的优势并不明显。但随着 K 的增大，R 值迅速减小并且很快达到最小值。然后随着 K 的进一步增大，R 值逐渐缓慢地增大。表明引入分层移动 IP 优势与管理域的大小有关系，存在一个最优的 K 值，即最优管理域半径，使得引入分层移动 IP 的优势达到最大。

再观察 R 值随 Internet 上的传输时延 T_i 的变化情况，随着 T_i 的增大，R 值不断减少，T_i 越大，表明 MN 越远离本地网络，所以，MN 越远离本地网络，就越能体现引入分层移动 IP 的优势。

以上的仿真分析表明，在分层移动 IP 中存在最优的 MAP 管理区域。下面将重点将定量分析 MAP 管理域的范围。

在绑定更新的平均总时间中，T_1 和 T_3 可看做常数，那么，$T(T_1,T_3,T_i,K)$ 仅与 K 和 T_i 两个参数有关，即 $T(T_i,K)$ 是关于 K 和 T_i 的二元函数。在规划分层移动 IP 网络时，为了分析切换时延和管理域半径的关系，应该首先固定 T_i 值，不同的 T_i 值对应着不同绑定更新时延函数 $T(T_i,K)$，从而对应着不同最优管理域半径 K_{opt}，那么绑定更新时延 $T(T_i,K)$ 转化为关于 K 的一元函数 $T(K)$。由于管理域半径的取值必须是正整数，所以采用极小化函数迭代的方法求出最优管理域半径 K_{opt}。

首先定义如下函数：

$$\delta(\mathrm{K})=\begin{cases}1, 如果T(K)>T(K-1)\\0, 如果T(K)\leqslant T(K-1)\end{cases}\tag{2.10}$$

其次构造函数：

$$F(\mathrm{x})=\begin{cases}0, 如果\ \mathrm{x}\neq 0\\1, 如果\mathrm{x}=0\end{cases}\tag{2.11}$$

由式（2.10）和式（2.11）可得：

$$F(\delta(\mathrm{K}))=\begin{cases}0, 如果T(K)>T(K-1)\\1, 如果T(K)\leqslant T(K-1)\end{cases}\tag{2.12}$$

根据极小化迭代函数的定义可得：

$$K_{opt}=\sum_{K=1}^{\infty}F(\delta(K))\tag{2.13}$$

在式（2.13）中，当 K 的取值使 $T(K)>T(K-1)$ 时，迭代函数停止计算，最终迭代结果就是 K_{opt}。将 K_{opt} 和 T_i 代入式（2.9）中，就可以求出最小绑定更新时延。

为了更加直观研究分层移动 IP 切换时延，首先设置传输时延和处理时延的参数取值，分析分层移动 IP 的管理区域的大小。值得指出的是，不同的参数取值，获得的最优管理域的研究结果不同。本研究报告目的是研究分层移动 IP 的管理域与绑定更新报文的传输时延（切换时延有关）之间的关系。利用 Matlab 6.0 仿真工具，对绑定更新时延 $T(T_i,K)$ 进行数值计算。考虑一般情况下参数的取值：$T_1=0.1$、$T_3=3$ 和 $q=0.5$。观察图中数据及其变化趋势，可以得出如下结论：

图 2.21 描述了在分层移动 IP 中绑定更新总时延和 MAP 与 HA 的距离以及管理域范围大小之间的关系，从中可以看出，随着管理域大小和 MAP 与 HA 之间距离的改变，切换

时延（绑定更新）呈现出首先下降，然后到达最低点，接着呈现上升的趋势。表明只要管理域大小和 MAP 与 HA 的距离规划合理，就可以获得最小的切换时延（绑定更新）。

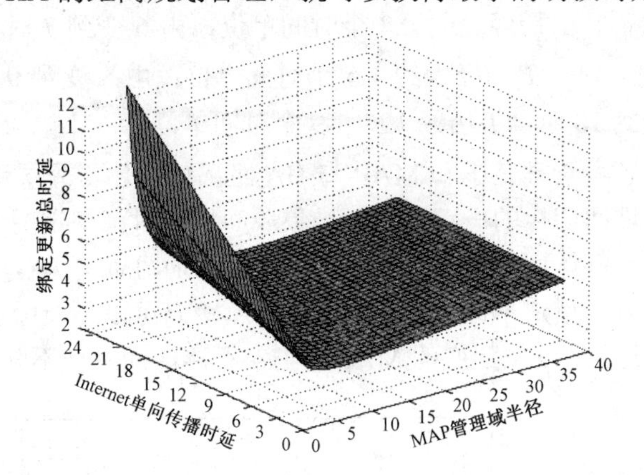

图 2.21　绑定更新总时延与 Internet 单向传播时延、管理域半径之间的关系

在分析图 2.21 的基础上，图 2.22 显示了最小绑定更新时延、MAP 与 HA 距离以及最优 MAP 的管理范围之间的关系。可以看出，最小绑定更新时延（切换时延）沿空间阶梯折线上升。这是因为在分析三者之间的关系时，计算函数 $T(T_i,K)$ 中 MAP 的最优管理域（$K_{\rm opt}$）大小取值必须为正整数，而最小绑定更新时延和 MAP 与 HA 距离取连续整数值的情况所造成。特殊情况下，当 MAP 与 HA 距离为 0，即出现 HA 和 MAP 合设情况，可得最小的最优管理域半径为 5。

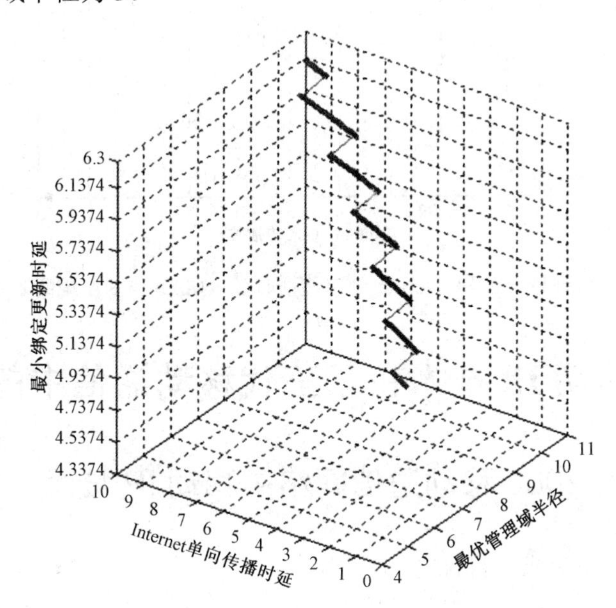

图 2.22　最小绑定更新时延与 Internet 单向传播时延、最优管理域半径之间的关系

观察图 2.23 中图形变化趋势，MAP 的最优管理范围随着 MAP 与 HA 距离的增加而呈二维阶梯状上升，而且使得 MAP 的最优管理范围值发生跃变的距离区间越来越长。例如，当 K_{opt} 值由 5 变到 6 时，T_i 历经大约 0.3 个时间单位；由 6 变到 7 时，T_i 历经大约 1.2 个时间单位；由 7 变到 8 时，T_i 历经大约 1.5 个时间单位；由 8 变到 9 时，T_i 历经大约 1.7 个时间单位；由 9 变到 10 时，T_i 历经大约 1.9 个时间单位。

递推规律表明：随着管理范围和 MAP 与 HA 距离值增加，分层移动 IP 中 MAP 管辖范围不断扩大，进行域间切换的概率减小，导致域间切换时延绑定更新信令负荷减少。相反域内切换概率增加，整体切换时延增长幅度降低，从而可以更大程度上容忍整个切换时延绑定更新的切换时延的增加，即允许 MAP 与 HA 距离可以不断增加。所以，对于能使最优 MAP 管理范围大小值发生跃变的 MAP 与 HA 距离区间呈现不断增加的趋势。

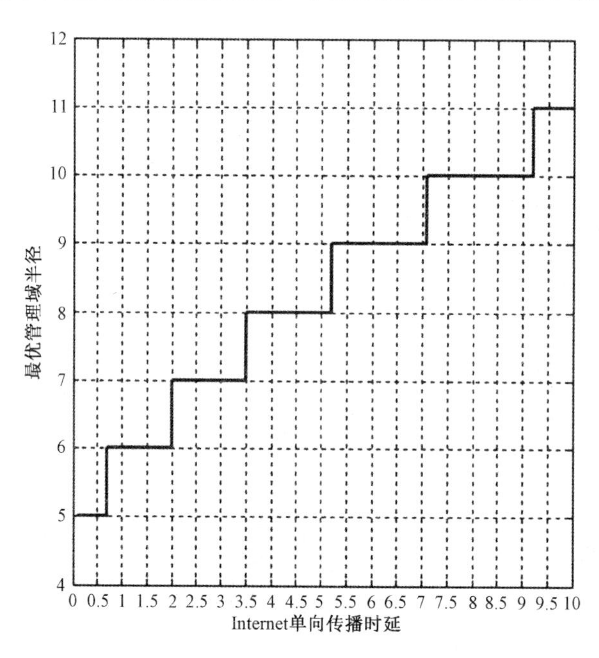

图 2.23　最优管理域半径和 Internet 单向传播时延（MAP 与 HA 距离）之间的关系

2.6　移动 IP 技术在第三代移动通信中的应用

2.6.1　cdma2000 移动通信网络中移动 IP 技术

第三代移动通信所追求的目标之一是能够向用户提供高速数据业务。从当前移动通信的发展来看，人们首先考虑的是如何能将丰富的 IP 数据业务引入到蜂窝移动通信网中。cdma2000 系统是第三代移动通信系统的主流技术之一，在空中接口上，cdma2000 系统能够在 1.25 MHz 的带宽上提供高达 304 kbps 速率的数据业务。在核心网部分，cdma2000 系统采用了基于 IP 技术的分组网络结构，采用移动 IP 技术，为用户提供诸如 WWW 浏览、E-mail、高速数据下载、视频点播（VOD）和网上游戏等丰富多彩的 Internet 业务。

CDMA 网络的部署不仅为用户提供了高速的无线连接，也为用户接入到 Internet 提供了更加丰富的接入手段。为了在 cdma2000 网络中向用户提供高速的分组数据业务，3GPP 的无线网络参考模型中引入了分组域功能实体，并定义了基于 IP 技术的网络接口。从业务实现上来讲，分组数据业务又可以分为简单 IP 和移动 IP 两大类型。其中，简单 IP 业务是 cdma2000 网络中最基本的分组数据业务模式，类似于我们所熟悉的拨号业务。移动 IP 业务则为移动数据用户提供了更加完善的移动性支持，移动数据用户可以在无线网络内获得无缝服务，与之对应的分组域技术也有所不同。

1. 基于移动 IP 的 cdma2000 系统分组域网络结构

若在移动通信网中传送高比特率数据业务，就必须对移动通信网的网络结构加以改进，使整个系统既适合传送语音业务，又适合传送高速数据业务。cdma2000 正是利用移动 IP 技术完成 Internet 的高速接入，在组建分组数据网时，并没有试图建立一套自己独有的系统结构，而是遵循“尽可能地利用通信领域已经取得的成果”的原则，大量地利用成熟的 IP 技术和协议，构造自己的分组数据网络。

在 cdma2000 系统中，通常提供以下两种用户接入 Internet 方式：

（1）简单 IP

如图 2.24 所示，简单 IP 类似于通过固定电话线和 Modem 拨号上网原理，只支持移动台作为主叫的分组数据呼叫，直接通过 PDSN 接入 Internet；可提供较为简单的业务，如 www 浏览、E-mail 和 FTP 等目前拨号上网所能提供的分组数据业务。简单 IP 协议简单，容易实现。但移动主机的 IP 地址仅具有链路层的移动性，即移动用户的 IP 地址仅在 PDSN 服务区内有效，不支持跨 PDSN 的切换。

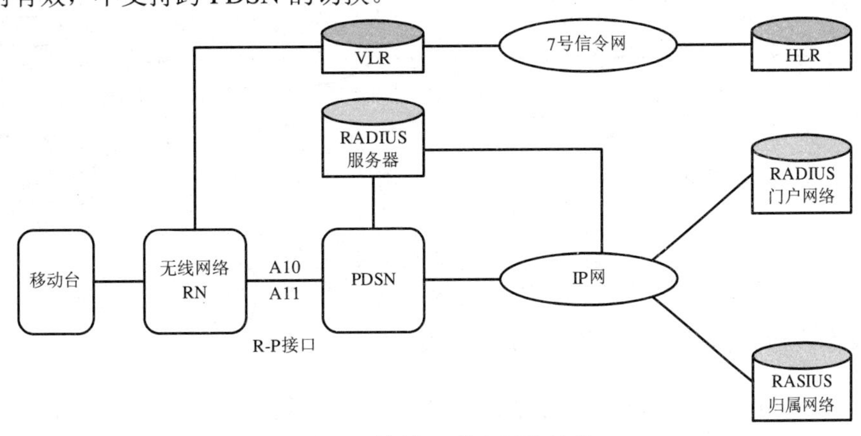

图 2.24　简单 IP 接入网络结构

（2）移动 IP

如图 2.25 所示，在采用移动 IP 技术的 cdma2000 系统网络结构图中，VLR 和 HLR 是传统移动通信网的组成部分，经过适当的软、硬件升级，成为第三代移动通信系统核心网的电路交换部分。PDSN，PCF，RADIUS 和 HA 是为了支持分组数据业务而增加的功能实体，属于核心网分组域部分。

PDSN 作为移动 IP 技术中的外部代理（FA），负责登记、计费和转发用户数据等工作。

RADIUS 负责与用户有关的登记、认证和计费工作。

为了支持移动 IP 技术，增加的家乡代理（HA）主要负责转发给用户的分组数据，是隧道的起点，也负责对这些分组数据进行加密操作，从其他通信节点到移动台的数据都要通过家乡代理（HA）。

相对于简单 IP，移动 IP 具有两方面的优势：

① 移动用户可作为被叫，使用固定的 IP 地址实现真正的永远在线和移动，这便于 ISP 和运营商开展丰富的 PUSH 业务（广告、新闻和话费通知）以及提供非实时性多媒体数据业务。

② 移动 IP 提供了安全的虚拟专网（VPN）机制，移动用户无论何时、何地都可以通过它所提供的安全通道（隧道）方便地与企业内部通信，就好像连接内部的局域网一样方便，而不需要修改任何有关 IP 参数的设置。

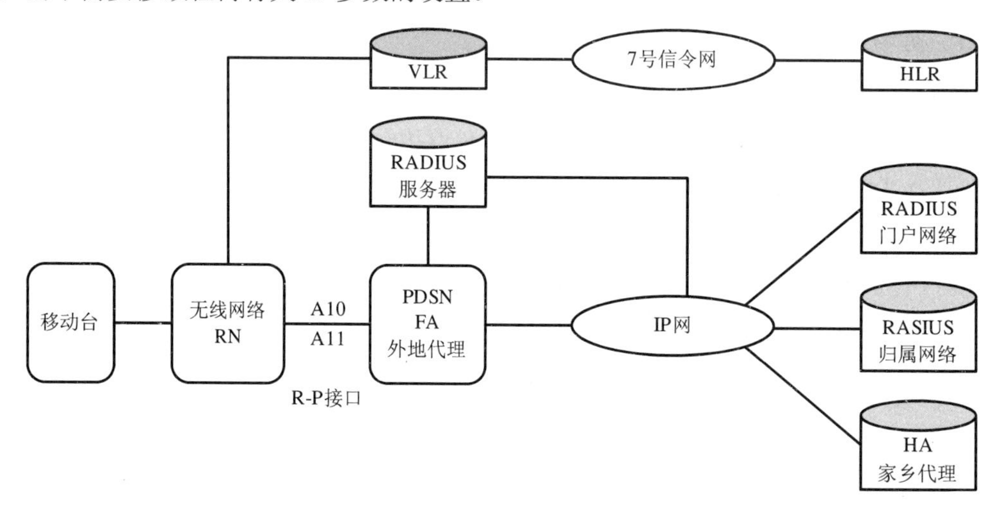

图 2.25　移动 IP 接入网络结构

2．基于移动 IP 的 cdma2000 系统协议结构

图 2.26 是 cdma2000 系统中采用移动 IP 接入时用户数据的协议模型。其中 RN 是指无线网络，它包括基站控制器（BSC）、基站（BTS）和分组控制功能模块（PCF）。

移动主机和无线网络（RN）的接口，即空中接口，由无线链路、MAC、LAC、PPP和 IP 层组成。其中 MAC 为媒体接入控制，主要完成各逻辑信道上多种业务的复用和 QoS 控制等功能；LAC 为链路接入控制，主要功能是保证系统控制信令消息的正确传输；无线链路完成各种物理信道的处理，包括无线信道的数据编解码和调制解调等过程。MAC、LAC 和空中接口一起组成无线信道。

PCF 和 PDSN 间的无线包数据 R-P 接口完成无线信道和有线信道的协议转换，属于 A 接口的一部分，定义为 A10 和 A11。由于承载的是 PPP 协议，因而可以使用 IP over ATM 或 IP over SDH 作为物理层和 R-P 层。PPP 为点到点协议，它是 IP 协议集中的一个重要组成部分。

从数据通信的角度来看，PDSN 和 HA 具备路由器的功能。HA 和 PDSN 间的通信协议是标准的 TCP/IP 协议，采用隧道技术以保证数据的安全传输。根据移动 IP 的规定，隧道的终点可设置在移动主机，也可设置在外部代理（PDSN），但在 cdma2000 系统中，将隧道的终点设置在外部代理（PDSN）。这是因为隧道技术本身需要数据报的重新封装，从而增加传送的额外负荷，这对无线资源有限的无线信道来说是不利的，考虑到在无线信道编码过程中已采用可靠的加密算法，因而不需要使用隧道技术提供的安全手段。

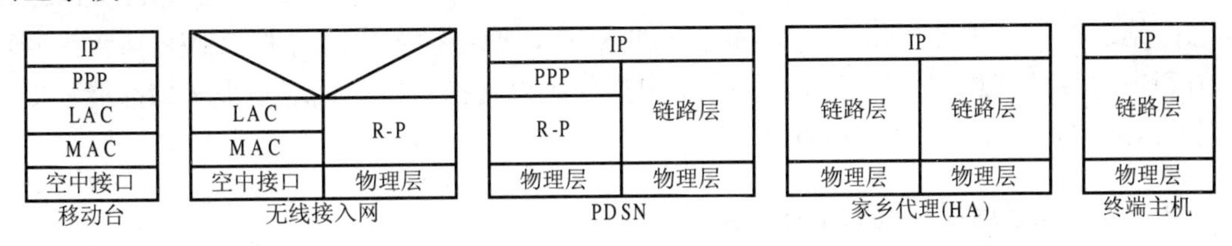

图 2.26　cdma2000 系统中采用移动 IP 接入时用户数据的协议模型

总之，在 cdma2000 系统中采用移动 IP 技术为移动用户提供高速接入 Internet 的思想被认为是目前最简单、最经济实用的 Internet 接入方法，正受到业内人士的广泛关注，并有着良好的发展前景。基于移动 IP 技术的第三代移动通信系统和 Internet 网络相结合，为用户提供高速、高质量的多媒体通信业务是个人通信发展的必然，为全 IP 网络建设提供新的思路和途径。

2.6.2　B3G 中扁平的移动 IP 网络结构

在 B3G 无线环境中，基于分组核心网，不同接入技术以最优的方式结合成一个通用灵活的多业务平台，即开放式无线架构（OWA）。WiMAX，WLAN，2G 以及 3G 等多个相互协作的接入网通过各自的媒体网关与核心网相接，使得整个网络呈现出无缝重叠覆盖的形式。不论用户通过何种网络接入，都可以得到相同或相似的服务。

移动通信从 2G 向 3G 演进使得核心网由电路交换转变为无连接的分组交换，并要求核心网独立于接入技术。IP 被认为是下一代移动通信最适合的网络层技术，其优点是可运行于不同的无线接入网络之上，独立于物理传输媒体和接入技术，使得无线网络更具扩展性；可以与因特网等有线网络很好地结合；可参考 Internet 上业已成熟的业务管理和 QoS 模型，以提高其支持多媒体业务的能力；采用 IP 协议进行数据业务传输和信令有助于形成统一的无线网络传输和管理方案。统一的基于全 IP 的核心网将使不同无线和有线接入技术在 B3G 系统中实现互连与融合。

1．移动代理扁平架构概念

随着蜂窝移动通信技术和 IP 技术的趋于结合，MIPv6 在 B3G 中的应用方案将最终完善。通过综合优化 MIPv6 的改进模型，业界提出一种基于服务质量和扁平化管理思想的 MIPv6 架构，即移动代理扁平架构（Mobile Agents Flat Structure，MAFS）。在 MAFS 中定义了两级扁平化移动代理，确定并增强了两类移动代理的不同功能，与垂直架构相比，减少了中间管理层次和移动代理的数量，缩短了信令传递的时间，为 B3G 的移动 IP 接入提供了快速无缝切换能力和高效服务质量保证的解决方案。

移动代理扁平架构中有两类移动代理，通过管理服务质量对象选项和资源预留来满足 QoS 要求。第一类位于底部，相当于 MIPv6 切换模型中的 AR，处理与 MN 相关的 RSVP 信息；第二类位于顶部，相当于 HMIPv6 的 MAP，在切换发生时合并 RSVP 协议沿着新路由产生的路径信息和预留信息。不管用户如何频繁切换，移动代理扁平架构都能够提供可靠的 QoS 保证和高效的切换管理。

2．移动代理扁平架构的工作原理

移动代理扁平架构的切换信令过程如图 2.27 所示，类似于快速切换的模型，old AR 的 L2 层协议检测到有切换（HO）发生后，MN 配置新的转交地址（newCoA），并告知 MN。然后 MN 沿着移动代理扁平架构向 CN 发送带有服务质量对象选项的 BU，当前移动代理（new AR）检测 QoS 对象选项，立即发送该 BU 给顶部移动代理（top AR）；由于 top AR 已经保存了该数据流曾经在移动代理扁平架构中创建的路径状态，因此，检测 QoS 对象选项并执行资源预留，发送新的路径信息（RtInfo）给 MN，同时也发送带有 QoS 对象选项的 BU 给 CN。MN 收到新的路径信息后，立即向 top AR 发送和数据流相关联的预留信息（ResInfo）。从 top AR 到 MN 间的这段路径的资源预留就可以重用了，对于 MN 来说，资源预留协议（RSVP）只进行了一次局部的修改。CN 收到带有 QoS 对象选项的 BU 后，进行处理并通过移动代理扁平架构向 MN 当前位置发送绑定应答确认（BACK）消息，完成切换过程。

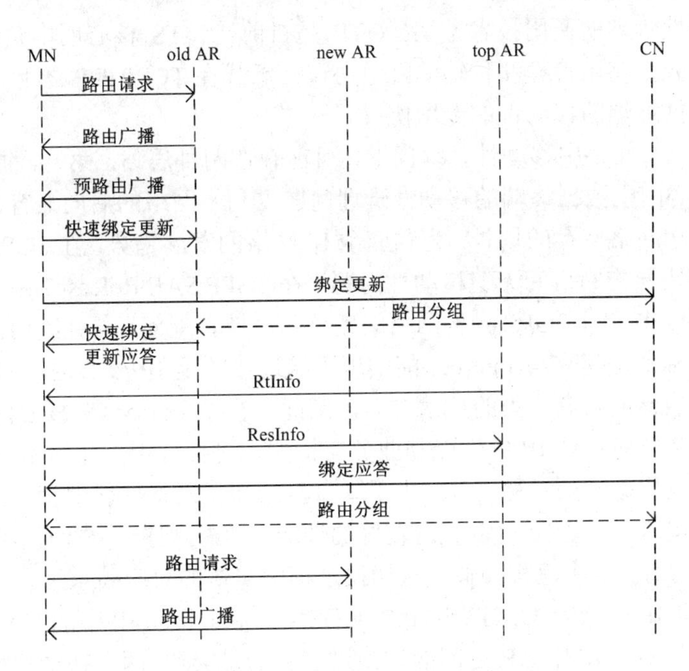

图 2.27　移动代理扁平架构的切换信令过程

3. 移动代理扁平架构的优势

从以上论述可知，MAFS 除了具有强大的漫游功能、真正的双向通信能力、网络应用的透明性以及链路的无关性之外，还可以提供快速的无缝切换及高效的服务质量保证。在 MAFS 中，ResInfo 的往返路径是在 MN 和顶部移动代理之间，BU 是在 MN 和 CN 之间，移动代理扁平架构使得资源预留协议信令的往返路径成为移动 IPv6 捆绑更新信息和捆绑确认信息的往返路径的一部分，资源预留协议的重新商议在 CN 更新移动用户新的转交地址之前完成。移动代理扁平架构对传统的资源预留协议进行了扩展，增加了服务质量对象选项，并将其置于移动 IPv6 中携带捆绑更新信息分组的 hop-by-hop 扩展头中，能够在快速无缝切换的同时满足移动用户的 QoS 要求。

MIPv6 具有广阔的应用前景，MAFS 更是有效地减少了由于切换引起的对移动实时业务影响的分组时延。但是目前在 B3G 系统中，移动 IP 技术的应用还要考虑 QoS 等级、快速切换、安全认证和 TCP 对移动 IP 的支持等很多问题。

2.6.3　移动 IP 与 UMTS GTP 性能对比

移动 IP 和 UMTS GTP 是两种来自不同网络环境的数据传输和控制协议。移动 IP 是由 IETF 制订的网络层路由机制，主要目的是为 Internet 提供移动计算的功能，解决异构融合网络间无缝移动性管理的通用技术方案。GTP 是目前 UMTS 核心网中负责 GSN（GPRS 支持节点）之间分组路由管理和传输的隧道协议，承载在 TCP/UDP 之上，在 UMTS 网络内部支持分组数据终端的移动性的专用协议。

关于 3GPP 未来网络中移动性管理问题，目前存在两种思路：第一，继续沿用 GTP 协议解决 3GPP 核心网中数据终端的移动性管理问题，利于网络的后向兼容性。第二，考虑到未来必然是异构网络共存的场景，为顺应全 IP 网络的发展趋势，在 3GPP 核心网中积极引入移动 IP，解决异构网络间无缝移动性问题。在 3GPP SAE Release7 中已经明确提出采用移动 IP 解决 3GPP 和非 3GPP 异构网络间无缝移动性管理问题，并给出了具体的实施方案。UMTS 的目标就是建立与 Internet 能实现无缝连接的全 IP 核心网，而移动 IP 被公认为解决异构网络融合最具竞争力的技术方案，因此，在整个 UMTS 核心网中实现移动 IP 是必然趋势，有必要对移动 IP 的性能和业务支持能力进行分析，作为是否能在 UMTS 核心网中实现的理论依据。虽然移动 IP 由于本身机制和在网络部署中存在的问题，但是通过采用一些优化措施，移动 IP 可以获得较好的性能。考虑到移动 IP 切换和 UMTS GTP 跨 SGSN 切换过程的切换信令流程类似，从切换过程中实体的对应关系来看，UMTS GTP 中 SGSN 类似于移动 IP 中 AR，UMTS GTP 中 GGSN 类似于移动 IP 中的 HA，移动终端在不同 SGSN 中切换与移动 IP 中 AR 之间的切换过程和场景类似，两者在切换性能方面具有可比性。

以下研究针对在 3GPP 核心网中能否采用移动 IP 替代 GTP 解决数据终端的移动性管理问题，主要从切换协议流程的角度，以切换时延作为评估指标，对移动 IP 和 UMTS GTP 切换的切换性能进行定性对比。

1. 移动 IP 的切换流程和时延

移动 IP 的网络层切换流程包括 3 个部分：移动检测、转交地址配置和绑定更新。切换过程涉及链路层和网络层，移动 IP 的切换时延主要包括以下几个部分：

- 链路层切换时延（T_{link}）；
- 等待路由通告（RA）时延（移动检测）（T_{RA}）；
- 转交地址配置时延（T_{CoA}）；
- 传输时延（绑定更新时延）（T_t）；
- 节点处理（T_{pro}）。

（1）移动 IPv4 的切换时延

移动 IPv4 切换流程如图 2.28 所示。假设 MN 的转交地址就是外地代理（FA）的地址，可直接从代理通告的 ICMP 报文中获得。当 MN 接收到路由通告消息后，便获得子网的网络前缀，从而配置转交地址，此时转交地址的配置时延 T_{COA} 可以忽略不计。T_{RA} 由路由通告的广播周期决定。切换时延还包括注册过程中注册信令在 FA 和 HA 的处理时间。

移动IPv4的切换时延的计算公式如下：

$$T_{\text{MIPv4-handoff}} = T_{\text{RA}} + T_{\text{CoA}} + 2T_{t(\text{MN-HA})} + 3T_{\text{pro}} = T_{\text{RA}} + 2T_{t(\text{MN-HA})} + 3T_{\text{pro}}$$

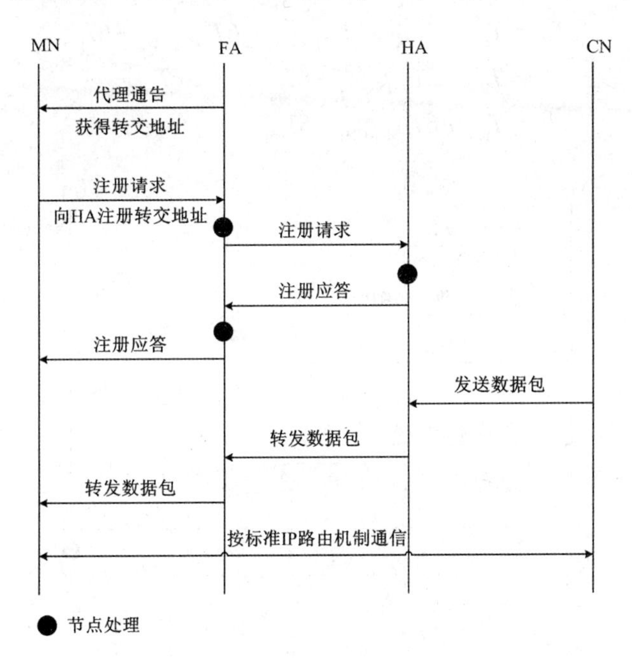

图2.28　移动IPv4切换流程

（2）移动IPv6的切换时延

移动IPv6切换流程如图2.29所示。当MN移动到外地链路时，通过IPv6邻居发现机制，以无状态的地址自动配置方式获得一个或多个转交地址，转交地址子网前缀是移动节点访问的外地链路的子网前缀。移动节点在获得转交地址后，把地址注册到家乡代理上，并且节点给通信对端发送绑定更新，使通信对端缓存移动节点当前使用的地址。

以下分3种情况对移动IPv6切换时延进行计算。

A.　情况1：移动IPv6在没有进行路由优化时的切换时延

$$T_{\text{MIPv6-handoff}} = T_{\text{RA}} + T_{\text{CoA}} + 2T_{t(\text{MN-HA})} + T_{\text{pro}} = T_{\text{RA}} + 2T_{t(\text{MN-HA})} + T_{\text{pro}}$$

B.　情况2：移动IPv6在进行路由优化但没有考虑安全选项时的切换时延

$$\begin{aligned} & T_{\text{MIPv6-handoff}}\text{（路由优化未考虑安全选项）} \\ & = T_{\text{RA}} + T_{\text{CoA}} + 2T_{t(\text{MN-HA})} + 2T_{t(\text{MN-CN})} + 3T_{\text{pro}} \\ & = T_{\text{RA}} + 2T_{t(\text{MN-HA})} + 2T_{t(\text{MN-CN})} + 3T_{\text{pro}} \\ & = T_{\text{RA}} + 2T_{t(\text{MN-CN})} + 2T_{\text{pro}} \end{aligned}$$

C.　情况 3：移动 IPv6 在进行路由优化并考虑安全选项时延切换时延

$$
\begin{aligned}
& T_{\text{MIPv6-handoff}}\text{（路由优化考虑安全选项）} \\
& = T_{\text{RA}} + T_{\text{CoA}} + 2T_{t(\text{MN-HA})} + 6T_{t(\text{MN-CN})} + 6T_{\text{pro}} \\
& = T_{\text{RA}} + 2T_{t(\text{MN-HA})} + 6T_{t(\text{MN-CN})} + 6T_{\text{pro}} \\
& = T_{\text{RA}} + 6T_{t(\text{MN-CN})} + 5T_{\text{pro}}
\end{aligned}
$$

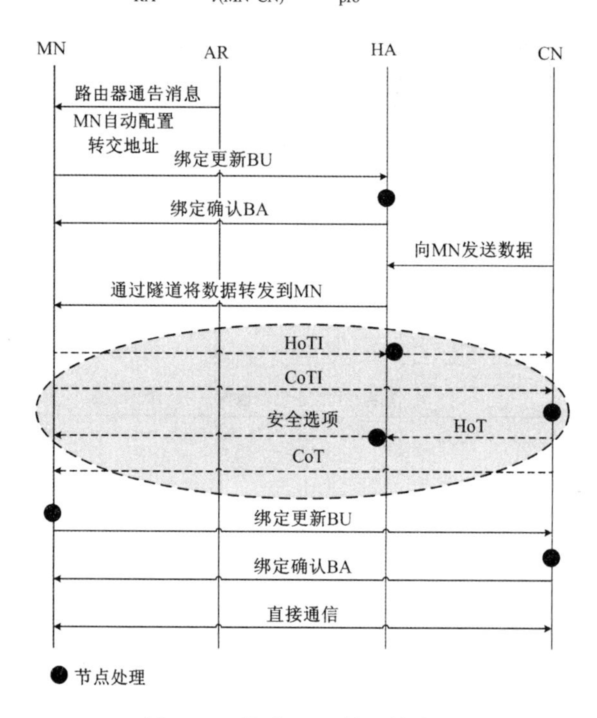

图 2.29　移动 IPv6 的切换流程

由此可知，在移动 IPv6 切换过程中，当 MN 收到 AR 的代理广播消息后，进行 IPv6 地址自动配置获取转交地址的时延 T_{CoA} 很短，可以忽略不计。当采用路由优化 MIPv6 时，MN 向 HA 和 CN 同时发出绑定更新的消息，由 HA 绑定更新产生的传输时延和处理时延 $2T_{t(\text{MN-HA})}+T_{\text{pro}}$ 也可以忽略。T_{RA} 由路由通告的广播周期决定。切换时延还包括绑定更新和安全选项在 MN、CN 和 HA 的处理时间。

2. UMTS GTP 的切换过程

UMTS 网络可以分成两个基本部分：无线接入网络和核心网，其中核心网又可以分为电路域和分组域。UMTS 网络提供数据承载通道分为两段：移动台到 SGSN 基于 LLC（逻辑链路控制）协议的数据链路；SGSN 到 GGSN 之间基于 TCP/IP 协议和隧道传输协议（GTP）的数据隧道。

在 UMTS 核心网中，GTP 是负责 GSN（GPRS 支持节点，主要是指 SGSN 和 GGSN）之间数据传输和信令控制的专用协议，由处于两个 GSN 中有相互关系的 PDP（Packet Data Protocol）上下文定义。创建 GTP 隧道的过程就是激活这对 PDP 上下文的过程，涉及 GTP 创建的规程有 3 个：PDP 上下文激活规程、网络请求的 PDP 上下文激活规程以及跨 SGSN 路由区更新规程。移动用户（MS）发生跨 SGSN 路由区更新 GTP 切换过程如图 2.30 所示，主要包括两个步骤：将保存在原 SGSN（SGSNo）中的 MS 的数据分组转发给新 SGSN（SGSNn）；SGSNn 要与 GGSN 建立联系。当 SGSNn 收到 MS 的路由区更新请求后，新 SGSN 根据 MS 的国际移动台识别号（IMSI）向原 SGSN 获取 MS 的上下文，包括 MM（Mobility Management ）上下文和 PDP 上下文。SGSNn 不再将用户数据分组发送给 MS，将原 SGSN 中保存的 MS 的 MM 上下文和与 MS 相关的所有激活态的 PDP 上下文发给新 SGSN。新 SGSN 确认后，根据 MS 的所有活动态的 PDP 上下文，在原 SGSN 与新 SGSN 之间创建了一个或多个隧道，原 SGSN 就可将存储在原 SGSN 中 MS 的数据分组转发给新 SGSN。新原 SGSN 之间转发完毕，新 SGSN 应向正在为 MS 服务的 GGSN 请求重新建立用户隧道，传送 MS 与外部数据网的用户数据。

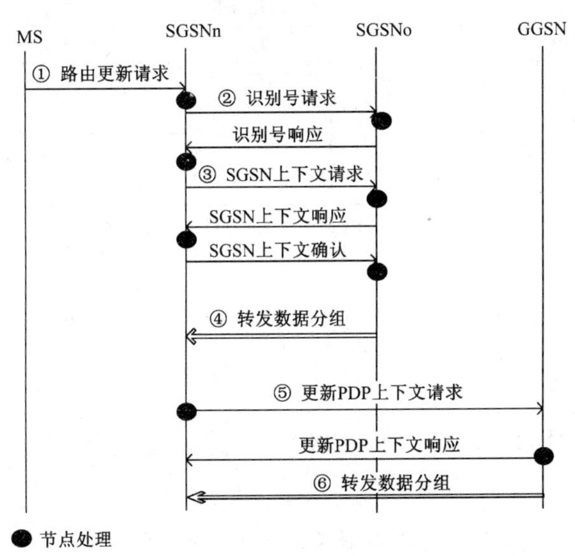

图 2.30　UMTS GTP 跨 SGSN 的切换

根据 UMTS GTP 跨 SGSN 切换过程的分析，为了简化计算过程，认为每条路径与相反路径的传输时延（T_t）相等，每个网络节点处理时延（T_{pro}）相等。下面分两种情况对 GTP 切换时延进行计算。

A.　情况 1：SGSN 拥有数据缓冲区

$$T_{\text{GTP-handoff}}(\text{with SGSN buffer}) = T_{t(\text{MN-SGSNn})} + 5T_{t(\text{SGSNo-SGSNn})} + 6T_{\text{pro}}$$

B.　情况 2：SGSN 没有数据缓冲区

$$T_{\text{GTP-handoff}}(\text{without SGSN buffer}) = T_{t(\text{MN-SGSNn})} + 5T_{t(\text{SGSNo-SGSNn})} + 2T_{t(\text{SGSNo-GGSNo})} + 8T_{\text{pro}}$$

3. UMTS GTP 和移动 IP 切换性能的比较

基于以上对移动 IP 和 GTP 的切换时延和信令流程的分析，UMTS GTP、移动 IPv4 和移动 IPv6 切换时延的比较结果如表 2.3 所示。

表 2.3　UMTS GTP、移动 IPv4 和移动 IPv6 切换时延比较

协议类型		切换时延/ms			
		链路层切换时延	路由通告等待时延 转交地址配置时延	传输时延	信令处理时延
GTP	With SGSN buffer	T_{link}	0	$5T_{t(\text{SGSNo-SGSNn})}$	$6T_{\text{pro}}$
	Without SGSN buffer		0	$5T_{t(\text{SGSNo-SGSNn})}+2T_{t(\text{SGSNn-GGSNo})}$	$8T_{\text{pro}}$
移动 IPv4			$T_{\text{RA}}+T_{\text{CoA}}$	$2T_{t(\text{MN-HA})}$	$3T_{\text{pro}}$
移动 IPv6	未考虑路由优化		$T_{\text{RA}}+T_{\text{CoA}}$	$2T_{t(\text{MN-HA})}$	T_{pro}
	考虑路由优化，未考虑安全选项		$T_{\text{RA}}+T_{\text{CoA}}$	$2T_{t(\text{MN-CN})}$	$2T_{\text{pro}}$
	考虑路由优化，考虑安全选项		$T_{\text{RA}}+T_{\text{CoA}}$	$6T_{t(\text{MN-CN})}$	$5T_{\text{pro}}$

注：在移动 IP 切换性能分析过程中，当 MN 的转交地址（CoA）变化时，MN 和 HA 之间的认证过程在性能比较过程中被简单忽略。

结合表中关于切换时延计算公式，以下分别对其各个部分进行说明：

（1）链路层切换时延（T_{link}）

链路层切换时延对 GTP，MIPv4 和 MIPv6 切换的影响是相同的，在切换时延比较过程中可以忽略。

（2）等待路由通告时延（T_{RA}）和转交地址配置时延（T_{CoA}）

在移动 IP 中存在T_{RA}和T_{CoA}时延，而在 GTP 中没有包含这部分时延。当 MN 移动到外地网络中时，MN 会主动发出路由器请求（RS）广播报文，因此，等待路由通告时，延T_{RA}可以忽略。在移动 IPv4 中可采用外地代理的 IP 地址作为 MN 的转交地址，在移动 IPv6 中可以采用 IPv6 的无状态地址自动配置获取转交地址，因此转交地址配置时延T_{CoA}也可以忽略。

（3）传输时延（T_t）

在移动 IP 切换过程中，平均传输时延比 GTP 稍长。在 GTP 中，当 MS 在两个相邻网

络中频繁切换时，相邻 SGSN 之间的切换传输时延 $T_{t(\mathrm{SGSNn\text{-}SGSNo})}$ 被认为足够小。在移动 IP 中，当 MN 位置移动出家乡网络时，时延 $T_{t(\mathrm{MN\text{-}HA})}$ 可达 1 毫秒至数十毫秒。特别地，如果移动 IPv6 中为了数据包路由优化目的而增加了到 CN 绑定更新过程，为增加协议的安全性，增加了家乡测试消息（HoT/HoTI）和转交测试消息（CoT/CoTI）安全选项，那么这些信令消息的交互将增加传输时延 T_t。

（4）信令处理时延（T_{pro}）

从表 2.3 中数据可以看出，在 UMTS GTP 切换过程中的信令处理时延大于移动 IP 的信令处理时延。而在移动 IP 中，除移动 IPv6 考虑路由优化和安全选项之外，很少节点涉及切换信令处理。

4．分析结论

通过搭建试验环境和模拟实际网络的参数设置，可以定量计算出 UMTS GTP、移动 IPv4 和移动 IPv6 切换时延。通过理论计算和实例分析，移动 IPv4 的平均切换时延比 GTP 的长 41 ms。移动 IP 切换时延在于等待路由通告的广播周期不确定性，最理想的情况下，MIPv4 的切换时延最短为 58.8 ms，比 GTP 的切换时延还短。如果采取相关的技术措施如快速切换技术等，用以减少 MN 等待路由器通告的时延，则移动 IP 的切换时延可以接近 GTP 的切换时延性能。相比移动 IPv4，由于移动 IPv6 功能和协议的复杂性增加，特别是当移动 IPv6 考虑路由优化和安全选项时，将经历比 GTP 较长的切换时延，需要进一步优化移动 IPv6 的切换性能。

参 考 文 献

[1] 孙利民，阚志刚，郑健平. 移动 IP 技术[M]. 北京：电子工业出版社，2003.

[2] http：//www.ietf.org/rfc.

[3] 3GPP，System Architecture Evolution：Report on Technical Options and Conclusions，3GPP TR 23.882 V0.8.0，Nov.2005.

[4] 3GPP2，Wireless IP Network Standard，3GPP2 P.S0001-B，Dec. 2002.

[5] http：//www.wwrf.org.

[6] http：//www.ietf.org/proceedings/mobileip-hawaii-01.txt.

[7] http：//www.ietf.org/proceedings/draft-ietf-mobileip-hmipv6-08.txt.

[8] 叶敏华，刘雨，张惠民. Mobile IP 中的组播技术实现[J]. 北京邮电大学学报，Vol.27（3）：pp.78～82，Jun.2004.

[9] 黄建文. 异构全 IP 移动通信系统中网络融合若干关键问题研究. 北京邮电大学博士学位论文，2006.4.

[10] 中国移动研究院技术报告. 移动 IP 建模及性能分析. 2007.04.

[11] 赵阿群. 移动支持协议切换性能研究[J]. 软件学报，Vol.16（4）：pp.587～594，Apr.2005.

[12] 陈前斌，黄琼，隆克平. 下一代网络通用移动性管理技术初探[J]. 通信学报，Vol.25（12）：pp.65～70，Dec.2005.

[13] Li Jun，Song Mei and Junde Song，Research on hierarchical Mobile IP optimal size of regional networks[C]，IEEE 2006 International Conference on Wireless Communications Networking and Mobile Computing，Wuhan.

[14] 朱艺华，高济，周根贵. 蜂窝网络中环状搜索移动性管理策略[J]. 电子学报，Vol.31（11）：pp.1655～1658，Nov.2003.

[15] 钱敏平，龚光鲁. 应用随机过程[M].北京：北京大学出版社，1998.

[16] 王胜灵，刘国荣，沈钧毅. 移动 IPV6 中一种分布式动态型微移动管理方案[J]. 软件学报，Vol.16（7）：pp.1314～1322，Jul.2005.

[17] 徐彬辉，张力军. GPRS 网络的关键传输技术-隧道技术[J].江苏通信技术，Vol.18（4）：pp.25～29，Apr.2002.

[18] 李军，宋俊德. 移动 IP 与 UMTS GTP 切换性能的比较[J].电子技术应用，Jul. 2007.

[19] 彭木根，王文博. TD-SCDMA 移动通信系统[M]. 北京：机械工业出版社，2005.

[20] 李军，宋梅，宋俊德.分层移动 IP 中最优管理区域规模的研究[J]. 电子与信息学报 Vol.30（8）：pp.1985～1988，Aug.2008.

[21] 李军，陈虎. cdma2000 1x 系统中移动 IP 技术分析[J]. 电信网技术，2005.1.

[22] 顾晓丹，徐子平. 移动 IP 技术在超三代移动通信系统中的应用[J]. 信息技术与标准化，2006.4.

第3章 异构无线网络中垂直切换

本章要点

- 异构无线网络重叠覆盖的场景
- 水平切换和垂直切换
- 异构无线网络间垂直切换的研究现状和面临的挑战
- 联合垂直切换判决策略
- 通用的垂直切换性能评估模型

本章导读

垂直切换是研究异构无线网络融合的基础和关键技术。本章基于 UMTS 和 WLAN 重叠覆盖的网络架构，提出一种异构无线网络间联合垂直切换判决策略，并建立一种通用的垂直切换性能评估模型，客观评估垂直切换性能，其目的是改善垂直切换的性能，为研究异构网络间垂直切换的优化提供指导。

3.1 概　　述

下一代移动通信系统的特征是多种无线接入技术并存，相互补充，无缝集成。不同的接入技术在带宽、传输时延、覆盖范围移动性支持等方面存在差异，没有一种单一的无线网络能够同时满足广覆盖、低时延、高带宽、低成本等要求，无线网络间的互通和融合成为必然。异构无线网络融合的场景为切换控制的设计提出了新的挑战。移动台在同种接入网络之间的切换称为水平切换，在不同接入网络之间的切换称为垂直切换。异构网络间的垂直切换被认为是异构无线网络融合研究的重点之一。在异构网络环境中，不同的接入技术在接收信号强度方面不具可比性，所以，传统水平切换控制策略无法体现垂直切换的特点和需求，不能从根本上解决接入网络间的垂直切换问题，需要针对垂直切换的特殊性和复杂性展开深入系统的研究。

3.2 异构无线网络重叠覆盖的场景

可以预见，在未来移动通信系统中，多种网络接入技术并存，可分为两大类：广域覆盖、提供低带宽业务网络，如卫星移动通信系统和蜂窝移动通信系统；在局部小范围覆盖、提供高速率业务的网络，只提供有限覆盖和高带宽网络，如室内无线局域网和微蜂窝系统。在同一地理区域内，两类无线系统形成重叠覆盖的网络架构。位于底层的室内高带宽无线微微蜂窝，覆盖相当小的区域。上层包括楼内热点覆盖的高带宽网络，覆盖较大的区域，提供的带宽与室内微蜂窝几乎相同。最上层网络是广域覆盖的移动蜂窝网络和卫星网络，提供低得多的带宽。如图 3.1 所示，包含 WLAN、微蜂窝、宏蜂窝和卫星网络等多种无线接入技术，根据覆盖能力大小，形成相互重叠的异构无线网络场景，向用户提供性能最好的连接服务。

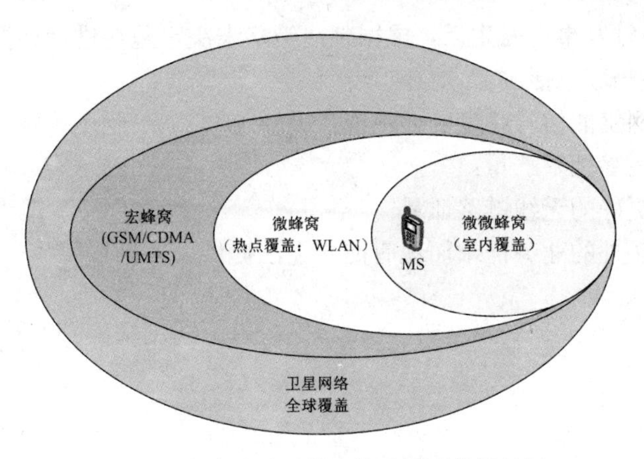

图 3.1　未来移动通信网络重叠覆盖场景图

3.3　水平切换和垂直切换

切换是移动通信系统特有的、最重要的功能之一。但是多种无线接入并存，重叠覆盖网络的异构网络环境为切换控制的设计提出了新的挑战。水平切换和垂直切换来自重叠网络架构，传统意义上的切换过程是在采用同一技术的不同基站之间进行，垂直切换可能在分层结构的不同网络之间进行。目前，国际上定义了如下下一代移动通信系统中切换的概念。

1．水平切换

采用同一技术的网络内部的切换。基于移动节点接收到的信号强度、新小区的有效资源来确定是否切换，如果信号强度降低到预先设定的某一门限值时启动切换，从而改变接入点，同时更新用户连接的路由。在网络控制切换或移动台辅助切换时，由网络确定切换；在移动台控制切换时，移动节点自己测量信号强度，自己做出切换决策。在执行切换时，移动节点可先于目标基站建立连接之后再释放原有连接，也可以先中断原有连接后再与新基站建立连接。

2．垂直切换

采用不同技术的网络间的切换，一般可分为被动切换与用户切换，被动切换由与网络接口有效性有关的物理事件触发，而用户主动切换由用户策略和喜好决定。垂直切换也可分为下行垂直切换和上行垂直切换；下行垂直切换是指移动节点从覆盖范围大的小区切换到覆盖范围小的小区，上行垂直切换是相反的过程。如图 3.2 所示，垂直切换包括以下 3 个步骤：

- 切换触发事件判决；
- 切换初始化；
- 切换执行。

关键在于切换触发事件发生后，根据判决策略来决定是否进行切换。在异构网络中常用的切换触发事件一般包括：

① 当前使用网络的信号强度明显下降；

② 当前使用网络拥塞严重；

③ 新网络有更好的无线链路质量；

④ 用户提出额外的业务需求而现有网络无法提供。

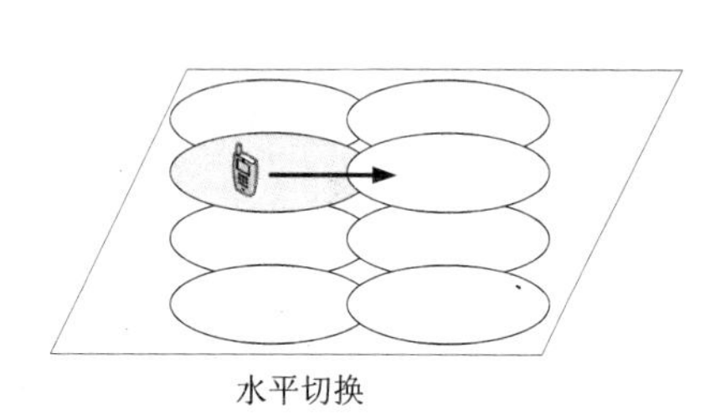

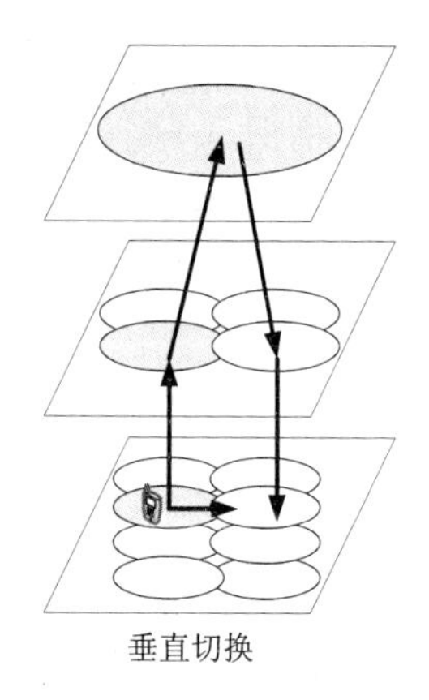

图 3.2　水平切换和垂直切换示意图

在 UMTS 和 WLAN 重叠覆盖的情况下，典型的切换场景如图 3.3 所示，UMTS 网络之间和 WLAN 网络之间的切换即水平切换，在 UMTS 和 WLAN 网络之间的切换即垂直切换。

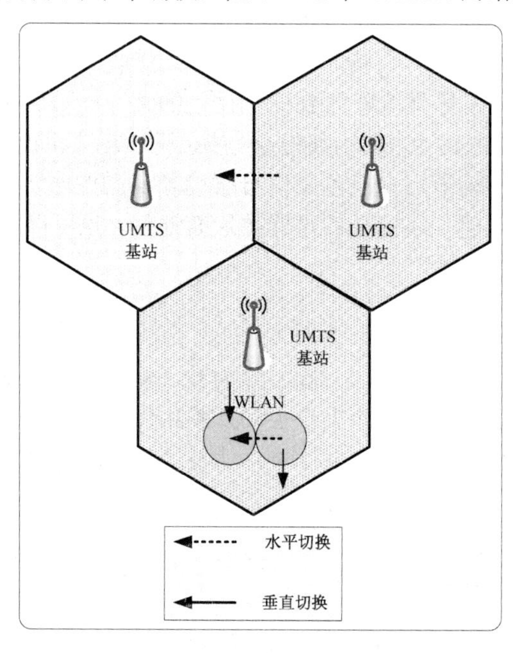

图 3.3　UMTS 和 WLAN 异构网络中切换场景

3.4　异构无线网络间垂直切换的研究现状和面临的挑战

3.4.1　研究现状

目前，针对切换的研究大多集中在水平切换方面，关于垂直切换的研究还不够深入。在异构网络环境中，由于不同网络间切换的不对称性，传统意义上的水平切换控制机制基于接收信号强度的比较并不适合垂直切换的要求。

1. 传统的水平切换控制机制

在蜂窝移动通信系统中，切换主要发生移动台跨越不同蜂窝小区之间，作为公共的信令协议得到广泛的研究。传统的水平切换控制机制主要采用接收信号强度（RSS）作为接入网络可用性的指示，并由此判断切换是否发生。目前可以概括出以下 3 种典型的切换判决策略：

（1）基于接收信号强度

如果接入网络附着点的 RSS 高于当前的附着点的接收信号强度（$RSS_{new} > RSS_{current}$），切换将发生。

（2）基于接收信号强度加门限（Threshold）

如果接入网络的接收信号强度 RSS 高于当前接入网络的接收信号强度，且当前接入网络的接收信号强度 RSS 比预定义的门限 T 还要低时（$RSS_{new} > RSS_{current}$ 和 $RSS_{current} < T$），切换将发生。

（3）基于接收信号强度加滞后余量（Hysteresis）

如果接入网络的接收信号强度高于当前接入网络的接收信号强度，在高于预定义的门限 H 的情况下，切换将发生（$RSS_{new} > RSS_{current} + H$）。

另外，为了减少乒乓切换，上述策略中还设定一个切换定时器（Timer）。当切换判决开始时，切换定时器开始计时，如果在定时周期到期，条件仍然满足，切换将发生。

图 3.4 描述了简单的水平切换过程，基于接收信号强度加滞后余量的方法判断切换是否执行。移动终端沿着从 A 到 B 的方向前进，在蜂窝 A 的覆盖范围内，移动终端与蜂窝 A 相连，随着离蜂窝 A 距离变远，接收到 A 的接收信号强度降低，接收到 B 蜂窝的信号强度上升。移动终端评估蜂窝 A 和蜂窝 B 的信号场强，认为 B 蜂窝提供比 A 蜂窝更好的信号强度和网络条件，启动切换过程。水平切换过程主要分为 3 个阶段：监控和链路测量、

目标小区确定和切换启动、切换执行和链路转换。

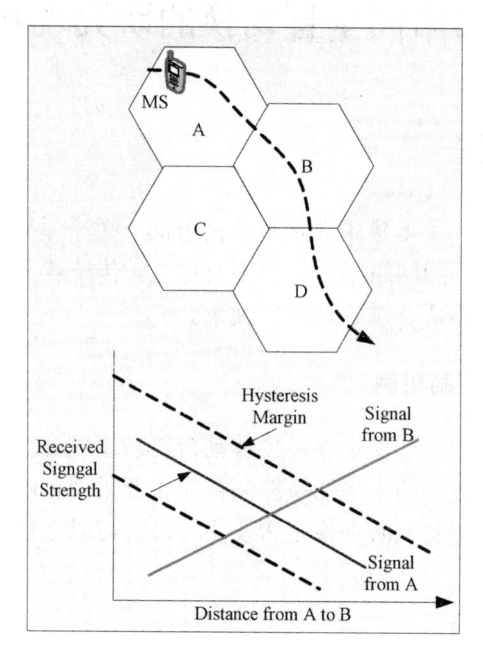

图 3.4　水平切换过程

2. 垂直切换控制机制

目前，业内针对垂直切换的研究，基本上可以归纳为以下 3 个方面展开。

第一方面：基本思路来源于基于信号强度比较的判决策略，此外在判决中加入其他有关参数，如网络负载等。这方面的研究主要使用驻留定时器作为切换初始化准则。如果接收信号强度超过或低于分别预先定义的移入和移出门限，通过垂直切换策略，分别进行移入、移出操作。另外，作者提出算法采用不同水平的接收信号强度作为判决门限，针对不同应用业务的要求。对垂直切换而言，尽管设定驻留定时器方法是一种具有吸引力的方法，目的是最大化底层网络使用效率，但是正确的驻留时间是定时器选择是一个关键和难点。

第二方面：基于人工智能和模糊逻辑，组合几种参数如网络条件和移动性特征，设计多维判决策略。

为了提高在异构无线环境中选择切换目标的准确度，相关文献基于模糊推理系统和修改的 Elman 神经网络，提出了一种自适应的多指标垂直切换判决算法。模糊推理系统采纳了垂直切换关键指标作为输入变量，按照定义的规则做出切换判决。

第三方面：立足于移动终端侧的切换判决方法，在考虑接收信号强度和网络可用性之外，组合业务类型、接入费用、用户偏好、功耗以及可用带宽等判决因子，通过构建代价函数，计算评估最优的切换目标网络。

目前典型的文献大多基于多业务网络的代价函数，考虑多个判决因子变量。在一维代价函数中，函数反映的是用户请求业务的种类。在二维代价函数中，函数反映的是按照带宽、功耗和费用等特定参数的网络代价。切换代价函数一般表现形式为：

$$f^n = \sum_s \sum_i w_{s,i} p_{s,i}^n$$

其中，n 表示备选网络序号；$p_{s,i}^n$ 表示在网络 n 中以 i 为参数执行业务 s 时代价；$w_{s,i}$ 代表采用 i 为参数执行业务 s 的权值，代表用户使用业务的重要程度，且 $\sum_i w_i = 1$。如果用户希望基于带宽和通信费用进行切换判决，代价函数可以表示如下：

$$f^n = w_b \ln(1/B_n) + w_c \ln(C_n)$$

经过计算，最优切换目标可以表示如下：

$n\_opt = \arg\min_n (f^n)$，即拥有最小代价函数的接入网络成为切换目标。

采用代价函数方法进行切换判决的主要困难在于有些参数动态变化，难以估计，为切换判决算法的设计增加了难度。

3.4.2　面临的挑战

垂直切换是异构无线网络融合的基础，也是未来移动 Internet 的关键特征和核心技术。目前的切换技术多针对水平切换，垂直切换由于其特殊性和复杂性尚缺乏详尽和深入的研究。在系统仿真方面，目前垂直切换的研究多延用水平切换的仿真评价模型，在评价指标方面也主要采用切换延迟、切换中的丢包率和吞吐量等水平切换中的常见参数，无法体现垂直切换的特点和需求，极大地制约了垂直切换算法的研究和发展。从目前的研究进展可以看出，垂直切换逐渐成为异构网络融合领域研究的热点，国内外的研究还处于起步阶段，面临的主要挑战之一就是设计高效、合理的垂直切换判决策略，满足不同无线网络间无缝移动性管理的要求。

3.5　联合垂直切换判决策略

切换控制方案的设计将关系到整个异构网络的是否能正常运行的关键，需要设计一种合理的切换判决算法，保证用户的服务要求。本文提出一种适用异构网络环境的联合垂直切换判决算法。本文以 UMTS 和 WLAN 分别代表低带宽、广覆盖以及高带宽、低覆盖的无线接入，来研究和分析垂直切换算法，分析原则和方法同样适用于其他异构无线网络。

3.5.1　UMTS 和 WLAN 异构融合的体系架构

UMTS 作为完整的第三代移动通信技术，能够提供广域覆盖并支持用户的全球漫游和快速移动，但是数据传输速率较低。WLAN 是一种广泛被采用的宽带无线接入技术，有较高的数据传输速率，可以提供热点地区的覆盖，但是缺乏对漫游和移动性的支持。随着蜂窝移动通信系统的迅猛发展，而无线局域网以其高带宽的接入方式也逐渐成为应用热点。考虑到现网中 UMTS 和 WLAN 共存的需求，以及未来网络的后向兼容性，有必要研究 UMTS 和 WLAN 的融合技术，实现这两种无线接入技术的优势互补，为用户提供更好的服务体验。

在 3GPP 提出的 WLAN/UMTS 互连方案中存在 6 种互操作场景，欧洲电信标准协会（ETSI）定义了两种异构网络融合的架构：松耦合与紧耦合。可以看出，在松耦合方案中，WLAN 通过 Gi 参考点和 UMTS 核心网连接；在紧耦合方案中，WLAN 数据通过 Gb 或 Iu-PS 参考点连接到 UMTS 核心网。由于松耦合在工程应用上具有很多优势，我们采用如图 3.5 和图 3.6 所示的松耦合结构实现 WLAN/UMTS 网络融合。

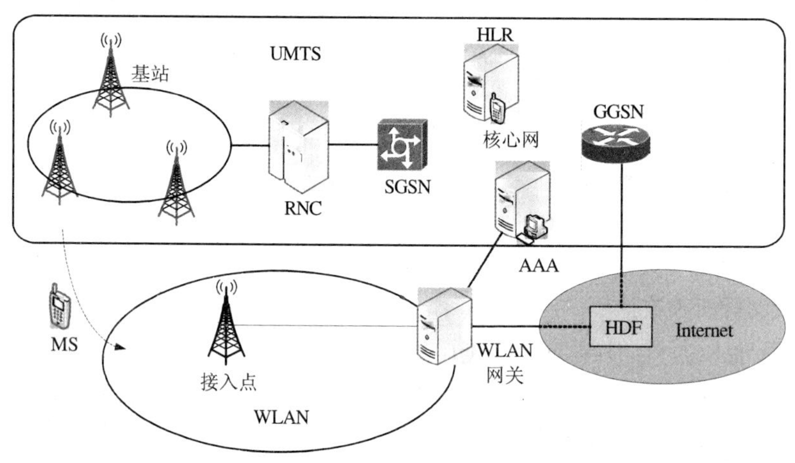

图 3.5　UMTS 和 WLAN 异构网络融合架构

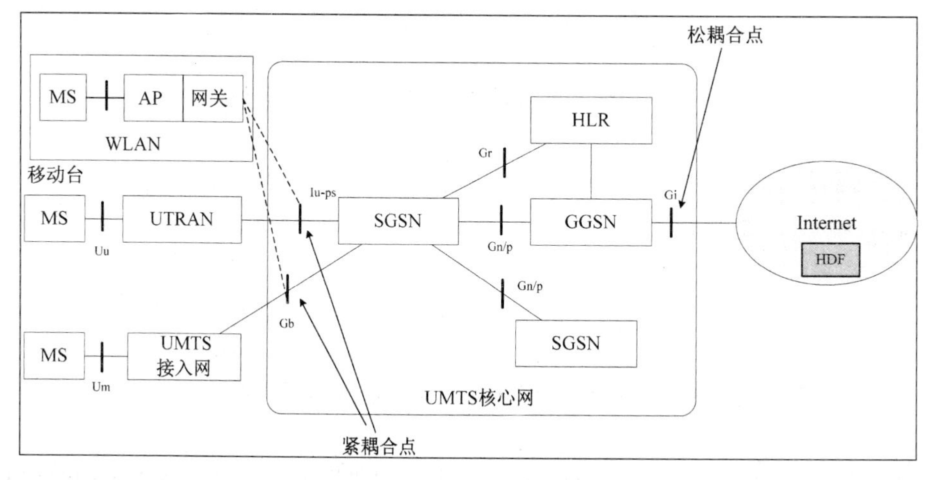

图 3.6　异构融合方案的耦合参考点

在 UMTS 和 WLAN 网络融合架构中，设计切换决策功能（Handoff Decision Function，HDF）实体，其主要功能就是通过控制网络条件等参数，产生网络间的垂直切换判决，选择正确的切换目标。移动台（MS）具备双模接口卡的终端设备，能够通过 WLAN 或 UMTS 接入到 Internet，并且在不同的接入网中实现无缝漫游。当移动台工作于 UMTS 时，接入无线子系统、GPRS 服务支持节点（SGSN）及 GPRS 网关支持节点 / 家乡代理（GGSN）；当它工作于 WLAN 时，通过接入节点（AP）和接入网关节点（APGN）。UMTS 和 WLAN 在逻辑上通过 HDF 控制移动台接入 Internet，实现异构网络的融合。

3.5.2　垂直切换过程

异构网络环境下的垂直切换包括 3 个阶段：切换的发起阶段、切换的判决阶段和切换的执行阶段。

① 切换的发起阶段主要完成的工作是移动终端发现有新的可以切换的目标网络。

② 切换的判决阶段是当移动终端决定需要进行切换操作之后，完成判决操作。切换判决的依据包括接收信号强度、链路质量、资费和用户偏好等，判决的内容包括目标网络的选择、切换机制的选择和切换时间的选择。

③ 切换的执行阶段是在完成所有判决操作之后的具体切换工作。

以上 3 个阶段并非完全按照时间顺序依次执行，根据不同的切换场景可能会有所不同，而且在多数情况下，在时间上不可能将上述过程截然分开。

图 3.7 描述了垂直切换的全过程，其中切换判决是垂直切换的关键，也是本章研究的重点。

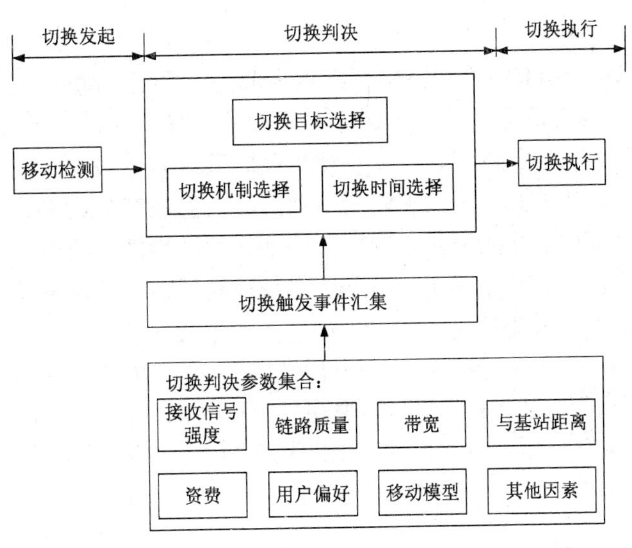

图 3.7　垂直切换过程

3.5.3 联合垂直切换判决算法

通过对研究现状的分析可知，在异构网络环境中，仅以接收信号强度（RSS）为判决指标的切换算法已经不能满足要求。需要考虑移动用户数量、设备投资和网络条件等多种判决因子的综合影响，通过设计具有多个参数的代价函数，提出适用异构网络环境的联合切换判决算法。

1．切换判决代价函数

切换决策功能（HDF）是在指定时刻进行垂直切换代价计算的控制单元，对不同的网络条件具有不同的代价参数。代价函数的值越小，则该网络的条件越好，即低代价网络是首选网络。假设 UMTS 是网络 1，WLAN 是网络 2，构造代价函数：

$$f^n = w_b \ln(1/B_n) + w_r R_n + w_a \ln(1/T\_live_n)$$

式中，$w_b + w_r + w_a = 1$；n 为表示可用网络数量；B_n 为带宽因子，用来评价网络的信号带宽；$R_n(r)$ 为平均接收信号强度因子；T_live_n 为用户应用满意度因子，可以用来衡量对网络承载应用的 QoS 要求。

从中选择代价函数取值最小的网络，即 $f_{\text{opt}} = \min\{f^1, f^2\}$，作为最优切换目标。

其中，$f^1(.)$ 表示 UMTS 的代价函数；$f^2(.)$ 表示 WLAN 的代价函数。

通过以上分析可得出以下判决规则：

- 当 $f_1 > f_2$ 时，选择 WLAN；
- 当 $f_1 < f_2$ 时，选择 UMTS。

在设定的模型中，UMTS 和 WLAN 网络重叠覆盖，采用移动 IP 进行位置管理。双模移动终端可以与两种网络保持通信，但是移动终端同时只能保持一个连接，因为移动 IP 只能建立一条数据隧道。与此同时，一个多接口移动代理软件被安装在移动终端中，该客户端软件周期性扫描可用接口，来自不同网络的接收信号强度（RSS），按照接纳的垂直切换算法，智能地选择最好的接入网络。为了评估切换算法性能，应该考虑信道模型和移动模型。在分析架构中，采用典型的 Log-linear 路径损耗模型，并考虑阴影衰落对接收信号强度的影响。RSS 被表示成为移动台和接入点距离的函数（d）。

$$\text{RSS}(d) = P_{\text{T}} - L - 10n\lg(d) + f(\mu,\sigma)\text{dBm}$$

式中，P_{T} 为发射功率；L 为恒定的信号功率损耗；n 为路径损耗指数，取值通常在 2～4 之间；$f(\mu,\sigma)$ 为零均值、标准方差 σ 的高斯随机变量，代表阴影衰落。

在离散问题中，WLAN 的接受信号强度（RSS）每隔 T_{s} 被抽样。因此，抽样取值可以表示成：

$\text{RSS}(k) = \mu_{\text{RSS}}(k) + N(k)\,\text{dBm}$，其中 k 表示时间序列。

$\mu_{\text{RSS}}(k) = P_{\text{T}} - L - 10n\lg(d)$ dBm

d 表示在 k 时刻移动台和 WLAN AP 之间的距离，距离是影响 RSS 的唯一参数。采用简单的移动性模型，进行切换性能评估，认为移动台以恒定的速度 v m/s 远离 AP 点。

移动台在 WLAN 的 AP 点和 UMTS 的 BS 之间保持固定方向匀速运动，处于位置 x 时接收到的 WLAN 的平均接收信号强度 $\overline{\text{RSS}(x)}$ 服从对数正态分布，$\overline{\text{RSS}(x)} \sim N[\mu,\sigma^2]$（dB）。

假设 WLAN 的 AP 为运动起点（距离为 0），则移动台与 AP 之间的距离 d 服从正态分布，即 $d \sim N[\mu,(c\sigma_{\text{tdn}})^2]$。其中，$\sigma_{\text{tdn}}{}^2$ 为噪声延迟时间的标准差，c 为光速。

在切换算法中，针对信号强度的测量，都采用对连续的时间信号系统进行抽样，测定离散的抽样值的方法。本节描述的判决算法讨论将基于接收信号强度的离散化模型。

移动台以速率 v 匀速运动，以周期 T_{s} 进行抽样， 移动台的单位移动距离 $d_{\text{s}} = vT_{\text{s}}$，可得：

$$\overline{\text{RSS}(k)} = P_0 - 10n\lg(kd_{\text{s}}) + f(\mu,\sigma)$$

在 HDF 中引入一个切换定时器（Handoff Timer），在一个计时周期 T（$T = LT_{\text{s}}$：L 次抽样）内，通过计算累积接收信号强度：

$$A = \sum_{j=1}^{J} \overline{\text{RSS}(k_j)}$$

式中，j 为在一个计时周期内接收到的信号强度大于门限 RSS_{th} 的次数，且 $1 \leqslant J \leqslant L$；$k_j(j=1,2,\cdots,J)$，即 A 为 J 个服从正态分布随机变量之和。累积接收信号强度与能量门限 Q 比较，以此为判决准则之一，用来判断是否执行系统间的切换，为系统间的切换提供一定的延迟时间以避免乒乓效应。

按照当前的接收信号强度以及平均信号强度下降速率，满足用户应用 QoS 要求的持续时间估计：

$$T\_\text{live}[k] = \frac{\overline{\text{RSS}[k+T]} - \beta}{D_{\text{RSS}}}$$

式中，D_{RSS} 表示信号强度下降的平均速率；β 表示某种应用的 QoS 需求，涉及满足应用需求情况下需要的信道误比特率和应用差错恢复，以及需要接收信号强度的水平满足应用需求的满意程度；$T\_\text{live}[k]$ 表示按照目前的平均接收信号强度，是能够承载某种应用 QoS 指标的持续估计时间。

2. 切换判决准则

UMTS 和 WLAN 是两种不同的接入方式，分别拥有不同的接收信号判决标准，不能直接比较接收信号强度作为垂直切换的准则。因此，需要分别定义两者的切换门限。其中，WLAN 的信号强度切换进入（移入门限）被定义为 $\text{RSS}_{\text{th-in}}$；移动台接收到 WLAN 的信号强度切换移出（移出门限）被定义为 $\text{RSS}_{\text{th-out}}$。根据 WLAN 本身具有高速率、频段免费等优点，具有较高的网络优先级，只考虑将 WLAN 的接收信号强度和累计信号强度作为切换判决条件。假设移动台进入 WLAN 和 UMTS 之间的过渡区，并开始进行接收信号强度的检测。HDF 中切换计时器在以下两种情况下进行不同的触发，UMTS 和 WLAN 两种异构网络间的联合垂直切换判决算法如图 3.8 所示。

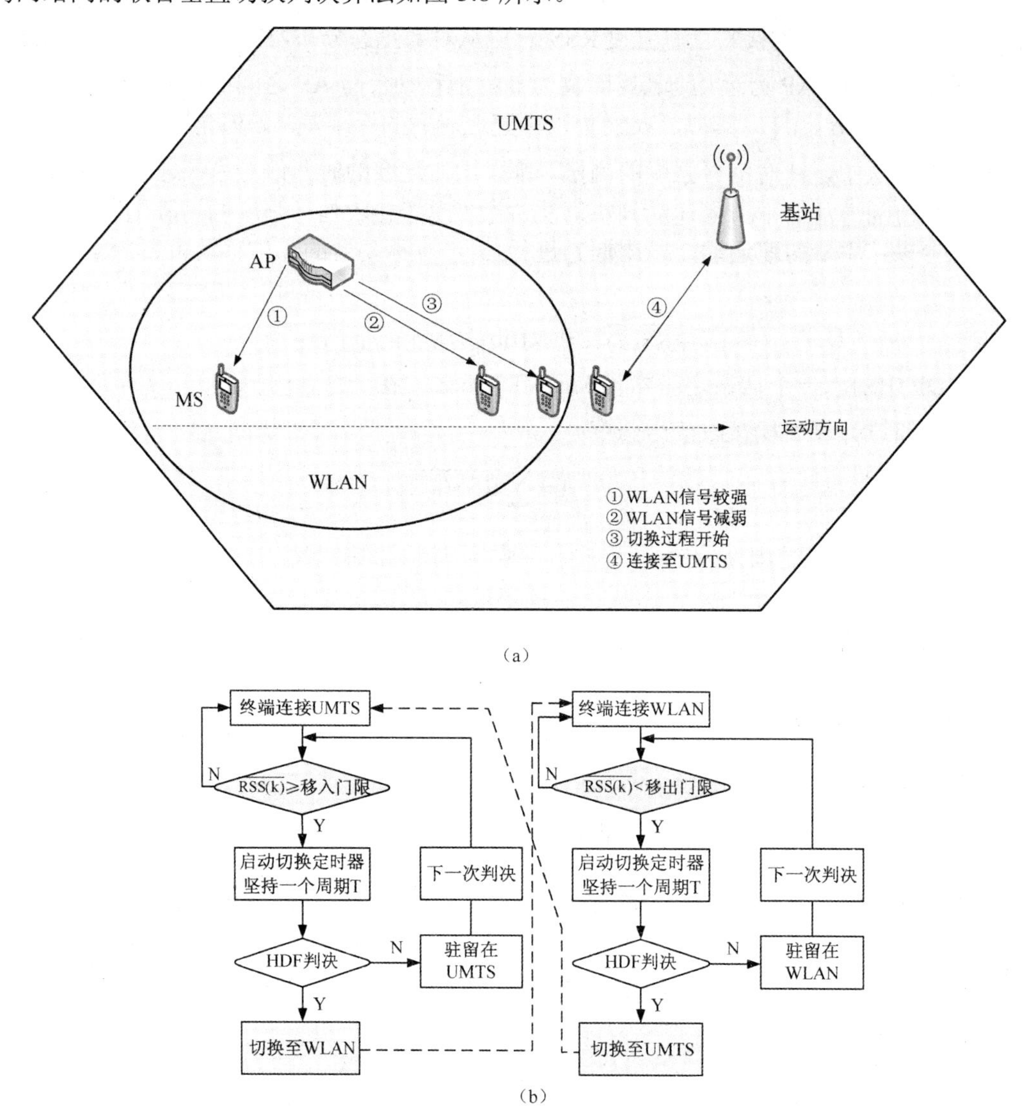

图 3.8　联合垂直切换判决算法流程图

（1）移动台从 UMTS 切换到 WLAN

如果移动台接收到 WLAN 的信号强度大于它的门限 $RSS_{th\text{-}in}$（移入门限），则定时器就触发开始计时。HDF 需要判断在定时器的计时周期T_0内，$\overline{\mathrm{RSS}(k)}$的和是否大于能量门限$Q$，且当前接收信号强度满足应用需求的估计持续时间$T_\mathrm{live}[k]$是否大于切换时延门限$T_{\mathrm{HO}}$。其中，$\overline{\mathrm{RSS}(k)}$为大于$\mathrm{RSS}_{\text{th-in}}$的接收信号强度；能量门限$Q=qL/2$，$L=T_0/T_s$，$q>\mathrm{RSS}_{\text{th-in}}$；切换时延门限$T_{\mathrm{HO}}$是指 UMTS 和 WLAN 之间的切换时延的估计，主要包括网络发现时延、认证时延和注册时延等，设置情况与采纳的位置管理方法有关，如移动 IP 或其他端到端的方法。

如果在一个计时周期T_0内，$\overline{\mathrm{RSS}(k)}$累计之和大于能量门限$Q$且$T_\mathrm{live}[k]$大于$T_{\mathrm{HO}}$，则执行从 UMTS 到 WLAN 的切换；否则将定时器置零，等待下次触发。当满足以下条件时，发生从 UMTS 到 WLAN 的切换：$\overline{\mathrm{RSS}(k)}\geqslant\mathrm{RSS}_{\text{th-in}}$ 并且 $\sum_{j=1}^{J}\overline{\mathrm{RSS}(k_j)}\geqslant Q$，$T\_\mathrm{live}[k]\geqslant T_{\mathrm{HO}}$。

（2）*移动台从 WLAN 切换到 UMTS*

如果移动台接收到 WLAN 的信号强度小于它的移出门限$\mathrm{RSS}_{\text{th-out}}$，则定时器就触发开始计时。由于 WLAN 具有较高的网络优先级，则从 WLAN 到 UMTS 的切换要求更高，采用基于接收信号强度和累计接收信号强度以及信号强度满足应用要求的持续时间作为判决准则。切换计时器的触发方式为当移动台接收到的 WLAN 信号强度低于门限$\mathrm{RSS}_{\text{th-out}}$时，切换定时器开始计时，切换判决机制表示：

$$\overline{\mathrm{RSS}(k)}<\mathrm{RSS}_{\text{th-out}}\ \text{并且}\ \sum_{j=1}^{J}\overline{\mathrm{RSS}(k_j)}<Q,\quad T\_\mathrm{live}[k]<T_{\mathrm{HO}}$$

为了优化垂直切换的性能，本文基于目前应用最为广泛的 UMTS 和 WLAN 融合网络架构，综合考虑网络带宽、平均接收信号强度和应用满意度因子，设计出具有多个参数的代价函数，用来表示网络性能。在此基础上提出一种异构网络间联合垂直切换判决算法。

3.6　通用的垂直切换性能评估模型

在异构多接入环境中，不同的垂直切换算法，切换性能差别很大，需要设计一种通用的垂直切换性能评估模型，针对垂直切换算法性能的优劣进行评估，以便选择最优的垂直切换机制。本节首先根据 UMTS 和 WLAN 重叠覆盖的网络架构，建立垂直切换性能评估模型，然后分析垂直切换次数、WLAN 的利用率、WLAN 的可用带宽和分组时延等性能指标，并与传统的基于滞后余量的垂直算法性能进行比较，最后讨论根据性能指标的要求，论述如何设置用户应用需求的最优值。

3.6.1　垂直切换评估模型

在 UMTS 和 WLAN 网络相互重叠的应用场景中，UMTS 网络提供广泛覆盖，WLAN 进行热点覆盖。当移动终端漫游的时候，不可避免地进行水平切换和垂直切换，水平切换是一个对称性的过程，在同种接入网络之间进行；垂直切换是一个非对称性的过程，在不同接入技术网络之间发生。本文基于 UMTS 和 WLAN 的集成环境作为特例，代表异构网络重叠覆盖的场景，建立通用的垂直切换性能的评估模型，用以分析垂直切换算法的性能，目的是为无线异构网络垂直切换的优化提供指导。在融合的网络场景中，存在 3 种垂直切换场景，如图 3.9 所示。

- 移入过程：移动台从 UMTS 切换到 WLAN；
- 移出过程：移动台从 WLAN 切换到 UMTS；
- 通过过程：移入、移出场景的混合。

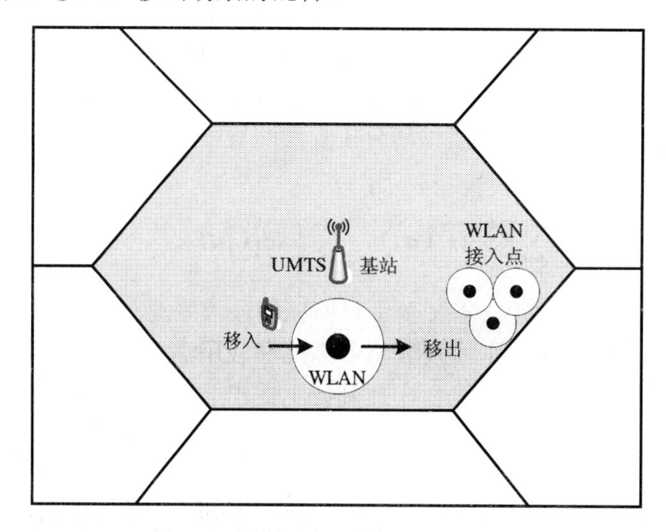

图 3.9　通用垂直切换性能评估模型

3.6.2　转移概率

在 UMTS 和 WLAN 重叠覆盖的环境中，当移动终端（MS）发生垂直切换时（移入或移出 WLAN），在同一时刻或者连接到 UMTS 或连接 WLAN。如图 3.10 所示，在整个工作过程中，MS 处于两种工作状态，可以将其模型化两状态的马尔可夫链。由此利用马氏链的性质，从理论上研究移动终端在重叠区域的垂直切换过程。移动终端在 UMTS 和 WLAN 间垂直切换的过程，可以映射成马氏链的状态转移过程。每种状态代表移动台分别与 WLAN 或 UMTS 相连的状态，则状态转移概率为：$P_{移出}[k]$ 和 $P_{移入}[k]$，其中，“移入”代表移入 WLAN 网络；“移出”代表移出 WLAN 网络。

转移概率的计算基于递归切换概率计算方法，切换触发时刻 k 是被认为是切换定时器的基准的时刻，定时器的计时周期为 T_0 作为切换触发的间隔。相关的概率定义如下：

- $P_{\text{WLAN}}[k]$——在时刻 k，移动台与 WLAN 相连的概率；
- $P_{\text{UMTS}}[k]$——在时刻 k，移动台与 UMTS 相连的概率；
- $P_{\text{WLAN|UMTS}}[k]$——在时刻 $k-T_0$，移动台与 UMTS 相连，在时刻 k，移动台将连接 WLAN 的条件概率；
- $P_{\text{UMTS|WLAN}}[k]$——在时刻 $k-T_0$，移动台与 WLAN 相连，在时刻 k，移动台将连接 UMTS 的条件概率。

在切换性能评估模型中，在切换的起始时刻，假设移动台 MS 连接到 WLAN 中，即 $P_{\text{WLAN}}[0]=1$ 而 $P_{\text{UMTS}}[0]=0$；

$P_{\text{WLAN}}[k]$ 和 $P_{\text{UMTS}}[k]$ 递归计算如下：

$$P_{\text{WLAN}}[k+T_0]=P_{\text{WLAN|UMTS}}[k+T_0]P_{\text{UMTS}}[k]+(1-P_{\text{UMTS|WLAN}}[k+T_0])P_{\text{WLAN}}[k]$$

$$P_{\text{UMTS}}[k+T_0]=P_{\text{UMTS|WLAN}}[k+T_0]P_{\text{WLAN}}[k]+(1-P_{\text{WLAN|UMTS}}[k+T_0])P_{\text{UMTS}}[k]$$

其中，条件概率的计算依赖于切换判决算法，转移概率被用来进行切换性能的分析。下面的分析基于上节提出的联合垂直切换判决算法，在此基础上进行的转移概率的计算：

$$P_{\text{UMTS|WLAN}}[k+T_0]=P_r\left\{\overline{\text{RSS(k)}}<\text{RSS}_{\text{th-out}},\sum_{j=1}^{J}\overline{\text{RSS}(k_j)}<Q,T\_\text{live}[k]<T_{\text{HO}}\,\middle|\,P_{\text{WLAN}}[k]\right\}$$

$$P_{\text{WLAN|UMTS}}[k+T_0]=P_r\left\{\overline{\text{RSS(k)}}\geqslant\text{RSS}_{\text{th-in}},\sum_{j=1}^{J}\overline{\text{RSS}(k_j)}\geqslant Q,T\_\text{live}[k]\geqslant T_{\text{HO}}\,\middle|\,P_{\text{UMTS}}[k]\right\}$$

由此可得状态转移概率：

$P_{移出}[k+\text{T}_0]=\text{P}_{\text{UMTS|WLAN}}[k+T_0]\,P_{\text{WLAN}}[\text{k}]$

$P_{移入}[k+\text{T}_0]=\text{P}_{\text{WLAN|UMTS}}[k+T_0]\,P_{\text{UMTS}}[\text{k}]$

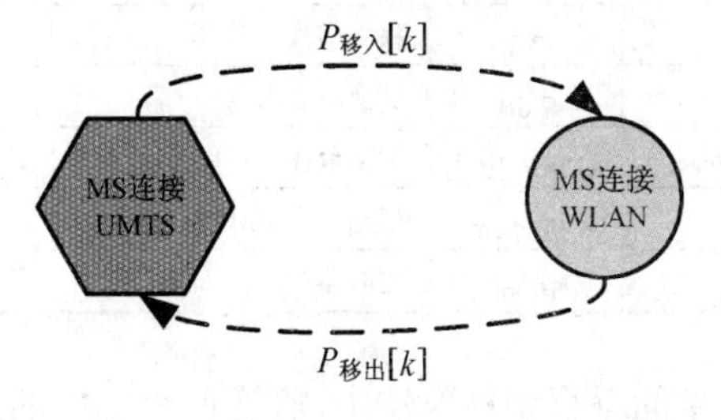

图 3.10　垂直切换场景中马氏链状态转移模型

3.6.3　垂直切换性能评估

1. 仿真模型

在建立的性能评估模型中，根据移动台距离接入点的距离远近，IEEE 802.11b WLAN 可以提供的数据速率为 11 Mbps 到 1 Mbps。UMTS 广域覆盖，提供小于 2 Mbps 的数据速率。可见，WLAN 可以提供高得多的带宽承载数据。本章采用 MATLAB6.0 仿真工具，对提出的联合垂直切换算法和基于滞后余量的传统垂直算法进行性能比较和分析。

表 3.1 显示出仿真参数取值情况，其中，WLAN 的接入点（AP）的覆盖范围约 100 m。假定移动台以恒定速率 v 沿直线远离 WLAN 接入点，在性能评估中，移动模式可以适合所提出的算法，当移动台速率动态改变的时候，算法中抽样时间间隔可以跟踪移动模式的改变，特别是对低速移动的移动台而言，该移动模型适合基于信号强度算法的性能评估，符合 Log-linear 分布的阴影衰落环境。在联合垂直切换算法中采用两种不同的预定义的信号强度门限：$\mathrm{RSS_{th\text{-}in}}$ 和 $\mathrm{RSS_{th\text{-}out}}$。如果平均接收信号强度 $\overline{\mathrm{RSS}[k]}$ 大于 $\mathrm{RSS_{th\text{-}in}}$ 时，移动台执行移入（MI）操作。如果 $\overline{\mathrm{RSS}[k]}$ 小于 $\mathrm{RSS_{th\text{-}out}}$ 时，移动台执行移出（MO）操作。在提出的算法中，$\overline{\mathrm{RSS}[k]}$ 被用来估计平均接收信号强度。D_{RSS} 是接收信号强度下降的速率，这两种参数都可以被用来估计可用带宽。另外，满足用户要求的信号强度的持续估计时间，通过调整β的参数取值，可以满足不同种类应用的需求，T_{HO} 被设定为期望的两种接入技术的切换时延。值得提出的是，表 3.1 中列出的数据速率等参数取值，仅用来进行性能评估，对切换判决算法设计不产生任何影响。

表 3.1　仿真参数表

参　　数	取　　值	参　　数	取　　值
发射功率（P_T）	100 mWatt	移出门限（$\mathrm{RSS_{th\text{-}out}}$）	–85 dBm
路径损耗指数（n）	3.3	移入门限（$\mathrm{RSS_{th\text{-}in}}$）	–80 dBm
阴影衰落均方差（σ）	7 dB	切换时延门限（T_{HO}）	1 s
信号强度下降平均速率（D_{RSS}）	28.7 dB	移动台在 WLAN 内有效数据速率（R_{WLAN}）	6 Mbps
接口接受灵敏度（α）	–90 dBm	移动台在 UMTS 内有效数据速率（R_{UMTS}）	0.6 Mbps
抽样周期（T_s）	10 ms	定时器周期（T_0）	1 s

在传统的基于滞后余量的垂直切换算法中，存在两个不同的门限：移出门限（$\mathrm{RSS_{th\text{-}out}}$）和移入门限（$\mathrm{RSS_{th\text{-}in}}$）。如果移动台的接收信号强度 $\overline{\mathrm{RSS}[k]}$ 大于 $\mathrm{RSS_{th\text{-}in}}$ 时，移动台将移入 WLAN；当移动台的接收信号强度 $\overline{\mathrm{RSS}[k]}$ 小于 $\mathrm{RSS_{th\text{-}out}}$ 时，移动台将移出 WLAN，通

常移入门限（$RSS_{th\text{-}in}$）的取值比移出门限（$RSS_{th\text{-}out}$）大，目的是减少不必要的切换次数，避免乒乓切换。

通过构建垂直切换性能评估的模型，为了满足系统资源的有效利用和用户的 QoS 要求，对影响垂直切换性能的主要性能指标进行定量分析，并与传统的滞后余量的切换算法进行性能比较。

2．垂直切换概率和切换次数

在 UMTS 和 WLAN 重叠覆盖的场景中，移动台的切换次数被认为是切换算法性能的主要评估指标。首先将切换次数定义为：n_{handoff}，代表移动台进出 WLAN 和 UMTS 的次数，表示移动台进、出 WLAN 覆盖概率的随机变量。

下面采用二进制脉冲补偿计算状态转移概率，通过计算移出和移入的转移概率的平均累计补偿，等效于在重叠覆盖环境中移入、移出切换次数的数学期望：

$$E[n_{\text{handoff}}]=E[n_{\text{移出}}]+E[n_{\text{移入}}]=\sum_{k=1}^{k_{\max}}\{P_{\text{移出}}[k]+P_{\text{移入}}[k]\}$$

其中，$k_{\max}$ 为 MS 切换的时刻索引。

从图 3.11 仿真结果可以看出，在 UMTS 和 WLAN 重叠覆盖的场景中，与基于滞后余量的垂直切换算法相比，采用联合垂直切换算法使移动台发生切换的次数基本保持在 1 次，明显降低了切换次数。传统的基于滞后余量的垂直切换算法切换次数较多，而且，随着移动台的速率改变而产生较大幅度的改变，联合垂直切换算法有效避免了乒乓切换。

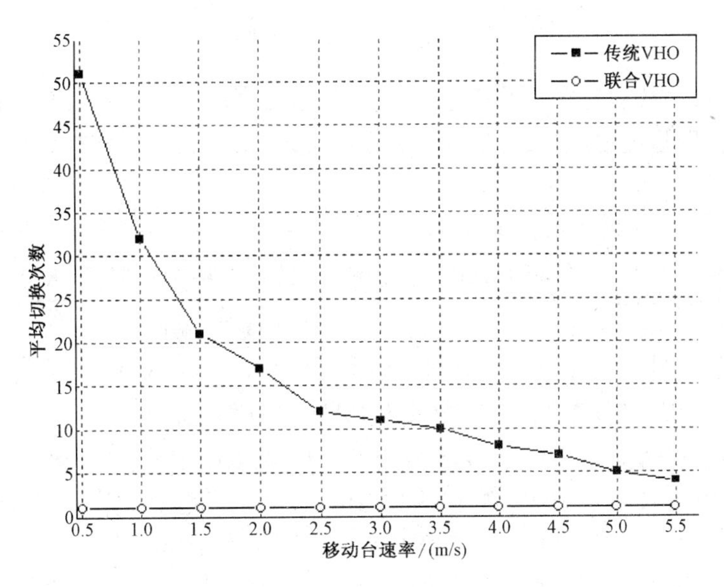

图 3.11　移动台平均切换次数（β=−89 dBm）

3. 可用带宽

WLAN 提供的带宽大于 UMTS。当移动主机 MS 位置移动时，在 WLAN 边缘区域，业务将出现恶化，连接 WLAN 的 MS 将存在两种状态，定义如下。

- WLAN-附着：表示移动台接收 WLAN 信号强度（RSS）在接收灵敏度α之上。
- WLAN-去附着：表示移动台的 RSS 在接口接收灵敏度α之下。
- 由此定义$Z[k]$，表示 WLAN 的信道状态：

$$Z[k]=\begin{cases}1,\mathrm{RSS}[k]\geqslant\alpha\\0,\mathrm{RSS}[k]<\alpha\end{cases}$$

式中，$Z[k]=1$表示 WLAN-附着状态，$Z[k]=0$表示 WLAN-去附着状态。

定义在时刻k，MS 与 WLAN 附着的概率：

$$p[k]=P\{\mathrm{RSS}[k]>\alpha\}=\mathrm{Q}\left(\frac{\alpha-\mu[\mathrm{k}]}{\sigma}\right)$$

其中，补充差错函数：

$$Q(x)=\frac{1}{\sqrt{2\pi}}\int_x^{\infty}\mathrm{e}^{-y^2/2}\mathrm{d}y$$

在联合垂直切换算法中，随着移动台的位置移动，当到达 WLAN 覆盖边缘，MS 接收 WLAN 信号减弱，并开始振荡，进入转移切换区域，移出 / 移入切换开始发生。MS 附着 WLAN 的时间也在变化。基于此时场景，WLAN 的利用率可以通过计算移动台在 WLAN 覆盖区域内，捕获 WLAN-附着状态百分比例获得：

$$\mathrm{Utilization}_{\mathrm{WLAN}}=\sum_{k=k_{\mathrm{start}}}^{K_{\max}}\overline{P_{\text{移出}}}[k](\sum_{j=1}^{k}p[j]/k)$$

式中，$\overline{P_{\text{移出}}}[k]$表示$P_{\text{移出}}[k]$在区间$[1,K_{\max}]$内的概率密度；$K_{\max}$表示当 MS 到达 WLAN 的边缘覆盖区域，即将被中止 WLAN 服务时的时间索引；k_{start}表示 MS 进入切换区域，切换首次触发时刻。

MS 在重叠覆盖区域内的可用带宽：

$$\mathrm{Bandwidth}_{\mathrm{WLAN}}=\frac{\mathrm{Utilization}_{\mathrm{WLAN}}R_{\mathrm{WLAN}}(\overline{k_{\text{移出}}}-k_{\mathrm{start}})+R_{\mathrm{UMTS}}(K_{\max}-\overline{k_{\text{移出}}})}{(K_{\max}-k_{\mathrm{start}})}$$

式中，R_{WLAN}表示 MS 在 WLAN 内有效数据速率；R_{UMTS}表示 MS 在 UMTS 内有效数据速率；$\overline{k_{\text{移出}}}$表示在切换区域内 MS 平均移出 WLAN 的切换时刻。

从图 3.12 仿真结果可以看出，采用联合垂直切换算法的情况下，移动台在重叠区域可以获得更多的 WLAN 可用带宽（从 12～15 Mbps）。而在采用基于滞后余量的垂直切换算法情况下，移动台获得 WLAN 可用带宽基本上保持在 10 Mbps 左右。这是由于在异构网络环境中，WLAN 的使用具有较高的优先级，移动台延长 WLAN 的使用时间。甚至在

WLAN 覆盖的边缘，在信号强度恶化而且低于 WLAN 接入点的接收灵敏度的情况下继续使用，但同时带来了弊端，即随着接收信号强度降低，WLAN 的无线信道条件恶化，导致分组的无线传播时延增加。

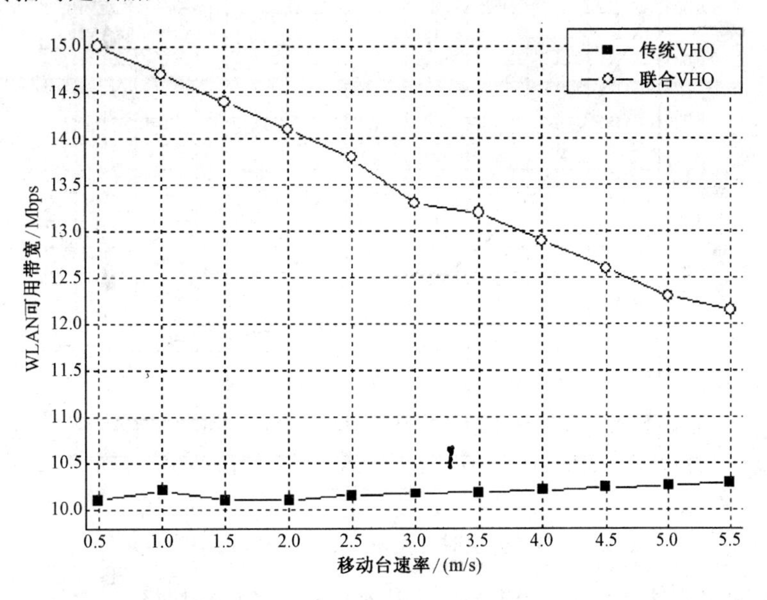

图 3.12　WLAN 可用带宽（β=−89 dBm）

4. 分组时延概率

在切换性能评估中，用户通过估计 Head of Line（HoL）分组时延来感知服务质量的满意度。在 UMTS 和 WLAN 切换重叠区域内，当 MS 接收信号强度的恶化，对分组时延的概率产生负面影响。分组的通过无线方式，历经一跳从 MS 传递到 AP 或 BS。为了研究 HoL 分组时延对 QoS 感知的影响，首先假定分组历经一跳（无线）的时延门限 ε，考虑作为分组从源节点到目的节点端到端时延预算的一部分。如果分组历经的时延超过 ε，则认为分组时延过大，此时平均分组时延的概率 P_{delay} 计算如下：

$$P_{\text{delay}} = \frac{\sum_{k=k_{\text{start}}}^{\overline{k_{\text{移出}}}} P_{\text{threshold}}[k]}{(\overline{k_{\text{移出}}} - k_{\text{start}} + 1)}$$

其中，$P_{\text{threshold}}[k]$ 代表分组传播超过传输时延门限的概率，等于在切换振荡区域内，MS 去附着 WLAN 状态占整个切换过程时延的比例。此时，$\overline{k_{\text{移出}}}$ 是 $k_{\text{移出}}$ 的均值，只是近似表达。

从图 3.13 仿真结果可以看出，采用联合垂直切换算法的情况下，分组时延概率远远大于采用滞后余量的垂直切换算法。这是由于当移动台在 WLAN 覆盖边缘时候，信号强度和信道条件恶化，联合垂直切换算法仍然“迫使”移动台尽可能使用 WLAN 的资源，造成分组传播时延增加，这对移动台使用实时多媒体业务造成不利影响。

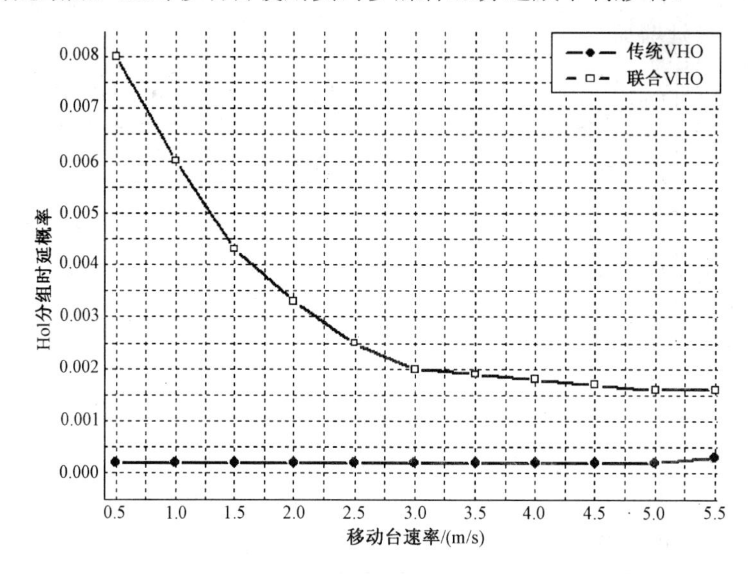

图 3.13 Hol 分组时延概率（β=−89 dBm ε=30 ms）

通过以上对平均切换次数、WLAN 可用带宽和 HoL 分组时延概率性能指标的分析，采用联合垂直切换算法可以有效降低不必要的切换次数，提高 WLAN 的可用带宽的使用效率，但同时却增加了 HoL 分组时延的概率，对实时业务的产生负面影响。

5. 联合垂直切换算法中β最优值的讨论

图 3.14、图 3.15 和图 3.16 描述了不同的β取值，对切换次数、WLAN 可用带宽和 HoL 的分组时延产生影响情况。当β的取值降低的时候，切换次数减少。这是由于减少应用要求的门限β，允许移动台在 WLAN 的覆盖范围停留更长时间。基于相同的原因，随着β值的降低，WLAN 的可用带宽增加。与此同时，HoL 分组时延增加，由于在 WLAN 覆盖边缘，信号强度降低，信道条件恶化等原因造成。在联合垂直切换算法中考虑了用户的应用对接收信号强度门限，不同的应用具有不同门限β。在联合垂直切换算法的设计中，通过正确调整β的取值，获得切换信令负载、可用带宽和分组时延 3 个性能指标的合理折中，适应用户终端对实时多媒体应用的需求。

为了优化联合垂直切换算法的设计，应该综合考虑多种垂直切换判决因素的影响，通过构建代价函数的方法，获得最优的β值。

总代价函数被定义如下：

$$\text{Cost} = \frac{C_{\text{handoff}} E[n_{\text{handoff}}] + C_{\text{delay}} D}{\text{Bandwidth}_{\text{WLAN}}}$$

式中，$C_{handoff}$ 表示每次切换产生的信令代价；C_{delay} 表示分组时延的惩罚因子；Cost 表示单位带宽（Mbps）的总代价。

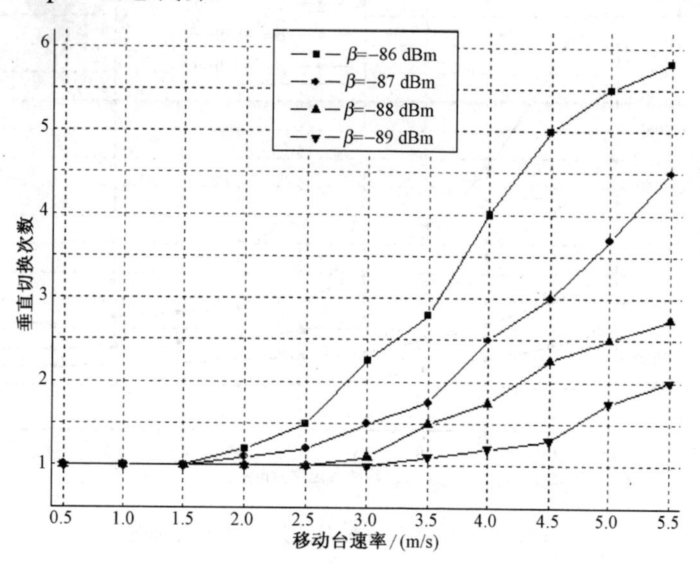

图 3.14　不同β取值对切换次数的影响

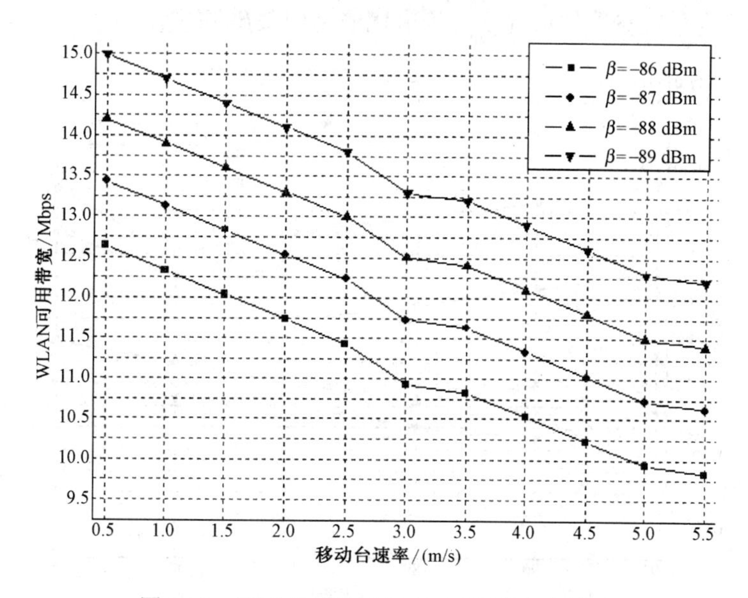

图 3.15　不同β取值对 WLAN 可用带宽的影响

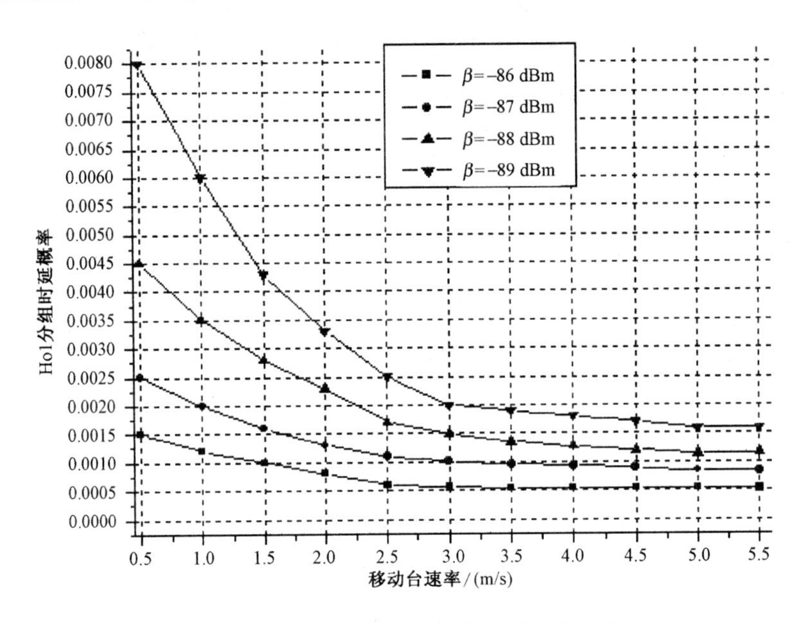

图 3.16　不同β取值对 Hol 分组时延的影响

值得提出的是，根据实际应用和不同系统的限制，也可以定义其他不同代价函数。以下分析根据已给定系统参数的情况下讨论最优应用门限β的取值。

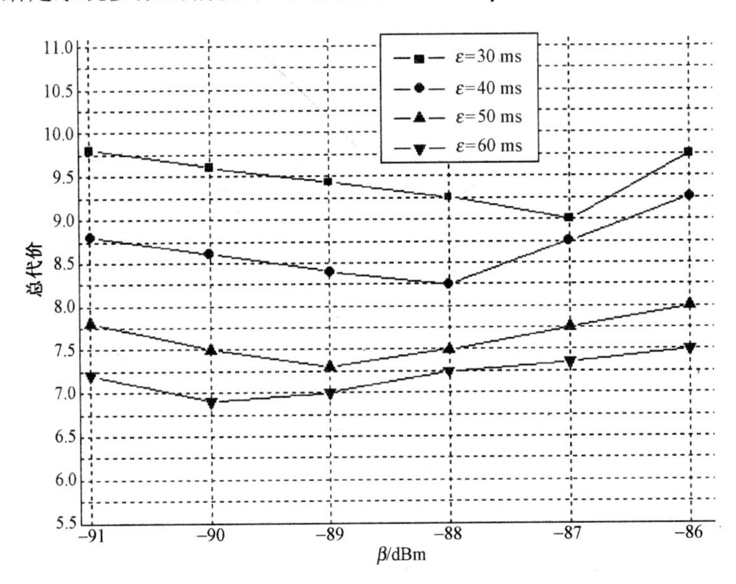

图 3.17　不同分组时延门限ε对垂直切换总代价的影响

图 3.17 显示出当移动台速率$v=2$，$C_{\text{handoff}}=100$和$C_{\text{delay}}=10\,000$时，当分组时延门限ε取不同的值（30 ms，40 ms，50 ms 和 60 ms）时，获得不同的信令代价。当β取值不同时，

信令总代价也有所不同。随着分组时延门限ε的降低，最优β不断增加，可以看出：

当ε =30 ms 时，最优β值为 - 87 dBm；

当ε =40 ms 时，最优β值为 - 88 dBm；

当ε =50 ms 时，最优β值为 - 89 dBm；

当ε =60 ms 时，最优β值为 - 90 dBm。

通过对联合垂直切换算法性能分析可以看出，最优β取值并非仅仅依靠用户应用的需求，必须基于相互冲突的垂直切换判决准则进行最优调整。同样，通过选取最优的β取值，垂直切换判决算法才能不断适应接收信号强度、网络时延特征、应用的 QoS 需求的改变，而做出优化调整。

参 考 文 献

[1] 李军，宋梅，宋俊德. 一种通用的 Beyond 3G Multi-radio 接入架构[J]. 武汉大学学报，Vol.51（S2）：pp.95～98，Dec.2005.

[2] I. F. Akyildiz， J. McNair， J. Ho， H. Uzunalioglu，Mobility management in current and future communications networks[J]，IEEE Network， Vol.12（4）：pp.39～49，Aug.1998.

[3] Ahmed H. Zahran，Signal Threshold Adaptation for Vertical Handoff in Heterogeneous Wireless Networks[C]，IFIP Networking 2005.

[4] Asrar U. Sheikh and Chicku H. Mlonja，Performance of Fuzzy Algorithm Based Handover Process for Personal Communication Systems[C]，IEEE IcPwC'96，pp.153～157，Oct.1996.

[5] A. Hatami， P. Krishnamurthy， K. Pahlavan，Analytical framework for handoff in non-homogeneous mobile data networks[C]，Proc. of （PIMRC'99），pp.760～764，Sep.1999.

[6] M. Ylianttila， M. Pande and J. Makela，Optimization scheme for mobile users performing vertical hand-offs between IEEE 802.11 and GPRS/EDGE networks[C]，Proc. of IEEE Global Telecommunications Conference GLOECOM'01，Vol.6：pp.3439～3443，Nov.2001.

[7] M. Ylianttila， J. Makela， and P. Mahonen，Supporting resource allocation with vertical handoffs in multiple radio network environment[C]，Proc. of IEEE International Symposium on Personal， Indoor and Mobile Radio Communications （PIMRC'02），pp. 64～68，Sep.2002.

[8] H. Park， S. Yoon and J. Lee，Vertical handoff procedure and algorithm between IEEE802.11 WLAN and CDMA cellular network[C]，Proc. CDMA Int'l Conf.，pp.103～112，May.2002.

[9] M. Ylianttila， R. Pichna and K. Pahlavan，Handoff procedure for heterogeneous wireless networks[C]，Proc. of IEEE Global Telecommunications Conference （GLOBECOM'99），Vol.5：pp.2783～2787，Dec.1999.

[10] K.Pahlavan， P.Krishnamurthy and J.Vallstron，Handoff in hybrid mobile data networks[J]，IEEE Communication Magazine，Vol.7（4）：pp.34～47，Apr.2000.

[11] A. Majlesi，B.H. Khalaj，An adaptive fuzzy logic based handoff algorithm for hybrid networks[C]，Proc. of 6th International Conference on Signal Processing，pp.1223～1228，Aug. 2002.

[12] Wen-Tsuen，An Adaptive Multi-criteria Vertical Handoff Decision Algorithm for Radio Heterogeneous Network[C]，Proceedings of the Tenth International Conference on Parallel and Distributed Systems（ICPADS'04），2004.

[13] J. Makela， M. Ylianttila and K. Pahlavan，Handoff decision in multi-service networks[C]，Proc. of 11th IEEE International Symposium on Personal， Indoor and Mobile Radio Communications （PIMRC'00），Vol.1：pp. 655～659，Sep.2000.

[14] H. Wang， R.H. Katz and J. Giese，Policy-enabled handoffs across heterogeneous wireless networks[C]，Proc. of the Second IEEE Workshop on Mobile Computer Systems and Applications，Feb.1999.

[15] F. Zhu and J. McNair，Optimizations for vertical handoff decision algorithms[C]，in：Proc. of IEEE Wireless Communications and Networking Conference（WCNC），pp.867～872，Mar. 2004.

[16] L. Chen， T. Sun， B. Chen，V. Rajendran and M.Gerla，A smart decision model for vertical handoff[C]，The 4th Int'l Workshop on Wireless Internet and Reconfigurability （ANWIRE'04），May. 2004.

[17] 郭强，朱杰，徐向华. 一种无线异构网无缝切换控制方案及其仿真分析[J]. 上海交通大学学报，Vol.38（12）：pp.2026～2029，Dec.2004.

[18] Stemm M，Katz R H，Vertical handoff s in wireless overlay networks[J]，ACM Mobile Networking and Applications， Vol.3（4）：pp.335～350，1998.

[19] 陈劼，李少谦. 下一代移动通信网络中的切换管理研究[J]. 电信科学 pp.9～12，2005.4.

[20] 李军，宋俊德. 异构网络环境中一种联合垂直切换判决算法[J]. 通信学报，2008.3.

[21] L in H W ， Chen J C， J iangM C， et al，Integration of GPRS and W ireless LANs with multimedia applications[C]，IEEE Pacific Rim Conference on Multimedia，pp.704～711，2002.

[22] Majiest A，Khalaj B H，An adaptive fuzzy logic based handoff algorithm for interworking between WLANs and mobile networks[C]，Proc of the 13th IEEE International Symposium on PIMRC，pp.2446～2451，2002.

[23] Matusz P ， Machan P and Wozniak J，Analysis of profit ability of inter2system handovers between IEEE 802.11b and UMTS[C]，Proc of the 28th Annual International Conference on Local Computer Networks，pp.203～209，2003.

[24] Jaseemuddin M，Architecture for integrating UMTS and 802. 11 WLAN networks[C]，Proc of the 8th ISCC，pp.716～723，2003.

[25] 刘侠，蒋铃鸽，何晨. 一种无线异构网络的垂直切换算法[J]. 上海交通大学学报，Vol.40（5）：pp.742～746，May.2006.

[26] T.S.Rappaport，Wireless Communications[M]：Principles and Practice，Prentice Hall，Jul. 1999.

[27] J. Makela， M. Ylianttila， and K. Pahlavan，Handoff decision in multiservice networks[C]，Proc. of 11th IEEE International Symposium on Personal， Indoor and Mobile Radio Communications（PIMRC'00），

Vol.1：pp.655～659，Sep.2000.

[28] 钱敏平，龚光鲁. 应用随机过程[M]. 北京：北京大学出版社，1998.

[29] N. Zhang and J.M. Holtzman，Analysis of handoff algorithms using both absolute and relative measurements[J]，IEEE Transactions on Vehicular Technology，Vol.45（1）：pp.74～179，Feb. 1996.

[30] G.P.Pollini，Trends in handover design[J]，IEEE Communication Magazine，Vol.34（3）：pp.82～90，Mar.1996.

[31] Ahmed H.Zahran，Ben Liang and Aladdin Saleh，Signal threshold adaptation for vertical handoff in heterogeneous wireless networks[J]，Mobile Netw Appl，pp.625～640，Nov. 2006.

[32] G. Bolch， S. Greiner and K.S. Trivedi，Queuing networks and Markov Chains：Modeling and Performance Evaluation with Computer Science Applications（2nd edition）[M]，Wiley Press，Aug.1998.

[33] JANISE MCNAIR，FANG ZHU，Vertical Handoffs in fouth-Generation Multi-networks Environments[J]，IEEE Wireless Communication， pp.8～15，Jun. 2004.

[34] 刘敏，李忠诚，徐刚. 异构无线网络中的垂直切换仿真评价模型及评价指标. 系统仿真学报[J]，Vol.19（2）：pp.277～281，Jan. 2007.

第4章 异构无线网络融合的理论模型

本章要点

- 新一代网络层移动性管理理论模型
- 自适应移动性管理体系结构
- 多层联合优化的移动性管理
- 基于无线 Mesh 的异构无线网络融合与协同
- 基于移动 IP 的 3GPP SAE 移动性管理

本章导读

本章首先提出一种适用于异种无线网络融合场景并具有电信级保证的分级网络层移动性管理模型，接着基于改进分层移动 IP 提出了一种自适应分层移动 IP 管理理论模型，并设计了一个可运营的 IP 层移动性管理体系结构；然后根据下一代网络通用移动性的特点，从多协议层联合优化的角度，提出了一种基于移动 IP 和移动 SIP 多层联合优化的移动性管理方案；最后介绍了基于无线 Mesh 技术的异构无线网络融合与协同理论以及基于移动 IP 的 3GPP SAE 移动性管理模型的建立和分析过程。

4.1　新一代网络层移动性管理理论模型

移动通信是移动用户通过动态的连接点构成一个动态的通信链路，其中移动性管理的任务就是保持移动用户通信的连续性，提供在不同网络间通信服务的保障机制，主要包括切换、用户跟踪、定位、认证以及业务提供等方面的内容，可以从微观和宏观两个层面加以分析。首先，从微观层面上看，移动性管理必须能使用户从一个小区移动到另一个小区时保持通信连续；其次，从宏观层面上看，用户一旦接入网络后，就应该有权在归属网络的覆盖范围内获得通信服务，同时也能在其他网络中获得通信服务。

4.1.1　网络层移动性管理架构

网络层移动性管理建立在网络层协议基础上，通过对网络层协议的扩展，使用专门的功能实体实现移动性管理。由于承载层各系统都可以提供对 IP 协议的支持，因此使得网络层移动性管理可以实现在异种网络间的终端移动性。在未来移动通信系统中，各种接入网络和核心网组成一个统一的全 IP 网络，网络层移动性管理的实施建立在 IP 层之上。全球性广域移动性支持依靠移动 IPv4 或移动 IPv6 获得，区域或小区、微小区的移动性可以通过对移动 IP 的改进型协议来获得。整个移动性管理的功能包括位置管理、切换控制、寻呼、快速鉴权与计费、安全性管理和 QoS 控制等。网络层移动性管理体系结构如图 4.1 所示。

在网络层移动性管理研究的基础上，本文提出一种新一代网络层移动性管理架构（Hierarchical Network-layer Mobility Management，HNMM），基于分层方式，在网络层支持对多种移动通信网络进行移动性管理。HNMM 的目的在于把 IP 移动性与电信网络的稳定、高性能等特征结合起来，为未来无线移动网络提供先进的移动性管理方案。HNMM 具有以下特点：

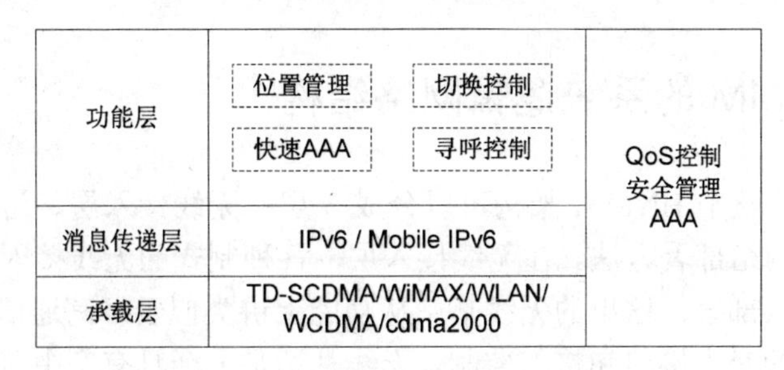

图 4.1　新一代网络层移动性管理体系

- 基于 IP 层的移动性管理，支持多种无线接入技术（如 TD-SCDMA，WiMAX，WLAN，WCDMA 和 cdma2000 等），提供高质量的综合业务，使移动用户可以在不同网络间无缝和平滑切换；
- 克服以移动 IP 为代表的移动性支持方案所存在的缺点，提升时延、丢包率和网络开销等关键性能指标；
- 移动通信网中移动性管理具有高性能、快速、稳定、可靠的特点，基于 IP 层的移动性管理具有通用、灵活、可扩展等特征，HNMN 结合了两者的优点，可实现下一代移动通信网中异构无线网络间的先进移动性管理。

先进的移动性管理技术应满足“在不同网络间提供无缝的 IP 链接和端到端的 QoS 保障”的最基本要求，具体包括下列参数。

- 切换时延：为保证实时语音业务的要求，根据 VoIP 对终端和系统的时延要求，由无线系统切换所带来的时延应不大于 50 ms；
- 切换次数最小化；
- 接入控制与切换失败率最小化；
- 丢包率：不同的业务对丢包率的要求不同，对于没有重发机制的数据业务来说理论上需要系统支持 0 丢包率；
- 吞吐量：在重叠覆盖区同时接入多个网络，获得较高吞吐量；
- 位置区规划与信令开销；
- 寻呼时间；
- 系统开销等。

网络层移动性管理问题研究的目标就是满足或最优化上述参数。HNMM 网络融合框架着重从系统的角度解决移动性管理中最基本的问题：切换、位置管理和寻呼，已经取得的主要研究成果如下：

- 提出了基于 IP 的分级网络层移动性管理体系结构和功能模型；
- 提出了分级管理结构和管理域的自组织算法，大大减小系统信令开销；
- 提出了基于 IP 的网络层切换机制与算法，有效改善了切换的乒乓效应；
- 提出了分布式位置管理与寻呼机制，提高了系统注册和寻呼性能。

4.1.2　HNMM 的系统逻辑网络结构

如图 4.2 所示，整个 HNMM 架构可以分成 3 层：无线接入层、边缘接入层和核心传输层，符合通常的网络部署方法。在无线接入层，各种制式的无线接入设备和基站和移动终端组成了无线接入部分，这里的无线基站从功能上讲类似于蜂窝通信系统的基站功能，主要负责无线终端的空中接口和接入控制。无线基站是一个具有空中接口的路由器。终端移动性代理（TMA）和移动性代理（MMA）分别位于移动终端和无线基站，负责在这两个实体中完成与移动性有关的管理。在边缘接入层，由多个边缘路由器负责把来自无线基站的数据汇聚后转入核心网传输。通过同一个边缘接入路由器接入核心网的无线基站组成了基本的管理区域。通过事先的网络规划和运营情况进行管理区域划分。区域移动性代理（RMMA）位于边缘接入路由器中，对本区域的终端和 MMA 进行管理。

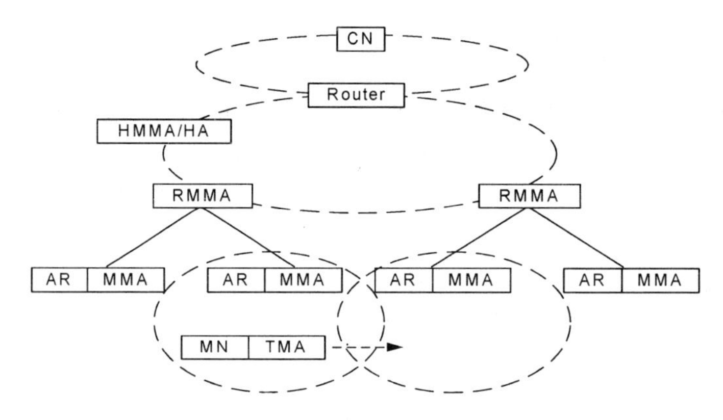

图 4.2　HNMM 系统逻辑网络结构图

RMMA 和 MMA 是一个功能实体，在网络上没有严格的树型关系，虽然多个 RMMA 之间、多个 MMA 之间也并不一定没有实际的网络链路直连，但如果有业务和管理需求，可以在它们之间建立网络链路直连，以提高网络质量。在核心传输层，核心网络提供 RMMA 和 HMMA 之间的高速数据传输，完成移动性管理的功能。HNMM 为 3 层结构，由 HMMA，RMMA，MMA 和 TMA 组成，各自功能如下所述。

1．归属移动性代理（HMMA）

HMMA 是 MN 的归属寄存器，实际上记录了所管辖的每一个 MN 的基本信息。HMMA 作为从 CN 第一次向 MN 发包时必经节点，同时承担 HA 的功能。因此，HMMA

的功能包括两个：MN 属性及信息寄存器和 HA 功能。在实际中，HMMA 可以是主机＋数据库结构。HMMA 在 HNMM 中的位置相当于 HLR 在 GSM 中的位置，它不但保存了 MN 的基本信息，而且要作为路由重定向器对发向所属的 MN 的数据包进行重定向至 RMMA。另外，HMMA 还存储 MN 漫游的历史记录，这些记录可以用来进行移动用户的移动性模型分析，并根据结果进行智能化寻呼预测。

HMMA 记录 MN 归属地址和信息，进行 MN 的归属管理。记录的信息包括 MN 当前所属位置（子网号或域标识），MN 属性信息（包括永久 IP 地址和接入权限等）。HMMA 还可保存某时间段内 MN 所属域的历史，可以用来进行用户移动模式查找和预测，进行复杂的位置管理。与鉴权和安全有关的信息，如接入密码 / 密钥等一般放在专门的鉴权中心，与 HMMA 一起共同完成鉴权和安全管理。

2．区域移动性代理（RMMA）

RMMA 是 HNMM 中最重要的控制实体，是 MN 的访问地寄存器和移动管理器。RMMA 作为 CN 和 MN 之间的路由控制器，完成了 CN 与 MN 之间数据流向控制。RMMA 对 MN 的移动性管理从范围上可分为域内移动和域间移动。对于发生在 RMMA 所管辖的域内的移动，RMMA 作为 MN 数据的必经点对数据进行到 MMA 的重定向，而对域外的 CN 没有影响；对于发生在域间的移动，RMMA 要完成 CN 内 MN 目标地址的更新，并且要和相邻 RMMA 共同完成切换控制。另外，RMMA 还记录 MN 当前 MMA 地址和 MN 在 MMA 之间移动的历史，为 MN 的准确定位提供条件。

RMMA 也是寻呼的发起点。对于休眠中的 MN，RMMA 将通过域内寻呼进行唤醒过程，并辅助 MN 完成路由更新。RMMA 的位置管理功能相当于 GSM 网络中访问位置寄存器（VLR），一方面，RMMA 将来自 CN 的数据包通过隧道重定向至 MN；另一方面，通过对 MN 的网络位置的记录和更新，完成寻呼和位置预测过程。

在实际网络中，RMMA 是一个增强功能的路由器，也可以是一个路由器＋主机结构。其中路由器功能负责数据的转发和重定向，主机负责对管理域内的 MN 的数据进行管理。RMMA 负责记录本区域 MN 的临时信息，包括临时区域地址和临时区域本地地址、用户接入权限，以及相邻 RMMA 基本信息（区域地址、网络类型和服务质量等）。这里相邻是指在地理上相邻并且网络可达，可以手动设置，也可自动发现。

对 CN 来说，可以通过 RMMA 到达 MN 而不用关心 MN 的实际路径，对 CN 来说，MN 的 CoA 是 RCoA，而实际中 MN 的地址是 LCoA。一方面，用 RCoA 代替 LCoA 可以隐藏 MN 真实位置，保证用户的隐私权利；另一方面，RCoA 作为 MN 的一个域内唯一标识，隐藏了其位置在域内的变化，减少了由于 MN 在同一域内变化而导致在 HMMA 和 CN 内的位置更新。

3．移动性代理（MMA）

MMA 作为 MN 接入有线网络的第一跳，实际上是一个增强功能的无线路由器（AR）

或称为无线基站，同时由于 MMA 可以获得 MN 最多的信息，因此，在 MMA 可以获得对终端移动性更多的控制。考虑到 MMA 作为 MN 的接入设备应该主要完成业务功能，MMA 不作为对 MN 上移动性管理的主要设备，而更多承担数据的正常路由和转发的功能。当 MN 在 MMA 之间切换时，可以基于切换的具体算法在 MMA 之间对发向 MN 的数据通过隧道进行转发。

在需要时负责局部信令分析、数据缓存和转发，通过对无线资源的管理改善切换性能；同时也作为寻呼管理。MMA 可以对处于本管理域的 MN 的移动模式和切换强度等进行宏观统计，并分时段保存，可以依据此统计结果进行管理域的动态管理。

4. 终端移动性代理（TMA）

TMA 位于移动终端内，是对 MIPv6 移动节点部分功能的增强，同时兼容移动 IPv6。终端可以根据所接入的 AR 对移动性管理支持的程度，自主选择支持协议。如果当前 AR 支持 HNMM，则 TMA 执行 TMA 功能；如果 AR 是普通无线基站设备，不支持 HNMM 协议，则可以通过普通 MIPv6 协议进行移动性支持。相对于普通的 MIPv6 功能，TMA 对快速无缝切换控制、二层功能支持和接口支持以及目标网络选择等功能提供更有力的支持，可以提高定位、切换和寻呼等功能。

4.1.3　基于 HNMM 的网络层移动性管理参考模型

网络层移动性管理实体是指网络中用于完成移动性管理功能相关的物理实体或者功能实体。功能模型如图 4.3 所示，在每一个独立的管理域（Domain）中，移动性管理可以由网络层协议和专用的代理完成，参考模型中的每个代理可以集成在网关或路由器中，也可以独立分布于不同的网络节点中。不同管理域间的移动性代理管理器通过特定的消息格式进行信息交换，使得不同管理域间的移动节点信息和网络信息可以共享。

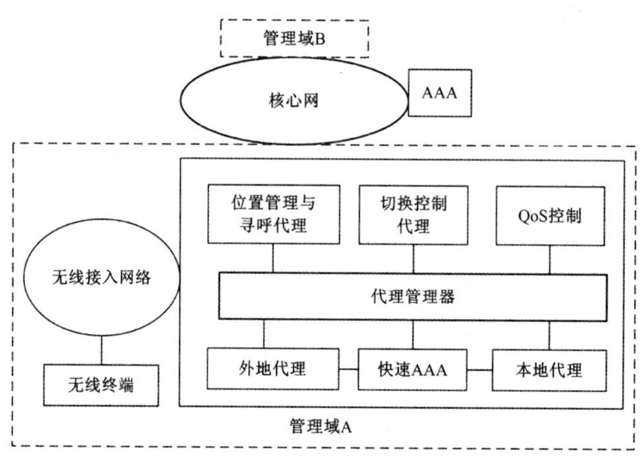

图 4.3　网络层移动性管理实体功能模型

4.1.4　HNMM 网络层移动性管理的关键技术

针对未来移动通信网络融合过程中亟待解决的关键问题，我们提出了适用于异种网络融合并能够提供电信级移动性管理的框架——HNMM（分级网络层移动性管理框架），基于此框架，提出了新的网络功能实体和增强的实体功能，并重点对 IP 层切换控制和判决机制、分布式位置管理策略及异种网络环境下的无线资源管理等几个方面展开了研究，创新地提出了多种提高网络性能的关键算法和方案，包括动态区域自组织算法、IP 层软切换算法、基于用户移动特性的 IP 层寻呼算法、联合无线资源管理方案、优化的切换管理方案和自适应位置管理方案。通过仿真手段证明这些方案和算法具有一定的先进性和实用性。

1. 动态区域自组织

在分级移动 IP 中引入一个新的管理节点 MAP，有效缩短了移动 IP 注册更新的时间，减小了信令开销。但是，由于网络业务流量、用户移动特征不断发生变化，这种预先设计好的分级管理结构如果不能及时发现这些变化并根据实际情况进行相应的调整，那么这种分级结构就可能会失去应有的效果，甚至会导致更多的管理开销，反而使整个系统的性能下降。针对以上情况，我们提出了区域发现及动态自组织的分级移动性管理算法。

所谓区域发现及动态自组织算法就是通过实时测量蜂窝小区之间的切换强度（单位时间内切换发生的次数）或者蜂窝小区之间的业务强度（单位时间内的业务流量），发现切换强度或业务强度相对集中的几个小区，并把这些小区聚合至同一个管理区域下，使原来发生在不同管理区域之间的切换转化为同一管理区域内部的切换；或者使原来需要跨不同管理区域的业务流量转换为同一管理区域内部的业务流量，从而减少系统开销，提高切换速度。

如图 4.4 所示，接入路由器 MMA1 和 MMA2 原同属于 RMMA1 管理区域（如图中虚线所表示），MMA3 和 MMA4 属于 RMMA2 管理区域。在某种情况下，比如出现 1 个大型集会，MMA2 和 MMA3 之间发生大量的切换或者产生大量的业务；但是，MMA2 和 MMA3 是分属于不同的 RMMA 区域，于是带来了大量的区域之间的信令开销。区域发现及动态自组织算法发现这种现象后，对原来的分级拓扑结构进行自适应优化，把 MMA2 和 MMA3 聚合到 RMMA2 管理区域，新的分级拓扑结构如图 4.4 实线所围区域。原来大量的区域间的开销被限制在同一个区域，减少系统的开销。

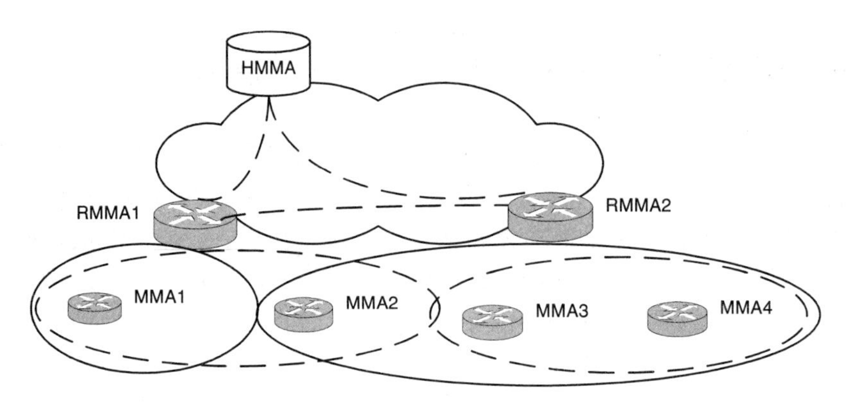

图 4.4　区域发现及自适应优化算法

2. IP 层软切换

IP 层软切换是我们提出的一种新的网络层切换机制，不仅通过了仿真而且在实验平台上进行了实现，效果良好，切换延时很小，移动用户无法察觉。用于在异种网络重叠覆盖区域内提供多链路同时的备份数据传输，以避免“乒乓效应”的影响，减少丢包率和时延抖动。它要求移动终端具备同时保持两个网络连接的能力，通常这样的移动终端具备两个接口卡。软切换的机制是当移动节点移动到网络重叠覆盖的区域时，能够同时保持和两个接入网络的连接，使得在移动节点在切换的过程中尽可能的减少丢包和时延。理论上，软切换过程中的切换时延为 0，丢包率达到最小，是一种无缝的 IP 层切换算法，特别适合应用在异种网络重叠覆盖的区域内使用。

IP 层软切换机制的实现基于目前 HNMM 的分级移动性管理框架结构和 IP 双向隧道机制。下面以域内软切换为例描述其过程：当 MN 处于同一个 RMMA 域内的两个 AR（MMA）重叠覆盖的区域时，经过软切换判决，开始准备软切换过程：MN 同时和两个接入点建立好链路并得到 AR 分配的两个 LCoA 后；开始软切换过程：MN 向所在的 RMMA 发起软切换绑定请求（SBU）。SBU 中包含 MN 的 RCoA 和两个 LCoA。RMMA 收到软切换请求后，和 MN 协商配置两条分别以 LCoA1 和 LCoA2 为目的地的双向隧道。这样当发向 MN 的数据包到达 RMMA，经过特定的软切换算法的相同的数据包通过两个隧道分别发给 MN。MN 收到两个隧道上发来的数据包，经过软切换算法整合两个隧道上来得数据包，发给高层。软切换算法的作用：下行链路扇出点（RMMA）的软切换算法是给数据包打上唯一的序列号并进行数据包复制，序列号是扇入点（MN）上执行合并算法的依据。

图 4.5 显示出数据包发送和接收时间与数据包标识号（ID）之间的对应关系图，形象地说明了 IP 层软切换的数据合并效果。从两条链路上来的数据包在 MN 上合并后作

为发向高层协议的数据包，某个链路上丢失的数据包可能在另一条链路上被接收到。因此合并使得丢包率达到最小。图 4.6 是数据包端到端抖动和数据包 ID 之间的对应关系图，由于 MN 总是接收最先收到的 IP 包，因此包的端到端时延总是和两条链路的最小值保持一致。

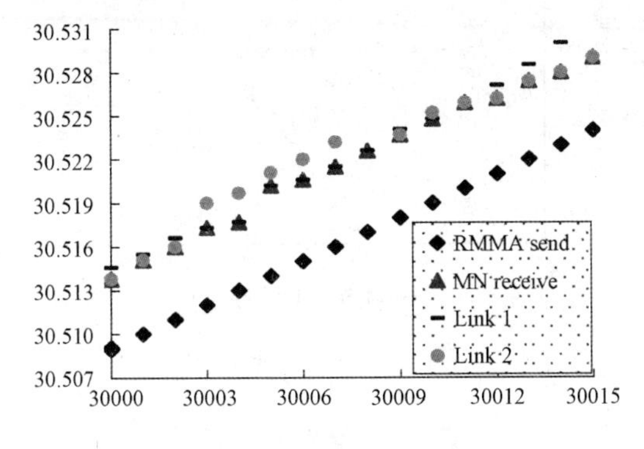

图 4.5　数据包发送接收时间和数据包 ID

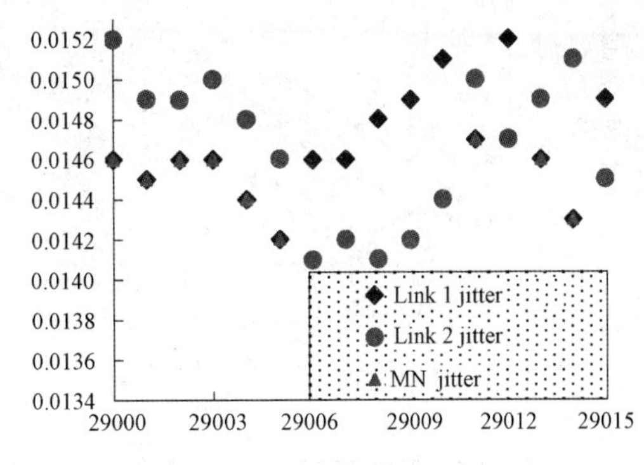

图 4.6　抖动和数据包 ID

3. 基于用户移动特性的 IP 层寻呼

在 IP 层上引入寻呼机制，可以极大地减少移动性管理信令开销，支持终端节电模式，并可以解决不同通信系统支持寻呼的互操作问题。仿真结果证明，我们提出和实现的基于用户移动特性的动态 IP 层寻呼方案（UMF-IP Paging）与现有 IP 层寻呼方案相比，可以进一步地减少寻呼开销约 30%～60%，并保证寻呼时延在可控制范围内。可见，引入 UMF-IP Paging 的 HNMM 具有更好的自适应性和可扩展性。

现有 IP 层寻呼方案，大多是在整个管理域内进行同步寻呼来查找移动终端，即“一步寻呼”（One-Step Paging）。而在现实生活中，许多移动终端的移动具有局部性和一定的规律性。UMF-IP Paging 方案根据移动终端在不同时间段的移动特性，动态地改变寻呼区域，以提高寻呼的准确度，减少寻呼开销。该方案可以预先设置寻呼时延限制，使寻呼时延控制在可接受范围内。UMF-IP Paging 方案中采用了优化的寻呼区域划分算法，可以在满足时延限制的条件下，得到最优化的划分结果。图 4.7 显示，采用 UMF-IP Paging 的 HNMM 的信令开销在计算范围内都远远小于另外 2 种方案，原因是 UMF-IP Paging 利用了移动节点运动的局部性。图 4.8 显示，UMF-IP Paging 方案的寻呼时延在一步寻呼时延的 1.6～1.8 倍之间，增加不大。

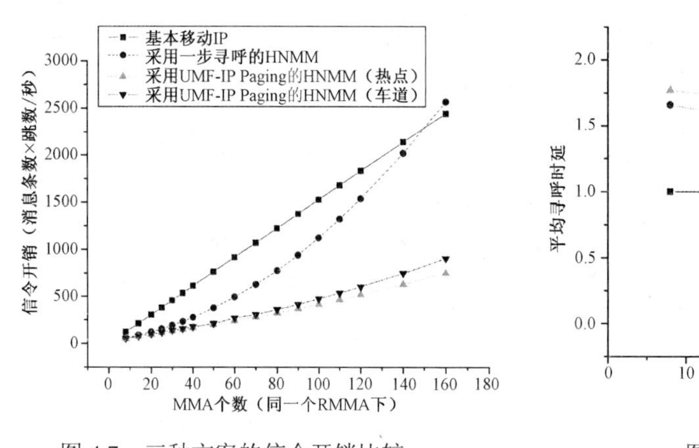

图 4.7　三种方案的信令开销比较

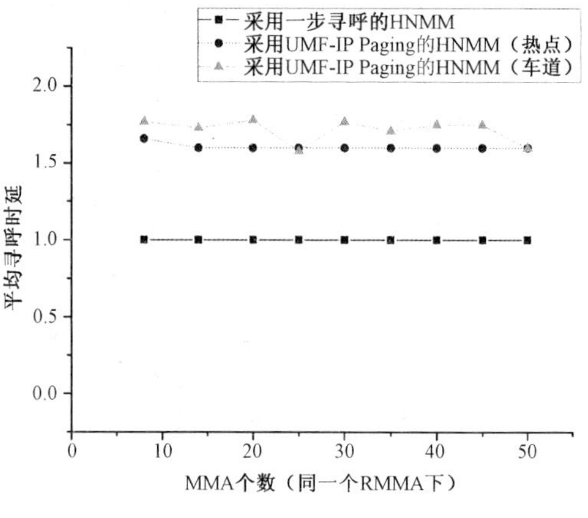

图 4.8　平均寻呼时延比较

4．优化的切换管理

当移动终端在异种网络之间移动时，或者在那些不提供完备的移动性管理的新型 IP 无线接入网络（WLAN，WIFI 和 WiMAX）的不同子网间移动过程时，网络应该能够保证终端用户正在进行的业务的连续性，这就涉及 IP 层切换的问题。在传统的移动通信网络中，由于用户接入的是同种的无线网络而且用户业务相对单一，主要是语音业务，其切换机制单一，切换控制过程中需要考虑的参数（信号质量和信号强度等）和执行的算法（线性方法）相对简单。但是，IP 层移动管理框架中的切换机制多样，而且切换控制机制需要综合考虑的因素较多，尤其是在异种网络间进行切换的情形下，影响切换控制的因素尤其多，比如：用户的偏好、多接入网络的负载情况、多可用链路的状况，以及当前服务的质量要求等。因此，IP 层切换控制过程相对复杂，传统的切换控制策略不再适用于 IP 层切换的控制过程。

优化的切换管理在于定义一套新的切换控制机制，综合地判断多种影响 IP 层切换的因素，自适应地选择合适的切换时间，切换目标网络和切换种类。

5．动态的分布式位置管理

随着小区范围的缩小和移动节点的增多，移动节点切换率将增加，这对基于移动 IP 的移动性管理方案提出了挑战，因为频繁切换将引起移动性管理性能的显著下降。许多基于移动 IP 的改进方案被提出，基本思想是通过引入网关代理（GMA），将移动节点位置改变的影响限制在它当前所在的域内。而宏移动性问题仍由移动 IP 解决，形成分级移动性管理。分级移动性管理虽然有许多优势，但仍然面临两个问题：一是网络对于网关代理的失效非常敏感，容易产生所谓的单点故障；二是网关代理是信令操作和数据传输的集中点，容易产生负荷过重的情况，影响其性能，从而影响整个网络的性能。为此，我们提出了一个动态的分布式位置管理方案。该方案信令开销小，能够有效地平衡信令负荷，并且具有较高的可靠性。目前主要的研究内容涉及以下两个方面：

（1）自适应位置更新方案

移动节点可以根据自身特性和网络状况选择合适的 GMA 进行位置更新，该方案可以减少信令开销和平均切换时延，同时可以平衡 GMA 的负荷，避免信令和业务负荷过于集中。仿真结果表明，自适应位置更新方案的信令开销小，负荷分担性能好。

（2）鲁棒的位置管理方案

能够及时地检测 GMA 失效并能够很快恢复系统。方案中使用主、备用两个 GMA 和两个 RCoA 地址，MN 和 AR 同时检测 GMA 是否失效。仿真结果表明，鲁棒的位置管理方案能够大大缩短网络故障恢复时间，增加了网络的可靠性，与此同时信令开销并没有显著的增加。

4.1.5　基于 HNMM 的 GPRS/WLAN 异构网络融合实例

分级网络层移动性管理模型 HNMM 可以部署在 GPRS/WLAN 网络中，为用户提供在 GPRS 和 WLAN 之间的无缝漫游业务。按照通常的网络部署，可以把这个网络看成是一个完整的运营网络。为了保证方案的可行性，将 HNMM 中主要的功能实体映射到当前 GPRS 和 WLAN 网络不同实体中，全面考虑认证、计费和网络管理等与可运营性相关的技术问题。基于 HNMM 的 GPRS/WLAN 网络融合模型，如图 4.9 所示。

可以看出，整个网络融合模型可以看成是 3 层结构：无线接入层、边缘接入层和核心传输层，符合通常的网络部署方法。实际上，可以把这个网络看成是一个完整的运营网络。在无线接入层，各种制式的无线接入设备和基站和移动终端组成了无线接入部分，这里的无线基站从功能上讲类似于蜂窝通信系统的基站功能，主要负责无线终端的空中接口和接入控制。无线基站是一个具有空中接口的路由器。终端移动性代理（TMA）和移动性代理（MMA）分别位于移动终端和无线基站，负责在这两个实体中完成与移动性有关的管理。在边缘接入层，由多个边缘路由器负责把来自无线基站的数据汇聚后转入核心网传输。通过同一个边缘接入路由器接入核心网的无线基站组成了基本的管理区域。通过事先的网络规划和运营情况进行管理区域划分。区域移动性代理（RMMA）位于边缘接入路由器中，对本区域的终端和 MMA 进行管理。需要说明的是，RMMA 和 MMA 是一个功能实体，在网络上没有严格的树型关系。核心网络提供 RMMA 和 HMMA 之间的高速数据传输，完成移动性管理的功能。归属移动性代理 HMMA 是 MN 的归属寄存器，实际上记录了所管辖的每一个 MN 的基本信息，同时 HMMA 作为从 CN 第一次向 MN 发包时必经节点，同时承担 HA 的功能。因此 HMMA 的功能包括两个，MN 属性及信息寄存器和 HA 功能。在实际网络部署中，HMMA 可以看做主机和数据库结构的整体。

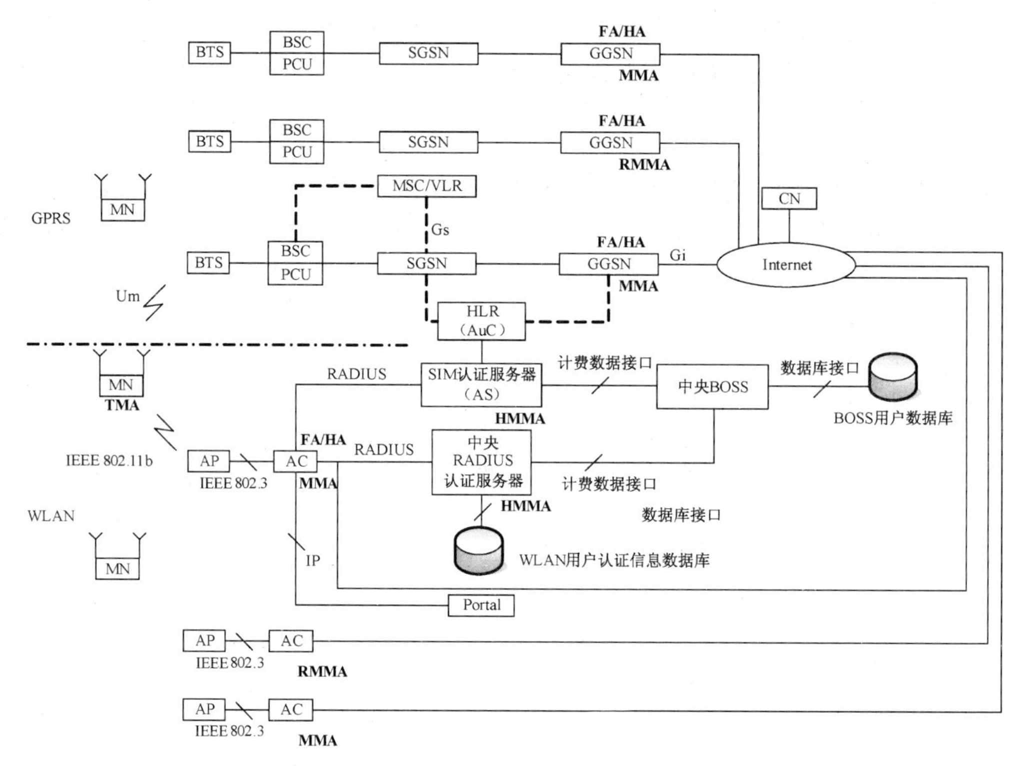

图 4.9　基于 HNMM 的 GPRS/WLAN 网络融合模型

GPRS 和 WLAN 网络融合模型中网络实体的基本功能和扩展功能描述如下：

- GGSN 实现 MMA，HA 和 RMMA 的功能。GGSN 是与外部分组数据网连接，那么可以将 GGSN 看做 Internet 普通路由器，为访问 MS 提供选路功能，此时，GGSN 可以作为 DNS 和 DHCP 为移动主机（MH）动态分配 IP 地址。而 MMA 是 Internet 上普通的路由器，为访问网络中的 MS 提供路由选择业务。因此，可以将 MMA 的功能在 GGSN 上面实现。
- SGSN 负责完成 MH 在 GPRS 网络内部的移动性管理，即负责 MH 在 SGSN 之间的移动性管理，所以，让它完成移动主机在 GPRS 和 WLAN 之间的移动性管理就不是十分合适。
- HA 是移动主机归属链路上的一个路由器，所以 HA 同样可以在 GGSN 上实现。

4.2　自适应移动性管理体系结构

基于移动 IP 的网络层移动性管理机制的功能模型提出明确了改善移动性管理性能的主要思路，其中之一就是从体系结构入手，使得网络结构能够动态地调整，将位置开销局部化，降低了分组传递开销，平衡了业务流量，从而达到提高系统性能的目的。

4.2.1　基于 IP 的移动性管理的体系结构

基于 IP 的移动性管理技术的体系结构包括以下两个方面：

1. 平坦式的体系结构

移动 IP 是一个平坦结构的移动性管理方案，整个网络由 HA、FA 和移动终端组成。对于移动性不高的场景，该方案能够提供移动性管理的支持，但是它比较适合于“宏移动性”环境，当终端移动到离 HA 较远的子网后，每次切换都要在 HA 注册，进行注册的信令交互非常频繁，严重影响切换性能。因此，单纯地将移动 IP 作为对于“宏移动性”的支持是可以基本满足需求的，并且在 3GPP2 中已将移动 IP 作为标准来提供对于宏移动性的支持。

随着移动网络向微蜂窝化方向发展，切换将频繁发生。如果考虑在切换频繁发生的“微移动性”场景下提供对移动 IP 的支持，就不能采用平坦结构的 IP 移动性管理体系。

2. 分级式的体系结构

分级式的 IP 移动性管理体系结构是将系统内的功能实体按照树状结构进行组织，从而将移动性管理本地化，节省了信令开销。按照拓扑结构的可调节性可以分成“静态分级结构”和“动态分级结构”。

考虑到分级移动 IP（HMIP）目前已经基本成为基于 IP 的移动性管理体系的基础，所以按照对于 HMIP 的继承程度，又可以分成“基于 HMIP 的分级结构”和“全新的分级结构”（HNMM）。HMIP 的分级结构在前面章节已经进行详细的总结。HNMM 的引入基于切换强度测量的管理域组织方式，其优点是可以通过递归计算的方式计算出当前域的“紧邻域”。但是该方案具有下列缺点。

① 注册过程采用“预附着”和“附着”过程，这虽然提高了管理域自组织的效率，但是注册过程过多，且与标准 HMIP 的注册过程不甚兼容；

② “附着条件”的选取具有较大的难度，如果选择不当会导致过多的信令开销；

③ 网络拓扑的改变仅仅能够发生在“水平”方向，不能在“垂直”方向上改变网络拓扑来适应网络业务的突变。

总而言之，为了能够将具有相同特征的用户进行统一的管理，简化系统信令开销，同时能够平衡网络负荷，需要引入“动态”管理域组织技术，使得系统体系结构能够在一定范围内根据一定条件自适应的调整。为了适应网络业务的不均衡性，网络拓扑要能够在水平和垂直两个方向上进行动态调整，在分级结构的不同层次均可以主动地调整网络结构。

4.2.2　自适应移动性管理体系结构的概念

在研究基于 IP 的网络层移动性管理体系的基础上，对 HMIP 进行改善，提出了一种新的移动性管理体系结构：自适应分级移动 IP 管理体系（Adaptive Hierarchical Mobility IP Management Architecture，AHMIPMA，下文简称 AMM）。AMM 是以分级移动 IP 为起点，设计一个更为完整的满足运营需求的 IP 层移动性管理体系结构，主要涉及以下内容：

分级体系结构的组织和核心功能实体管理区域的划分和组织，涉及“水平”和“垂直”两个方向上的划分和组织。当移动终端在不同管理区域间 / 内切换时，如何高速、高效、低开销、易实现在 IP 层上完成业务数据流的重定向，即设计高效的 IP 层切换算法，具体将涉及异构网络环境下 IP 层切换算法的概念模型、实现机制、切换判决、切换控制、高效的位置管理和寻呼机制等。另外，如何将 AMM 体系中的功能实体在现有电信运营商的网络中进行部署，将可以保证研究的成果更具有实际意义。

AMM 将从上述几个角度入手，实现终端在异构网络环境下的漫游。它将具有下述功能特点：

1. 向下兼容

HMIPv6 引入了分级管理的体系，能很好地减小了系统信令开销。AMM 是基于 HMIPv6 的，所以与 HMIPv6 完全兼容，从而保证系统具有很好的适用性。

2. 灵活的管理域组织

管理域定义为某一个功能实体负责管理的接入路由器组成的区域。以 MAP 为例，它的管理域是由它管理的 AR 的集合。AMM 采用自适应的管理域组织和管理方法，可以根据网络环境动态地调整管理域的范围，这样做的效果是进一步减小了网络的信令开销，平衡网络负载，提高了网络的运作效率。

3. 健壮的分级体系结构

在分级移动 IP 体系中，MAP 是系统的瓶颈实体。当 MAP 出现故障的时候，没有一套机制能够及时使该失效 MAP 管理域内的成员继续与外界通信，所以整个系统缺乏“自愈性”。在 AMM 中，网关 MAP（GMAP）是新提出的一个功能实体，它主要负责管理 MAP 功能实体，即 GMAP 管理域。另外，MAP 也有自己的管理域，GMAP/MAP 都是 AMM 中的核心功能实体，同时它们的主要功能是完成管理区域的划分和组织，并且完成数据流的重定向功能，它们同时具有路由器的功能，所以，不仅仅完成数据流向的控制，同时提供一定的路由功能，这样避免了成为数据流瓶颈的危险，即使某一个 GMAP/MAP 失效，其他的相关实体可以尽快地接管这些失效的 GMAP/MAP 管理域的成员，从而保证了系统的健壮性和可运营性。

4．准动态的网络拓扑

MAP 的位置并非静止不变的，它可以根据网络的不同情况进行适当的动态调整，使之处于分级结构的任意一层。这使得网络拓扑能够根据当前的环境调整管理区域的“垂直”特性，从而保证了业务流的平衡，最终使得整个系统性能得到了平衡。

5．可运营性

AMM 是以 HMIP 为基础而提出的一套网络层移动性管理体系架构，综合考虑了可运营网络所应该具有的主要特征，从网元的部署、接入认证、计费、网络管理和安全等多个角度给出了解决方案。

4.2.3　自适应移动性管理的基本目标和特征

衡量一个网络体系结构的优越主要可以从下述三方面着手：

- 网络运作效率是否足够高，从移动性管理的角度分析，包括终端在切换过程中的切换性能是否足够好，系统的位置管理算法是否足够高效。
- 网络运作的开销是否足够小，包括网络实现切换和位置管理的信令开销是否足够小。
- 网络的可运营性，包括用户的接入认证、授权、计费、安全和网络管理等是否易于实现。

AMM 将提供一套准动态拓扑的分级结构网络层移动性管理机制，具有一定的实现复杂度和可调节性，较大程度地提高了移动性管理的效率，同时保证较小的系统信令开销。与静态拓扑结构和动态拓扑结构相比，它具有下述优点：与静态拓扑结构网络相比，它能够根据用户的移动特征、用户的喜好和网络的业务流量等特征，动态地调整管理区域的范围，从而减小了系统开销，提高了移动性管理的效率；与动态拓扑相比，它又具有较为明显的“静态”特征，因为动态拓扑虽然能够提供灵活的网络结构，但是实现复杂度高，而且可运营性较差。AMM 具有的技术特征如下：

① 分级的网络结构。网络体系结构能够根据网络特征适度地进行“水平”和“垂直”方向的动态调整。

② 自适应地管理区域组织（Adaptive Domain Management，ADM）。MAP 是 HMIP 中的主要功能实体，终端如何高效地选择 MAP 进行注册以及如何高效地划分和组织 MAP 的管理区域以便较好地平衡网络流量，减小系统信令开销，这是网络设计者所要考虑的问题。

③ 基于联合检测的切换判决和切换控制机制。为了适应异构网络环境特征对于切换判决的新需求，AMM 将采用一套基于联合检测的切换判决算法，该算法能够综合考虑用户移动模型、系统业务流量和用户喜好等参数来为终端选择最佳候选网络在恰当时间进行切换。

4.2.4　自适应移动性管理的体系结构和功能

如图 4.10 所示，AMM 的体系结构可以分成 3 个层次：接入层、汇聚层和骨干接入层。

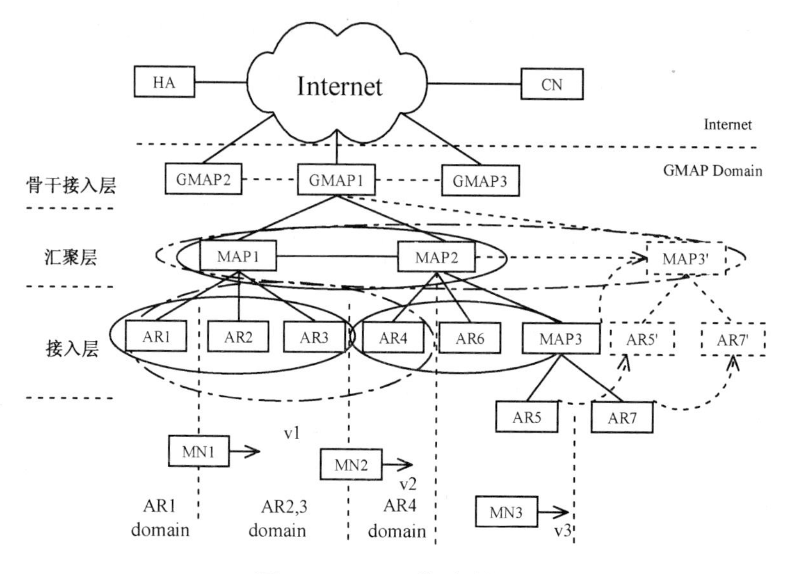

图 4.10　AMM 体系结构图

接入层是指无线终端通过无线信道接入到接入路由器，涉及的功能实体是接入路由器（AR）。

汇聚层是由 MAP 构成的，完成业务的重定向和网络负荷的均衡功能。MAP 不仅可以处于整个网络的任意一层，也可以根据当时的网络特征或者移动终端（Mobile Terminal，MT）的数量以及周围 MAP 的业务情况自适应地调整它在网络中的位置，从而保证了整个网络负载的平衡，提高了系统效率。

骨干接入层是指接入骨干网的功能实体——GMAP（Gateway MAP），它是 AMM 引入的一个逻辑实体，主要负责外地网络内的移动节点和 MAP 的管理。MAP 是处于 GMAP 之下的接入路由器，主要负责 AR 和 MT 的区域性移动性管理。考虑到可运营性问题，GMAP 通常是一个或多个城市中的骨干节点，这样利于运营和管理。

4.2.5　AMM 的关键技术

1．自适应管理区域组织（ADM）

（1）管理域的自适应垂直改变

AMM 的网络拓扑会根据网络的业务量或者用户数来自适应地进行调整，也就是动态地改变管理实体的管理范围，即管理域的自适应。在图 4.10 中，第一级分级结构的功能实体是 GMAP；第二级是 MAP1 和 MAP2；第三级是 AR1～AR5 和 MAP3。在分级结构中，如果 GMAP 下管理的 MAP 的个数太多，并且业务流量不均衡，那么各个 MAP 的管理负荷就会出现不均衡现象，降低了系统资源的整体利用率，所以，可以将业务量较小的 MAP"降级"来减轻上一级管理实体的负荷，将负荷"转移到"邻近的业务量较轻的同级 MAP 中，从而实现了网络负荷的"垂直均衡"。相反，如果第三级的 MAP 的业务量太大，则需要"升级"。

（2）管理域的自适应水平改变

第二级别的功能实体之间同样存在网络负荷的自适应均衡，即 MAP 可以依据网络的业务量来动态地改变对于下一级功能实体的管理范围。这一改变存在两种情况：

① 终端在切换前后，第三级别的 AR 可以"暂时"从属于旧的二级管理实体的管理，然后根据网络的业务情况"切换"至新的二级管理实体。这样的优点是让网络拓扑在水平范围内能够缓慢的变化，从而更好地适应网络业务。

② 第三级的功能实体可以根据自己管理范围的业务情况自适应地与上级管理功能实体进行链接。这样可以最大程度的提供灵活的网络拓扑可调节性，从而适应网络业务的突变。

2. 管理实体的自适应选择

由于 AMM 支持网络拓扑的水平和垂直方向的动态改变，所以，各个管理功能实体之间可能是处于同一级别的对等关系，也可能是上下级的从属关系。当终端发生切换的时候，往往可以探测到多个管理功能实体的存在，那么，究竟选择哪一个进行注册是至关重要的，这将直接影响系统性能。因此，AMM 支持终端侧的对管理功能实体的自适应选择。

3. 基于联合检测的切换判决

AMM 的设计初衷就是考虑到了异构网络环境特征下的移动性管理，此时切换判决不能仅仅利用传统的基于接收信号强度测量的机制来进行，而必须综合考虑其他各种因素（例如，用户的移动特征和业务负荷等）。综合考虑了各种因素的基于联合检测的切换判决算法，能够综合考虑用户的移动模型和业务负荷等因素来选择合适的候选网络，在恰当的时间进行网络层的切换。

4.2.6　AMM 应用于 WLAN-GPRS 网络融合场景

3GPP 在 R6 版本中仅仅提出了 3GPP 网络和 WLAN 互连的系统功能描述。虽然并没有给出具体的解决方案，但已经开始研究无线接口的 IP 化，证明全网 IP 化是 3GPP 网络的发展方向。未来移动系统中接入网络和核心网络将基本是分组交换网络，实时和非实时业务都将基于 IP 的分组交换网络之上，移动性管理的 IP 化也是大势所趋。因此，考虑利用 IP 移动性管理机制解决 3GPP 网络和 WLAN 网络的互连将非常有竞争力。

基于上述考虑并结合 AMM 模型，本文将移动 IP 的机制引入到 GPRS 网络与 WLAN 网络的互连场景中，为用户提供"无缝的业务"。

AMM 的主要功能实体 HA 和 MAP/GMAP 是依靠在现有网络实体上新增相关的功能模块来实现的。GPRS 网络中与外部数据网通过接口 G_i 相连，而 WLAN 中的无线接入控制（AC）负责相同子网内的数据的汇聚，因此 AMM 中的 HA 和 MAP 可以在 GGSN 和 AC 处部署，如图 4.11 所示。

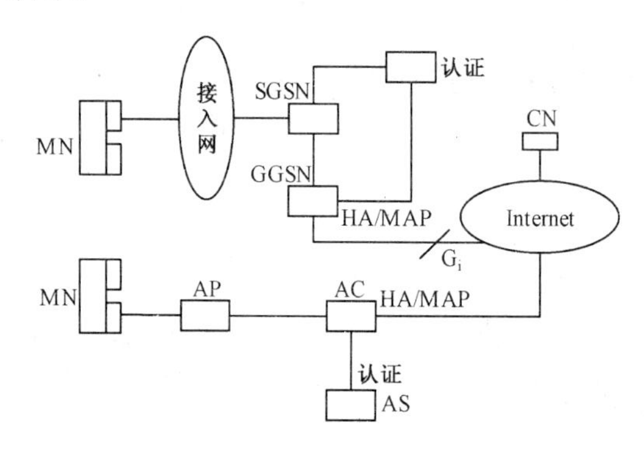

图 4.11　AMM 在 GPRS 和 WLAN 互连中的部署

GGSN 是与外部分组数据网连接，那么，可以将 GGSN 看做是 Internet 中的路由器，为访问 MS 提供选路功能，此时，GGSN 可以作为 DNS 和 DHCP 为 MT 动态分配 IP 地址。而 MAP 是 Internet 上的路由器，为访问网络中的 MT 提供路由选择业务。因此，可以将 MAP 的功能在 GGSN 上面实现；HA 是 MT 归属链路上的一个路由器，所以，HA 同样可以在 GGSN 上实现。

1. 漫游实例

假设移动主机 MN 从 GPRS 网络移动到 WLAN 网络，GPRS 作为 MN 的归属网络，当其进入 WLAN 覆盖区时，天线侦测到无线信号后，与 AP 进行关联操作，接收 AC 发送的代理公告消息，MN 在 IP 层按照一定的切换判决算法进行判决，假设决定向 WLAN 网络进行切换。MN 通过 SIM 认证的方式，向 AS 进行用户身份认证，整个过程可采用 WLAN 现有的 SIM 认证流程。

当通过用户身份认证之后，MN 经 SGSN 向归属网络的 HA 进行注册更新，即向 GGSN 的 HA 模块发送注册更新请求，完成注册更新后，发往 MN 的数据包被 HA 截获后通过隧道方式转发至 AC 并且最终下发到 MN。

2. 其他相关问题

（1）选择和地址分配

3GPP 要求终端可以自动在两种不同类型的网络之间切换；本方案引入了基于移动 IP 的移动性管理机制，所以能够为终端提供网络间切换支持。MN 在 GPRS 网络中的临时 IP 地址可以由 GGSN 来动态分配。

（2）系统识别

3GPP 要求终端能够自动识别不同类型的无线覆盖，在本方案中，对于终端的要求与 3GPP 的要求相同，即终端是多模的，可以同时支持两种或多种无线通信技术。

（3）接入控制

3GPP 要求终端从 WLAN 接入 3GPP 网络的时候，采用 3GPP 网络的接入控制机制。本方案中的移动终端是双模的，从协议栈的角度看，MN 同时支持 IEEE 802.11 和 GPRS 的协议栈，那么当 MN 同时检测到两个网络的无线信号的时候，可以与两个网络的无线接入点设备建立无线链路的关联。在经过 IP 层的切换判决之后，即 MN 决定了向哪个网络进行切换操作，如果从 WLAN 向 GPRS 网络进行切换，那么 MN 必须再一次通过 GPRS 网络的 AAA 机制，通过用户身份验证；如果从 GPRS 向 WLAN 切换，即 MN 将通过 WLAN 接入 GPRS 业务，MN 同样需要通过 GPRS 网络的接入控制，通过身份验证之后，才可以使用 GPRS 的电路域业务。在计费信息上应该区别不同网络的流量，这一信息应该在 GGSN 和 AC 处记录。在计费中心对同一个用户按照相同业务在不同网络的流量进行最终结算。

（4）安全和计费

用户通过 WLAN 接入 GPRS 网络所享受的安全级别与从 3GPP 网络接入的安全级别是一致的。采用独立计费，统一结算的方式。由于 GPRST 和 WLAN 有各自的计费标准和计费信息的采集点。而 MN 在两个网络之间移动的过程中，必然存在 GGSN 和 AC 对分组数据的路由重定向。最终结算的时候，可以依据 MN 的业务号和 IMSI 号码来统计 MN 在两个网络的业务量。

（5）漫游

3GPP 要求支持终端在 3GPP 网络之间、WLAN 网络之间以及 3GPP 与 WLAN 网络之间的漫游。由于引入了基于移动 IP 的 AMM 机制，MN 在两种网络之间的移动可以按照移动 IP 的机制进行移动性管理。MN 在 GPRS 网络内部的移动仍然可以按照 GPRS 现有的移动性管理机制进行，MN 在 WLAN 网络内的移动性管理可以按照 AMM 的机制进行。

（6）终端

为了支持移动终端在两种类型网络之间的漫游，终端必须能够从接入 UICC 数据、命名和编址以及计费上进行考虑。

4.3 多层联合优化的移动性管理

下一代移动通信网具有的明显特征之一是多种异构无线接入技术并存，能够平滑、自适应地传送实时多媒体业务和应用，终端和业务均能保持全球漫游。异构无线网络融合的场景给移动性管理方案的设计带来了新的挑战，传统意义上的移动性管理模型和架构需要重新考虑。

未来移动通信系统主要特点之一是通用移动性，是指与接入技术无关，不管用户使用什么不同的接入技术，都能向用户提供一致的服务。移动性管理是下一代移动通信网必须解决的关键问题之一，通用的移动性管理的主要特征如下：

- 独立于接入技术，与具体的接入技术如 2G、3G 和 WLAN 等无关；
- 基于 IP 技术，支持 QoS 和安全；
- 支持独立于接入类型和网络运营商的网络间漫游；
- 支持所有类型的移动性，包括终端移动性、用户移动性和业务移动性；
- 支持所有独立于接入类型和网络运营商的即插即用（Nomadic Mobility）和无缝移动性（Seamless Mobility）。

未来移动通信系统基于全 IP。近年来，已有大量文献和标准组织研究基于全 IP 网络的移动性解决方案，包括移动 IP 和移动 SIP 信令。移动 IP 在网络层支持终端的移动性，并开始被用于第三代移动通信系统中，提供数据通信的终端移动性。与此同时，移动 SIP 在应用层采用 SIP 提供移动性，成为网络层移动性的一种备选方案。由于两种协议联合的移动性解决方案满足基于全 IP 的要求，可以作为研究未来移动通信系统移动性管理的备选方案。

4.3.1 基于移动 IP 的网络层移动性管理方案

移动 IP 基于网络层的移动性管理方案，支持终端的移动性。作为一种简单的因特网移动性解决方案，移动 IP 协议本身存在以下不足：

- MN 向 HA 注册新的转交地址消息时间延时很大，造成移动 IP 不能实现快速切换；
- 切换过程中位置登记过程长，造成分组丢失，无法实现无缝切换；
- 对于频繁移动的 MN，信令负荷太高；

- 每次切换，获得一个新的转交地址，都将触发 HA 与 FA 之建新的 QoS 预留过程。

为改善移动 IP 不足，业界提出多种 IP 微移动性协议，如 Cellular IP、HAWAII 和分层移动 IP。所有这些微移动性管理方案通过在一个管理域内限制更新，减少了到 HA 的信令。HMIPv6 是在 MIPv6 的基础上，通过引入新的实体 MAP 管理域内切换，而宏移动性仍由 MIPv6 协议管理，目的是将注册信令过程局部化，减小注册信令代价。分层移动 IP 的具体工作机制详见第 2 章。

4.3.2　基于移动 SIP 的应用层移动性管理方案

会话初始协议（SIP）是一种简单的基于文本的应用层协议，被广泛应用于 IP 网络多媒体业务的呼叫控制协议。3GPP 已经采纳 SIP 作为下一代移动通信系统的多媒体呼叫控制协议。SIP 协议可以处理用户的移动性，通过使用逻辑地址（SIP 统一资源标识，如 E-mail 地址）识别用户，而与用户正使用的设备无关。移动 SIP 是在应用层使用 SIP 支持 IP 的移动性。分层移动 SIP 是在 SIP 域内提供高效移动性支持的方案，通过将域内切换的相关信令局限在域内，减少了切换延迟和信令负荷。分层移动 SIP（HMSIP）使用现有的 SIP 基本实体（代理、服务器和注册服务器等），避免了其他方案中出现的功能性和存储数据的重复。分层移动 SIP 除了支持标准 SIP 程序之外，还满足所有通信类型，对通信对端（CN）没有特殊要求。

HMSIP 和 MHIPv6 网络结构相似。SIP 移动性代理（SIP MA）功能与 MHIPv6 的 MAP 相似，作为一个域边界路由器，附加了 SIP 代理和 SIP 注册服务器的功能，负责处理所在域的 MN 域内移动性，实现快速域内切换。SIP MA 终接域内与切换相关的信令，将数据路径快速重选到移动主机当前的位置。

HMSIP 与其他微移动性方案类似，MN 被分配两个 IP 地址：本地地址（LA）和全局地址（DA）。LA 反映出 MN 当前的连接点，由接入路由器分配。每次域内切换都会分配给 MN 一个新的 LA。DA 是全局可路由的 IP 地址，当 MN 在同一接入域内移动时，DA 唯一标识 MN。SIP MA 有一个全局可路由 IP 地址池，向每个 MN 分配不同的 DA。

SIP MA 负责维护和管理一个 SIP 与通用资源定位符（URL）和 MN 的 DA 与 LA 之间的映射的数据库。当 MN 移动到另一个域或关机相当长时间后，允许释放已分配的 DA。

HMSIP 主要的移动性管理过程包括域内和域间的注册和切换，如图 4.12 所示。

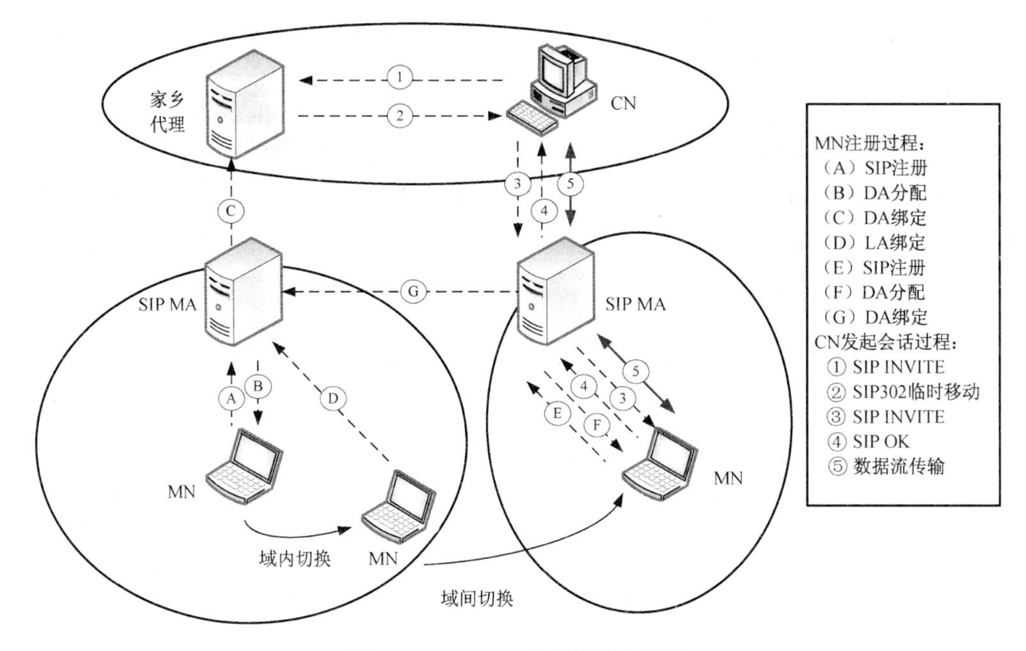

图 4.12　HMSIP 注册的信令过程

HMSIP 注册过程如下：

（1）LA 分配

当 MN 在拜访域内开机后，MN 从接入路由器分配到一个 LA，并从接入路由器广告信息中得到所在域 SIP MA 的地址。

（2）区域性注册

MN 向所在域 SIP MA 发送 SIP Register 消息，登记它在新的拜访网络中的新位置；SIP MA 的 SIP 注册实体创建（或更新）一个包含 LA 到 SIP URL 的映射。

（3）DA 分配

如果不存在特定 SIP UR 的相关记录，MN 被认为是新到达这个域，由所在域 SIP MA 分配一个新的 DA。SIP URI，LA 和 DA 之间的映射保存在 SIP MA 的注册实体，刷新存储的映射使用周期登记消息。

（4）归属登记

从 MN 的 SIP URI 中获取其 SIP 归属注册服务器的地址，所在域 SIP MA 的 SIP 代理 / B2BUA 实体向 SIP 归属注册服务器发送 SIP Register 消息，消息中包含 DA。SIP 归属注册服务器的作用是为 MN 创建 SIP URI 和 DA 的映射。

4.3.3　两种方案的比较

全 IP 网络的移动性管理需要提供终端移动性、用户移动性和业务移动性。移动 IP 和移动 SIP 分别在网络层和应用层提供移动性管理，两者在移动性支持能力方面存在差异，比较情况如下：

1．终端移动性

多媒体通信可以分为实时通信和非实时通信，实时通信由 RTP/UDP 传输；非实时通信由 TCP 传输。移动 IP 作为一种网络层移动性解决方案，对上层提供透明性支持，上层协议如 TCP 并不因为采用移动 IP 而发生改变，对终端移动性提供了应有的支持。

SIP 作为因特网多媒体通信协议，服务于实时通信，但终端移动性需要临时通过 DHCP 协议获得 IP 地址，IP 地址的改变使得原有的 TCP 连接中断，需要重新在新的 IP 地址上建立 TCP 连接。SIP 支持实时通信的终端移动性，而不适合支持非实时通信的终端的移动性。

2．用户移动性

用户移动性（个人移动性）是指不管用户在何处，使用哪一种终端，都能接入通信业务，网络能够根据用户业务属性描述提供相应服务。个人移动性包括网络定位用户所使用的终端、用户寻址、路由和计费。

SIP 由于采用 URL 作为用户标识，采用注册机制，因此能够很好地实现个人移动性管理。漫游用户可以不依赖于某个特定终端而接入网络，获得通信服务。

移动 IP 及其改进的各种网络层移动性管理方案，本身不具备个人移动性管理的能力。

3．业务移动性

业务移动性指用户使用某种特定业务的能力，而不管用户和终端的位置，包括因网络和终端能力改变业务内容方式。SIP 以其特有的信令方式和注册机制，配合必要的 AAA 功能，可以提供给用户灵活的业务支持能力。移动 SIP 比基于网络层的移动性管理方案更适合于业务的移动性管理。

总之，移动性管理涉及 4 种模式：终端移动性、会话移动性、个人移动性和业务移动性。通常终端移动性是在网络层实现的，会话移动性和个人移动性可以在网络层或应用层实现，业务的移动性需要整个网络的参与。移动 IP 可以提供很好的终端移动性，而 SIP 协议及其相关的扩展可以很好地提供会话移动性和个人移动性。这 4 种模式的移动性的要求和体现各不相同，给用户带来的体验也各不相同。

4.3.4 基于移动IP和移动SIP多层联合优化的移动性管理方案

基于网络层的移动IP和基于应用层的移动SIP两种移动性管理方案，各自都不能提供未来移动通信网络要求的通用移动性管理。简单地将移动IP和移动SIP结合起来的方案存在FA和SIP注册服务器、MAP与SIP MA的功能性重复，以及存储用户信息和地址映射等数据冗余，特别是还存在注册过程的交叉和网络信令符合较大等问题。由此而知，正确的研究思路就是结合两者的优势，将两种方案组合应用，采用SIP机制支持个人移动性，处理实施通信流的宏移动；采用移动IP或其变种支持终端移动性，处理非实施通信流的宏移动，最终实现全IP网络完整的移动性管理。

下面从多层协议联合优化的角度出发，提出一种融合SIP和移动IP的多层次联合优化的移动性管理方案：以移动IP及其微移动管理协议为基础，保证终端移动性，在此基础上融合SIP信令对用户移动性支持的特点，将网络层移动性管理与应用层移动性管理进行联合优化设计，同时考虑链路层的切换，减少功能性和数据信息的重复，降低网络信令负荷，优化移动性管理过程，从而达到有效融合多业务的通用移动性管理的目标。

在多层联合优化移动性管理方案的设计中，终端移动性主要涉及漫游用户的注册、定位和切换处理三方面的问题，下面介绍方案的信令流程。为简单起见，下面所示图中只标出主要的请求消息。HLS/HLR是数据库服务器，保存用户的位置信息，包括SIP地址和转交地址（CoA）；网关（GW）是一个综合实体，包括SIP服务器，用户位置信息采用User@Host的形式表示，移动IP的CoA采用User.Host的形式表示。

1. 注册和定位

注册是用户登记当前位置的过程，也是移动性管理的基础。根据用户的注册信息，将信令和数据传送到正确的位置。当MN改变位置，获得新的IP地址后，发起SIP和移动IP的注册过程，其信令流程如图4.13所示。

对于呼叫定位过程，通过SIP的邀请（INVITE）消息就可以建立TCP/UDP（传输控制协议／用户数据报协议）承载，在MN不改变IP地址的情况下，不需要移动IP的参与。

2. 切换

切换主要用于在终端移动过程中保持当前会话或通话的正常进行。在此，仅讨论终端跨域移动时，IP地址发生变化的情况。

假设CN和MN已经通过SIP建立了包括2个多媒体流的通信连接：基于RTP（实时实传输协议）的视频流；基于TCP的文件传输。当MN从Domain2移动到Domain3时，通过自动配置机制获得新的IP地址，发送Re-INVITE请求改变原有的RTP流；同时，网络层的移动IP向HLR和CH发送更新地址的请求，CN可以在不中断TCP连接的情况下改变 TCP 数据包的目的地址。此后，对 MN 的其他呼叫也能通过 HL/HLR 定位到 MH 的最新位置。

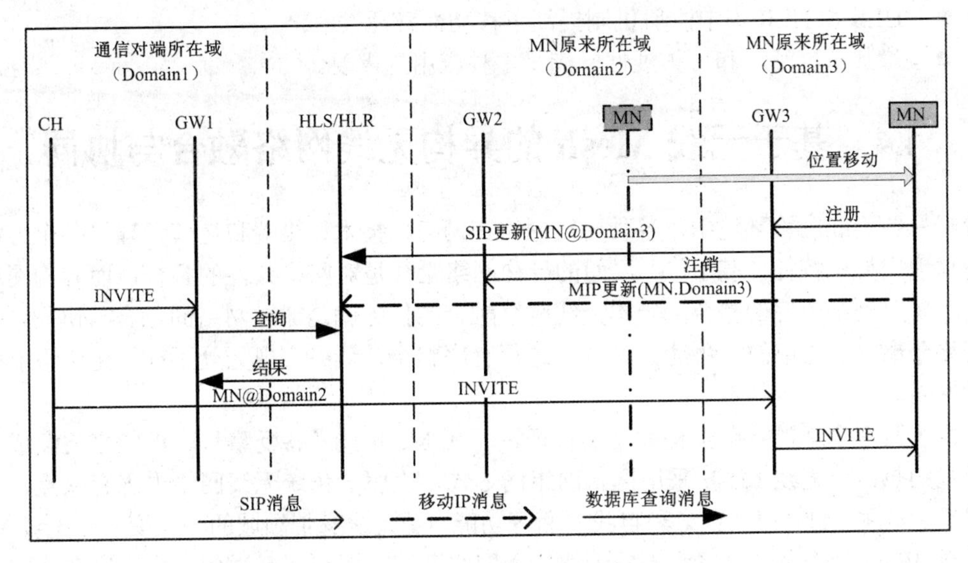

图 4.13　移动 SIP 和移动 IP 注册、定位过程

多层联合移动性管理方案的呼叫切换信令流程如图 4.14 所示。

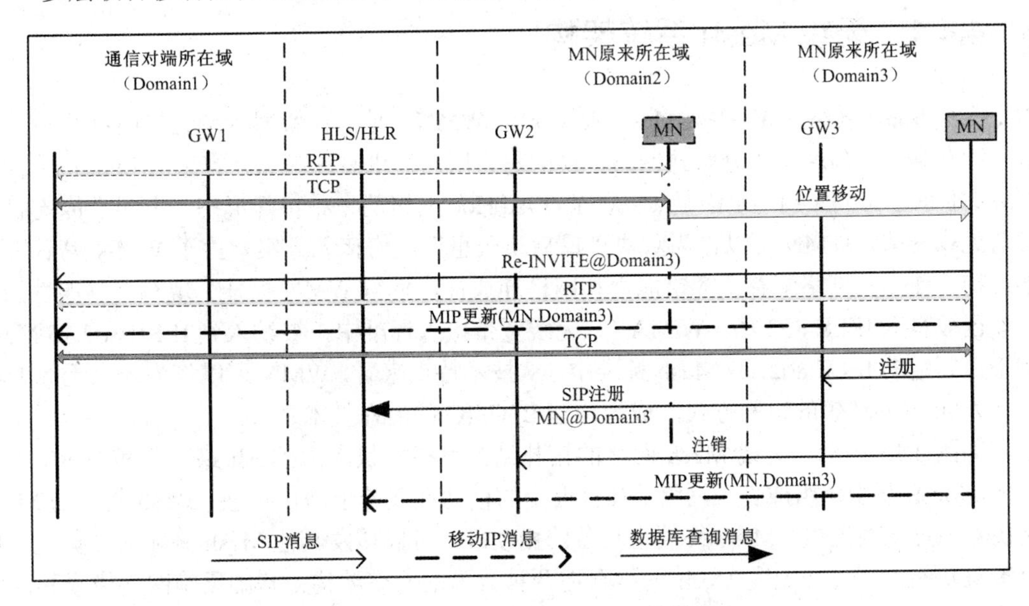

图 4.14　移动 SIP 和移动 IP 切换过程

综上所述，相比单纯基于 SIP 或移动 IP 的移动性管理方案，多层联合优化的移动性管理方案充分利用两者优势，具有如下优点：

- 融合了个人移动性和终端移动性；
- 解决了基于 TCP 应用的移动性问题；
- HLS 和 HLR 集中注册机制提高了移动性管理效率；
- 增加了灵活性和可扩展性，满足多种应用的需要。

4.4　基于无线 Mesh 的异构无线网络融合与协同

在异构无线网络环境中，各种无线网络在网络、技术、终端和运营管理等各个方面越来越体现出异构特征。基于 IP 层面的异构网络融合是对网络共性的整合，而异构网络的协同则是对网络个性的整合。异构无线网络融合的任务就是通过网络间融合与协同，对异构网络分离的、局部的优势能力与资源进行有序整合，最终实现无处不在、无所不能的智能性网络。

由于具有全新的网络架构和功能特征，无线 Mesh 技术备受瞩目，近年来逐渐成为业内研究的热点。无线 Mesh 采用网状网组网方式，克服了传统无线网络中固有缺点，具有自组织、多跳、自管理、自愈和自我平衡等功能，是无线宽带领域的一次变革。无线 Mesh 基于全 IP 的骨干网，可以将不同无线接入网络互连，实现相互通信，为研究和实现异构无线网络融合开辟了新途径。

4.4.1　无线 Mesh 系统架构

无线 Mesh 网络（Wireless Mesh Network，WMN）是一种新型宽带无线网络结构，作为一种高容量、高速率的分布式网络，目的是为用户提供高速率、高容量的 Internet 接入。WMN 继承了 Ad Hoc 的网络特点，是移动 Ad Hoc 网络的一种特殊形态。不同于传统的有线与无线网络，WMN 可以作为解决“最后 1 公里”网络接入方案。由于 WMN 灵活的网络结构、便利的网络配置、容错能力和网格连通性，使得 WMN 提升了现有网络的性能，目前已被写入 IEEE 802.16（WiMAX）无线宽带接入标准中，被纳入到 IEEE 802.15 Mesh 和正在制定的 IEEE 802.11s Mesh 标准中。从技术特点来看，WMN 可以作为未来无线城域网（WMAN）理想的组网方式，成为构建 B3G/4G 的潜在技术之一。

如图 4.15 所示，无线 Mesh 网络的拓扑结构呈格栅状，由 Mesh 路由器和 Mesh 终端组成，Mesh 路由器组成骨干网络，具有很少的移动性或处于静止状态，Mesh 终端与 Mesh 路由器通过无线连接，Mesh 终端也具备路由功能，可以转发其他 Mesh 终端的数据包，具有多跳功能。目前，无线 Mesh 网络存在两种典型的网络结构：基础设施网格模式和终端网格模式。WMN 可以看成无线局域网（WLAN）与移动 Ad Hoc 网络的融合，支持两种模式的网络可以在广阔的区域内实现多跳的无线通信。从整体上看，WMN 架构包括由多个无线 Mesh 路由器互连组成融合不同异构网络的无线网状骨干网，以及由各种异构网络或终端设备构成的用户部分。作为 WMN 的核心设备，无线 Mesh 路由器具备同时连接不同结构网络设备的能力，并且具有协调管理和控制这种多连接的功能。可见，无线 Mesh 特有的网络架构为研究和实现异构无线网络融合与协同提供了一种有效的解决方案。

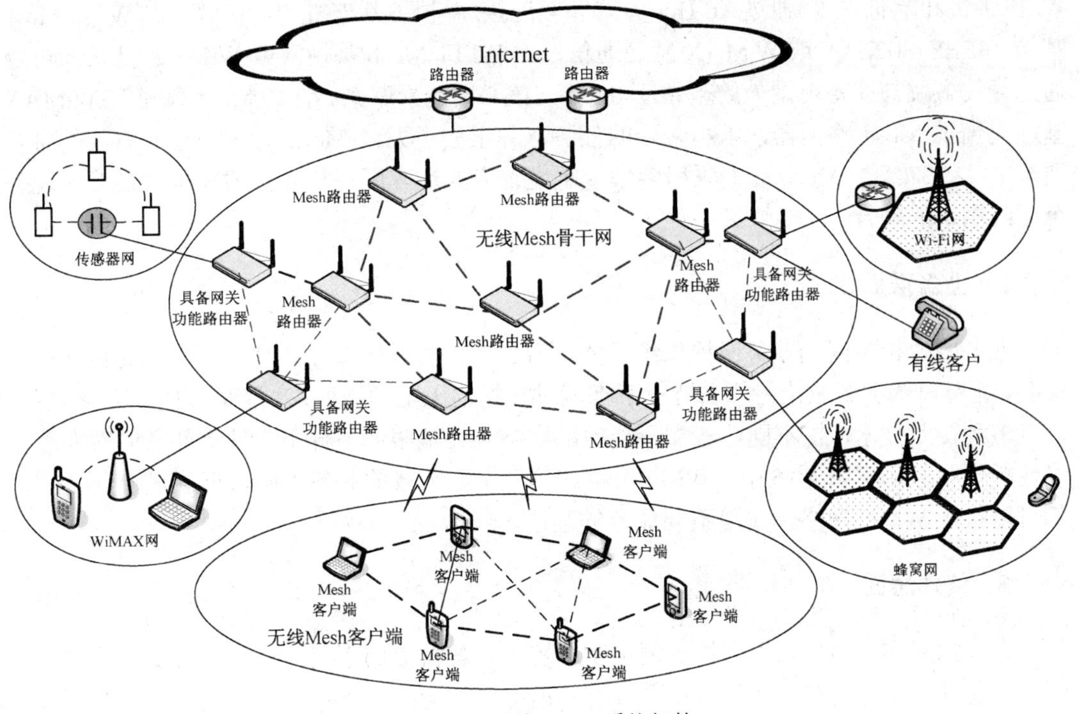

图 4.15　无线 Mesh 系统架构

4.4.2　基于 Mesh 技术的网络融合

在异构无线网络环境中，多种无线技术并存，重叠覆盖，各种无线接入网络相对独立自治，缺乏有效的协调机制，造成了系统间干扰、单一网络业务提供能力有限、频谱资源稀缺以及业务无缝切换等问题无法解决。采用无线 Mesh 可以实现异构技术的有效融合与协同工作，实现异构资源的优势互补和协调管理，不仅是技术发展的必然趋势，也是运营商实现最佳用户体验和最优资源整合的根本途径。目前，研究异构无线网络的融合需要考虑到各个层面，涉及网络融合、业务融合、终端融合及运营管理融合等。基于无线 Mesh 的融合需要从 4 个层面来实现：

1. 核心网与接入网层面

下一代网络是基于 IP 分组数据骨干网的基础架构，各种接入网络具有不同的网络结构，覆盖不同的区域，具有不同的技术参数，提供不同的业务能力，执行不同的通信与控制协议。因此，不同的接入网络之间需要具有一定的信息交互能力，以支持基于 IP 的网络融合。同时终端的可重配置能力为接入不同网络提供了保障，不同的接入网络将基于 IP 网络层进行融合。图 4.16 给出了一个 WMN 应用到无线城域网的实例。各种用户终端（如 Wi-Fi 手机和笔记本等）通过 Ad Hoc 方式相互连接，并根据其支持的协议选择与 Wi-Fi Mesh 基站（IEEE 802.11）或 WiMAX 基站通信，而 Wi-Fi Mesh 基站（或 WiMAX 基站）可以通过无线多跳与视距范围外的基站或 Internet 核心网建立联系。Wi-Fi Mesh 基站和 WiMAX 基站充当了 Mesh 路由器，承担融合的任务，并组成了无线 Mesh 骨干网，网络间的融合通过 IP 层来实现，Mesh 终端采用多模或重配置方式适应用户和业务的需求，最终实现整个无线网络的融合。

2. 业务层面

业务融合指不同的业务网提供统一的平台、统一的用户账号和对用户隐藏的自动切换机制，让用户感觉到无论在什么情况下都能进行畅通无阻的通信，享受最佳的多元化服务。通过多种接入技术，在不同业务支持能力的网络及终端限制条件下，使得业务同时向多个终端提供服务。在图 4.16 中，Wi-Fi 手机和笔记本所承载的业务不同，但经过 IP 层融合，都可以接入 WMN 网络，实现不同业务的互通。

3. 终端层面

在异构网络环境中，不同接入网络重叠覆盖，各自提供不同的业务、付费方式和 QoS 保证。通过设计异构多模终端，使之兼容本地存在的无线接入技术，综合考虑多种无线接入技术能力、网络覆盖情况、资费和用户的偏好等方面，实现接入不同移动网络的能力。

目前，异构终端的研究方向是基于软件无线电的重配置技术，目的是提高多模终端的兼容性，减少体积，降低功耗和节约成本。如图 4.16 所示，Wi-Fi 手机和笔记本可以通过核心网实现互通数据业务，采用可重配置的多模终端则可以实现互通视频和语音等丰富多彩的业务。

4. 运营管理层面

运营管理系统需要为用户提供统一的网络管理界面和网络服务界面，如统一的认证与鉴权服务和计费服务，统一的订购服务和统一的账单服务。

研究异构无线网络融合的目的在于如何利用先进的技术，帮助用户降低成本，提高效率，获得用户认同，增加竞争优势。但网络无线融合在为用户带来灵活丰富业务体验的同时，需要考虑如何解决如下实际问题：

（1）可用性

除适当增加可用带宽之外，需要规范、控制业务应用所占用资源的优先级别，从而解决由于应用增多，导致带来的关键业务无法保障和服务质量急剧下降问题。

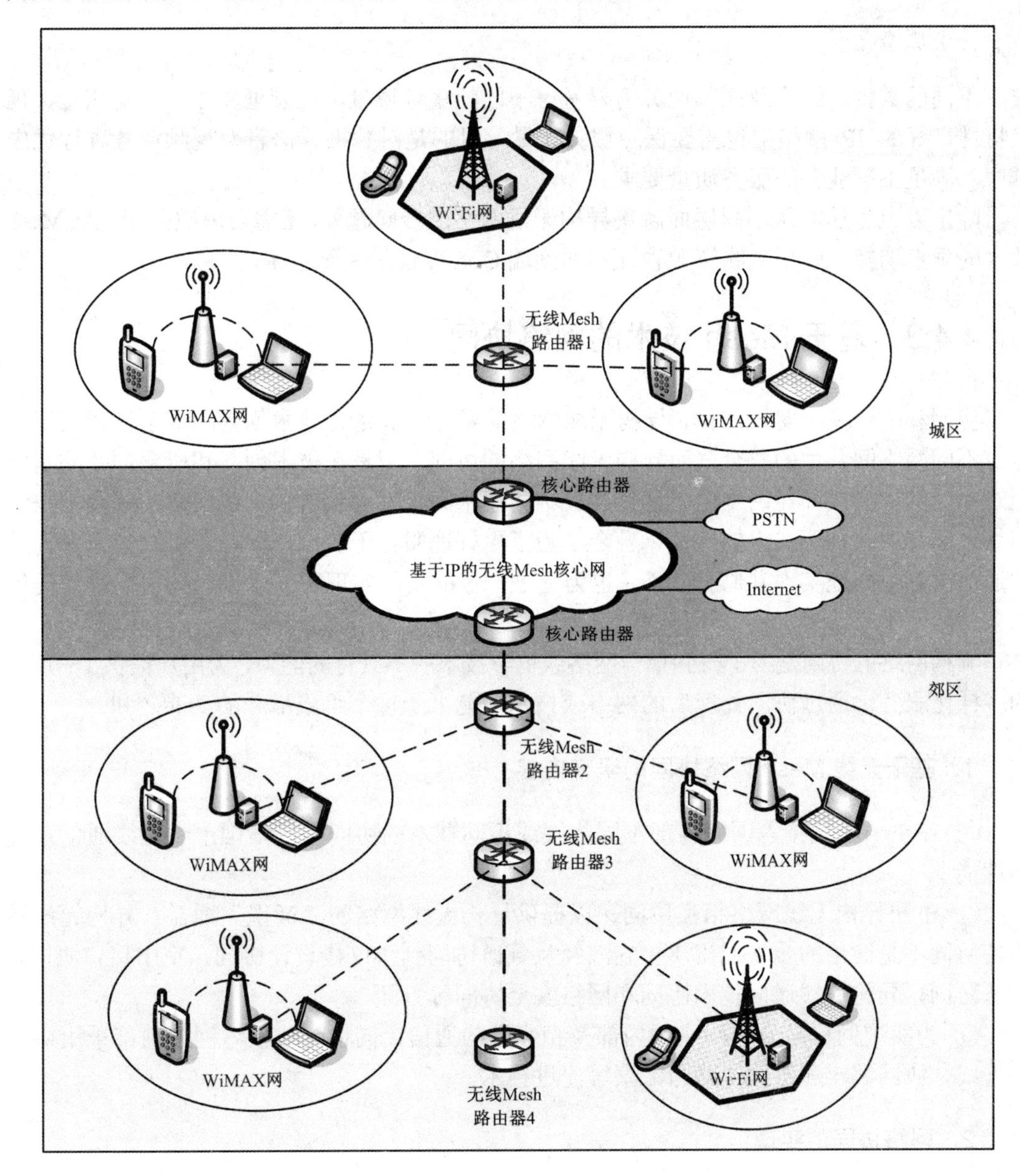

图 4.16　基于无线 Mesh 的无线网络融合与协同实例

（2）安全性

通过采用加密、虚拟专用网和防火墙技术解决信息资源的访问控制和授权用户网络接入存在的隐患，消除由于网络的可移动性和灵活性等为企业所带来的前所未有的安全风险，这需要在成本、收益和安全性方面综合考虑。

（3）服务质量

不同的数据、语音及视频业务需要考虑不同的服务质量，在管理完善、带宽充足、延迟特性良好的 IP 网络上也需要保障服务质量，目的是对数据、语音及视频业务进行优先排序，满足不同业务的服务质量要求。

除了以上论述的从不同层面解决异构无线网络融合问题外，还需要突破基于无线Mesh技术的垂直切换、联合无线资源管理和端到端 QoS 保证等关键技术。

4.4.3　基于 Mesh 技术的网络协同

协同和融合是一对统一体，异构无线网络的融合一般是在技术创新和概念创新的基础上对不同网络间共性的整合，而异构无线网络的协同，则是在技术创新和概念创新的基础上对不同网络间或同一网络内不同终端、不同技术间个性的整合。无线网络的融合是基于网络之间存在某种形式上的共性，融合是为了更好地服务于协同，即融合可以使原有各无线通信网络更好地实现其原有功能，也为更进一步的功能实现和技术创新等协同操作提供了条件。

异构网络的协同是为了得到单一网络或单一技术所不具有的能力，为用户提供 1＋1＞2 的多样化服务，通过协同处理后的网络或技术功能大于每个组成部分的功能之和。

1. 基于无线 Mesh 网络协同的研究内容

① 在单一无线接入网络内部不同终端或不同技术的协同，以增强单一无线通信系统的性能。

② 不同异构无线网络相互协同，以提供异构无线网络的“涌现”增益。异构无线网络的协同不是简单的叠加或拼凑，它涉及从频谱协同到协议栈设计协同、空中接口协同、业务协同、异构终端通信技术协同和网络安全协同等方面。

③ 为实现同构与异构网络的内部及相互间的通信，同构无线接入网络内部采用协同多天线、协同编码和协同多路由汇聚等先进技术。

2. 网络协同的实现

异构无线接入网间采用协同处理机制，实现互连互通，减小传输时延，提高整个网络性能增益等。协同中继节点选择对于实现异构和同构无线接入网络的协同通信非常关键，主要内容包括：节点驻留、基于信号强度的协同中继节点粗确定、基于多目标优化的中继节点的细确定以及中继节点的功率配置和资源分配等。当无线 Mesh 网中某个用户因地理位置或衰落等原因无法连接到基站时，可以通过 Ad Hoc 方式连接下的另一 Wi-Fi 手持终端通过多跳、中继方式实现协同工作，接入核心网，实现业务通信功能。

网络协同可以从几个层面实现：对于单条无线链路可以采用各种协同信道技术，包括协同多输入多输出（MIMO）、协同编码和协同多用户分集等；终端用户可以通过多用户之间的协同，实现单个目标用户的高速数据传输或高服务质量，解决传输时延等服务质量无法保障等问题；接入网可以在多个无线接入网间通过协同实现高速数据传输，解决网间传输“瓶颈”问题；核心网可以实现协同的多核心网融合。

总之，为了构建一个先进的无线通信网络，不仅需要终端的协同而且需要网络的协同。在某种意义上讲，协同在信息领域的发展中更为重要，不仅意味着新功能的出现，而且带来了更多的技术创新机会。目前，业内针对基于无线 Mesh 技术的网络协同的研究还处于初步阶段，大多停留在简单的技术层面上，还有待于我们进一步研究。

4.5　基于移动 IP 的 3GPP SAE 移动性管理

3GPP SAE（3GPP System Architecture Evolution）是 3GPP 最近正在研究和讨论的未来 3GPP 系统演进架构。在规范的讨论中，要求 3GPP SAE 必须考虑能够支持异构接入网络的移动性，其中包括如何在不同无线接入技术的场景中支持多种无线接入技术和终端的移动性，以及当移动终端穿越异构无线网络的时候，如何维持和支持接入控制的能力，充分体现了异构无线网络融合的思想。3GPP 明确指出未来的移动通信网络必须支持高速数据速率、低时延、容纳多种无线接入技术（RAT）以及终端的无缝移动性，包括业务的连续性。目前，3GPP 只是将未来 3GPP 系统笼统地描述为一个高数据速率、低时延、分组优化的系统，并且支持多种无线接入技术，但是如何解决 SAE 构架中移动性管理问题仍然没有定论。当前非常有必要对网络层移动性管理模型如何应用于 SAE 构架中进行深入的分析和研究。

4.5.1　3GPP SAE 的网络架构

在 3GPP SAE 网络演进过程中，考虑到各种网络间的兼容性，在核心网中考虑逐步引入移动 IP，解决移动性管理问题，进行数据流的传送和控制。移动 IP 引入 3GPP 网络结构，必须依托现有网络实体之上，将移动 IP 的主要功能实体映射到 SAE 网络实体上，通过增加软件模块升级来实现移动 IP 的功能。

1. SAE 的研究内容

SAE 的研究目标是定义和明确未来 3GPP 系统的演进框架。需要注意的是，SAE 的研究内容与全 IP 网络（AIPN）有一定的重复之处，但全 IP 提出的是对整个系统的需求，包括基于 IP 的演进核心网和演进的 IMS 域，而 SAE 的研究中不包含 IMS 的内容。SAE 的研究重点是分组域，并且假设可以在分组域上支持语音业务。SAE 的主要研究内容包括：

- 考虑无线接口的演进对系统整体架构的影响；
- 考虑 AIPN 对系统整体架构的影响；
- 系统整体架构还需要考虑异构接入系统之间如何支持移动性，包括业务的连续性。

2. 3GPP SAE 高层逻辑框架

虽然还没有最后确定 SAE 的高层逻辑框架，但在 3GPP 提供的几个可选框架中，图 4.17 提出的框架结构作为主流意见，成为 3GPP TR 23.882 规范的主要论述对象。

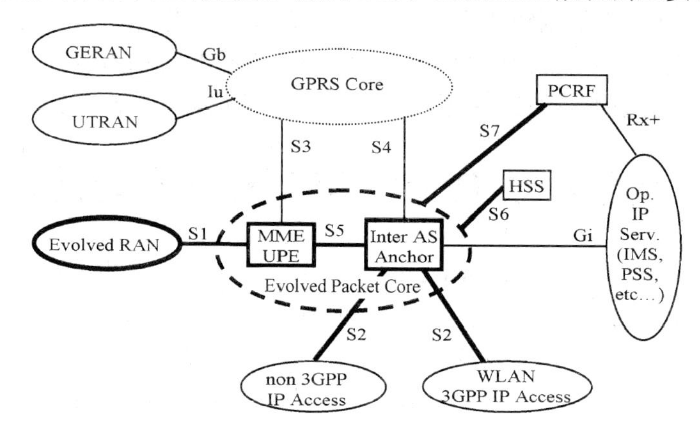

图 4.17　3GPP SAE 高层逻辑框架

在图 4.17 中，标注粗线的部分是新增加的实体和接口，以下分别介绍。

（1）移动性管理实体（Mobility Management Entity，MME）

MME 负责管理和存储 UE 的上下文数据，如永久用户标识、临时用户标识、移动性状态和追踪区域等。MME 可以长期地存储 UE 上下文数据，以便允许 UE 使用临时用户标识进行分离或重新附着过程。MME 产生临时用户标识并分配给 UE，MME 管理切换过程。MME 可能是一个分布式结构，以实现负荷分担或冗余机制。在 2G/3G 系统中，与 MME 对应的实体是 SGSN。

（2）用户平面实体（User Plane Entity，UPE）

UPE 负责管理和存储 UE 的某些上下文数据，如默认 IP 连接的参数。UPE 还保持了网络内部的路由信息。对于“休眠”状态的 UE，UPE 终止发往它的下行分组数据，并发起寻呼过程。UPE 在无线接入系统和 Inter AS Anchor 之间中继用户数据。MME 和 UPE 可能是一个实体，也可能独立存在。在 2G/3G 系统中，与 MME 对应的实体是 SGSN 或 SGSN/GGSN。

（3）接入系统间锚节点（Inter Access System Anchor，Inter AS Anchor）

用户平面的锚节点专门支持不同接入系统间的移动性，执行或支持不同接入系统间的切换。接入系统间锚节点可以分为两部分，一部分是 3GPP 接入系统间的锚节点；另一部分是 3GPP 接入系统与非 3GPP 接入系统之间的锚节点。这两部分之间是否需要一个开放的接口还正在讨论之中。

（4）Evolved RAN

Evolved RAN 表示演进的 RAN，主要指 LTE（Long Term Evolution）。

（5）新增接口

- S1 接口提供到演进 RAN 无线资源的接入，传递用户平面和控制平面的业务。
- S2 接口为用户平面提供 WLAN 3GPP IP 接入或非 3GPP IP 接入与 Inter AS Anchor 之间的相关控制功能和移动性支持。
- S3 接口支持在休眠 / 活动状态下 3GPP 接入系统之间移动时需要交换的用户信息和承载信息。
- S4 接口为用户平面提供 GPRS 核心网与 Inter AS Anchor 之间的相关控制功能和移动性支持。（注：如果 MME/UPE 与 Inter AS Anchor 合并在一起，则 S3 和 S4 接口合并，不存在单独的 S4 接口。）
- S5 接口为用户平面提供 MME/UPE 与 Inter AS Anchor 之间的相关控制功能和移动性支持。如果 MME/UPE 与 Inter AS Anchor 合并在一起，则 S5 接口不存在。
- S6 接口对接入到演进 RAN 系统的用户进行鉴权和授权，可以传输用户的注册信息和鉴权信息。S6 是一个 AAA 接口。
- S7 接口负责从 PCRF 中传递相关的 QoS 策略和计费规则到 PCEP（策略和计费执行点）。PCEP 的位置有两种选择，一是在 Inter AS Anchor 上部署一个公用 PCEP；二是在每个接入系统内单独部署一个 PCEP。

4.5.2　3GPP SAE 移动性管理的需求

如何支持移动性是 SAE 的主要研究内容之一。具体来说，SAE 关于移动性管理的高层需求：

- 移动性管理功能应该包括 3GPP 演进系统内的移动性以及 3GPP 演进系统与不同类型接入系统之间的移动性。
- 3GPP 演进系统的移动性管理解决方案应该适应不同终端的移动性需求（如固定终端、游牧终端和移动终端）。
- 3GPP 演进系统应该允许网络运营商控制用户所能使用的接入系统类型。

- 3GPP 演进系统内的移动程序和 3GPP 演进系统与现有 3GPP 接入系统间的移动程序应该能够提供对实时业务和非实时业务的无缝操作。
- 3GPP 演进系统的移动性管理应该能够提供用户到用户的路由优化，并且在所有的漫游场景中提供路由优化。

通过对以上高层需求进行分析，移动 IP 可以基本满足这些需求。只是第三点需求的实现需要其他的功能实体配合，如 PCRF。不过也有其他的一些解决方案被提出，如采用 IP 层之下的隧道交换，或者采用隧道传输（GTP）协议。但是，能否采用移动 IP 作为 SAE 移动性管理的解决方案的备选，需要对 3GPP SAE 基于移动 IP 的移动性管理模型进行深入分析和研究。

4.5.3 基于移动 IP 的 3GPP SAE 移动性管理模型

在 3GPP SAE 网络架构中，不同切换场景下的移动性解决方案主要包括移动 IP 网络建模和相关信令流程。因为未来核心网应该是基于 IPv6，所以移动 IP 相关协议主要考虑移动 IPv6 和分层移动 IPv6。虽然当前 IPv6 还没有广泛应用，并且不能后向兼容 IPv4，为解决这个问题，IETF 正在研究如何在 IPv4 上运行移动 IPv6，并且用移动 IPv6 传送 IPv4 业务。所以即使网络只能支持 IPv4，也可以有相应的解决方案。

1. SAE 系统内的切换场景

（1）采用 MIPv6（方案 1-1）

图 4.18 中的用户平面锚节点（User Plane Anchor）是 SAE 系统内负责管理切换的节点。用户平面锚节点可以与某个 UPE 共站，支持某个区域内 MME 之间的移动性。方案中可以将 HA 部署在用户平面锚节点上，对应的信令流程参照 3GPP TR 23.882 规范中的报告，如图 4.19 所示。HA 位置设定的另一个选择是接入系统间锚节点，虽然 SAE 内部的移动性不涉及接入系统间锚节点，但由于该方案可以与后两种场景兼容，具有一定的合理性和优势。这种方案对应的信令流程与图 4.19 非常相似，不过是将用户平面锚节点改为接入系统间锚节点。但是，将 HA 部署在接入系统间锚节点上也有缺点，即 UE 在 MME/UPE 间移动时，需要不断地向 HA 进行绑定更新，而此时 HA 的位置相对较远。这也是移动 IPv6 在大规模网络部署中所面临的可扩展性问题，我们将采用分层移动 IPv6 解决。

具体信令流程如图 4.19 所示。

方案 1-1 的信令流程说明如下。

- Steps 1～8：对应的是切换准备过程，该过程类似于 3GPP TS43.129 定义的 2G/3G 分组域增强 ISHO。
- Steps 9～10：在源 UPE 和目标 UPE 之间建立临时的 IP 前转隧道，用来支持平滑的切换，减少丢包率（可选功能）。

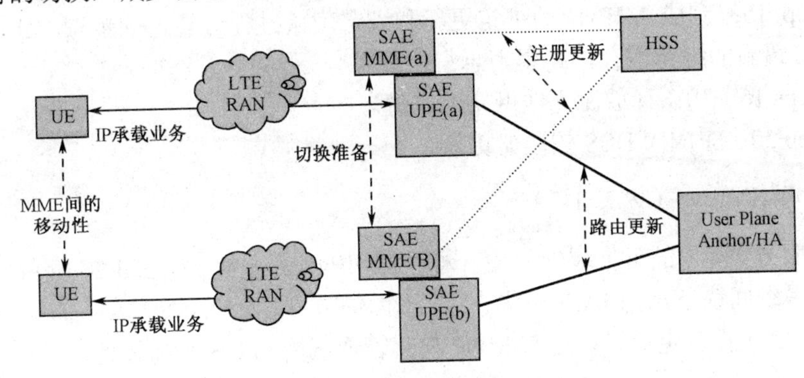

图 4.18　MME 间移动性解决方案 1-1（采用 MIPv6）

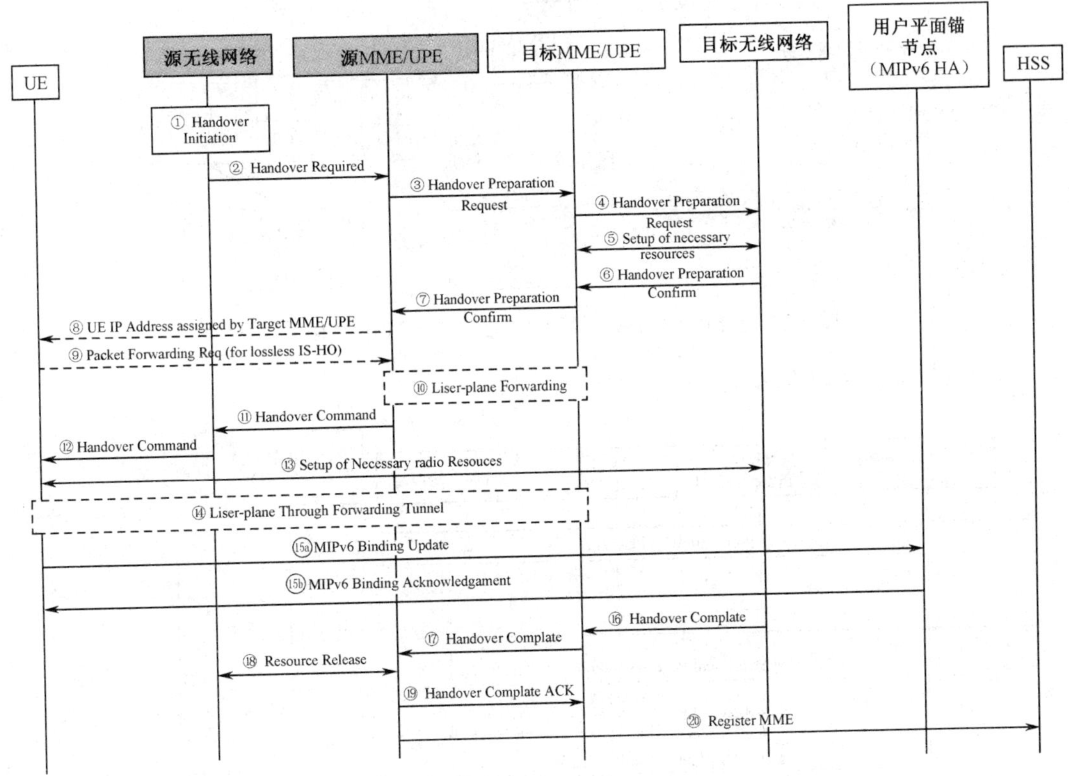

图 4.19　方案 1-1 的信令流程

- Steps 11～12：指示切换准备过程已经完成，由源无线网络发起切换命令。
- Steps 13～14：UE 与目标无线系统之间建立必要的无线资源连接。如果之前已经建立了临时 IP 前转隧道，此时，UE 就可以通过临时 IP 前转隧道发送和接收分组数据了。如果之前没有建立前转隧道，那么 UE 就只有等到 Step 15 完成后才能开始收发数据。

- Step 15：完成 MIPv6 的绑定更新和绑定确认过程。通过该步骤，HA 上存储了 UE 最新的绑定缓存，路由消息得以更新。
- Steps 16～19：释放源无线网络的资源。
- Step 20：完成向 HSS 的注册更新。

（2）采用 HMIPv6（方案 1-2）

为了克服方案 1-1 的可扩展性问题，采用 HMIPv6 的方案，如图 4.20 所示。其中，HA 部署在接入系统间锚节点，MAP 部署在用户平面锚节点。当 UE 在 MAP 管理域内移动时，只需要向 MAP 进行绑定更新。通常 MAP 与其管理域内的 UE 距离较近。

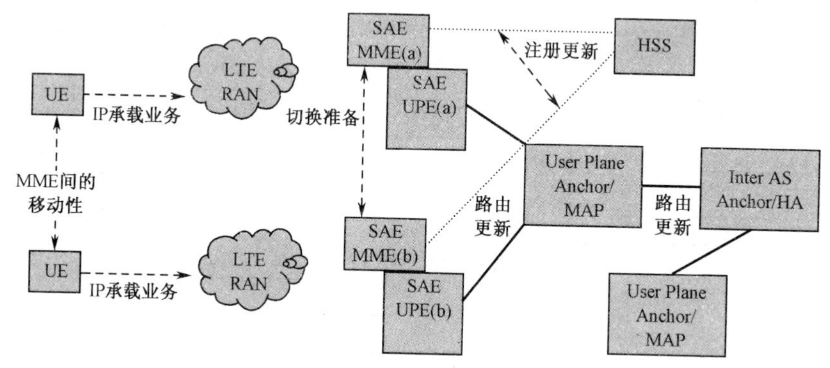

图 4.20　MME 间的移动性解决方案 1-2（采用 HMIPv6）

信令流程如图 4.21 所示。

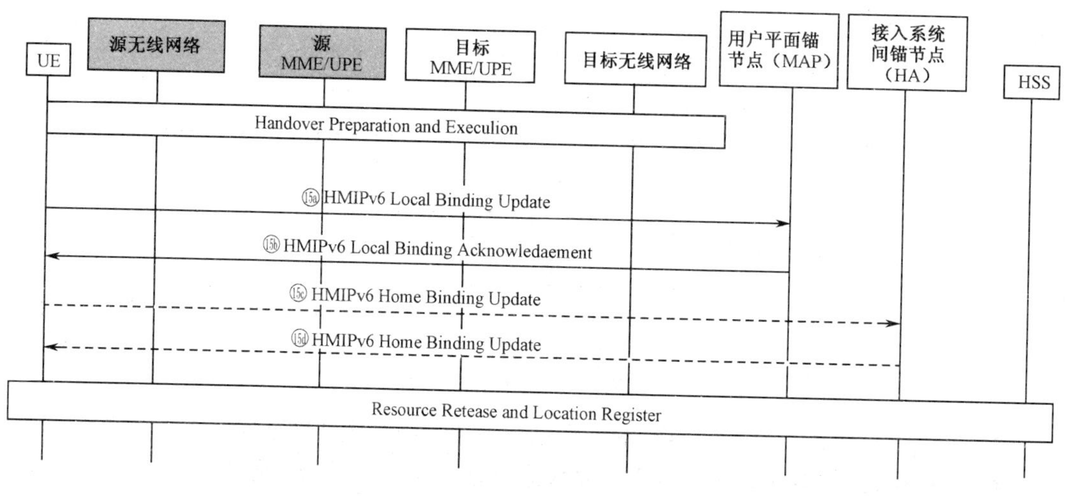

图 4.21　方案 1-2 的信令流程

以上信令流程只画出了与方案 1-1 的不同之处，即移动 IP 绑定更新过程，而切换准备、执行以及注册更新过程都与方案 1-1 相同。MN 在没有跨越 MAP 域时，只需要在 MAP 上进行本地“绑定更新”（Step15a，Step15b）；MN 在跨越 MAP 域时，除了需要在 MAP 上进行本地“绑定更新”，还要向 HA 进行“绑定更新”（Step15c，Step15d）。

2．3GPP 系统间的切换场景

3GPP 系统间切换是指 3GPP SAE 与 2G/3G 系统之间的切换。与前一场景有相似之处，该场景其中的一个接入系统为 2G/3G 系统，同样也可以采用两种方案来解决移动性问题。

（1）采用 MIPv6（方案 2-1）

方案 2-1 的信令流程与方案 1-1 相似，不同之处是 HA 的位置，如图 4.22 所示。因为此处的场景是不同系统间的切换，所以 HA 一定部署在接入系统间锚节点。图 4.22 显示的是从 2G/3G 系统向 SAE 系统切换，在切换准备过程中，2G/3GMME 会将 UE 的上下文信息发送给 SAE MME。

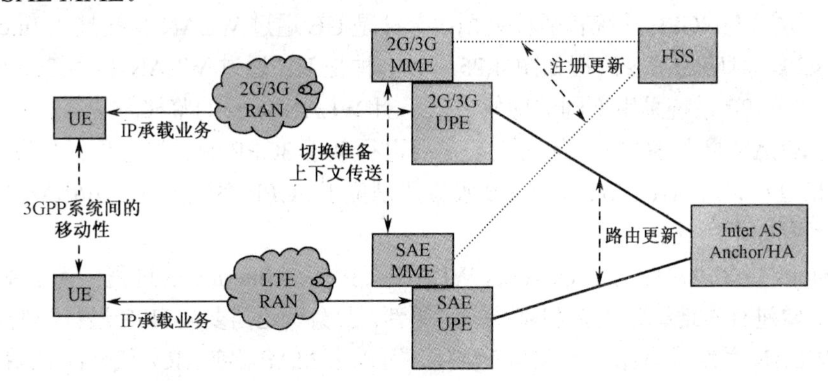

图 4.22　3GPP 系统间移动性解决方案 2-1（采用 MIPv6）

（2）采用 HMIPv6（方案 2-2）

在 3GPP 系统间切换场景中采用 HMIPv6 的主要目的是支持 SAE 的逐步部署。因为 SAE 部署初期将是小范围的，那么 UE 在大范围内的移动性仍需要 2G/3G 网络来支持。这种情况下采用 HMIPv6 具有优势，如图 4.23 所示。接入系统间锚节点可以形成分级结构，UE 在开机状态下会选择或被分配一个 HA，并在随后的通信过程中一直保持。为了减少 UE 移动性对 HA 选择的影响，HA 通常处于较高层次。而 MAP 处于较低的层次，管理某一区域的移动性。即 UE 在某个区域内移动时，只向 MAP 绑定更新，减少了 UE 处于访问网络时向 HA 绑定更新的时延。

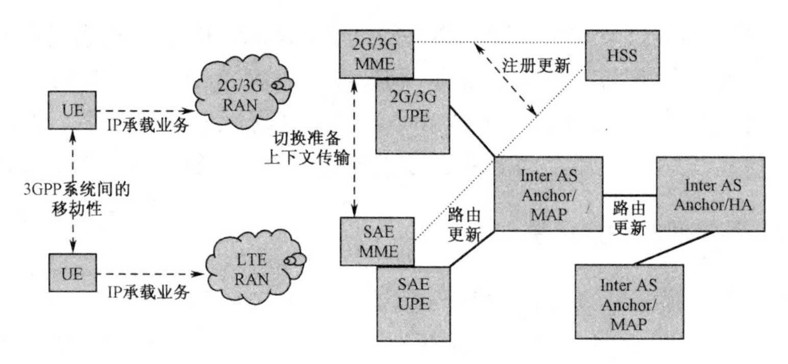

图 4.23　3GPP 系统间的移动性解决方案 2-2（采用 HMIPv6）

（3）3GPP 系统与非 3GPP 系统间的切换场景

非 3GPP 系统的典型代表是 WLAN 系统。因为 WLAN 就是为提供“热点”覆盖或个人无线接入而设计的，所以，3GPP 系统与 WLAN 之间一定是重叠覆盖的关系，即 WLAN 提供小范围、高速率的覆盖，而 3GPP 系统提供大范围、低速率的覆盖。这种场景类似方案 2-2 所针对的问题，我们这里仅考虑采用 HMIPv6 的解决方案。

WLAN 系统与 3GPP 系统有两种关系：一种是 UE 通过 WLAN 直接接入 Internet，网络结构如图 4.24，对应的信令流程如图 4.25；另一种是 UE 通过 WLAN 接入 3GPP 系统，由于 WLAN 与 3GPP 系统采用不同的鉴权方式，且 WLAN 本身的鉴权方法存在一定的缺陷。UE 在通过 WLAN 接入 3GPP 系统时，一定要进行基于 3GPP 的鉴权过程。如图 4.26 所示，WLAN 鉴权过程采用 AAA 协议，AAA 服务器是位于 3GPP 系统内的 3GPP AAA 服务器。

信令流程如下所述。

- Steps 1～6：对应的是 UE 通过 WLAN 直接接入 Internet 的过程，为了支持移动性，需要进行本地绑定更新和家乡绑定更新。另外，还需要向 HSS 进行注册更新。因为 WLAN 系统没有相应的 MME 实体，可以由 MAP（或 AR）代替向 HSS 注册更新，此时，MAP（AR）的功能需要增强。图 4.25 中采用 MAP 进行注册更新进行操作。
- Steps 7～9：是 UE 向目标 3GPP 系统接入的过程，包括鉴权、地址分配和无线资源建立。此处的鉴权是 3GPP 系统对 UE 的鉴权，是由于 UE 在接入 WLAN 时没有采用 3GPP 系统的鉴权方式。需要注意的是，此时的切换是由 MN 发起的，并且没有相应的切换准备过程，与前两种场景不同。原因是 AR 和 MME 之间没有交互信息。
- Steps 10～13：UE 通过目标系统进行本地绑定更新以及目标 MME 向 HSS 进行注册更新。在 UE 完成新的本地绑定更新后，分组数据即可以通过新的链路传输了。

方案 3-2 是 UE 通过 WLAN 接入 3GPP 系统的情况，与前一种情况的区别是，UE 在接入 WLAN 时就需要进行基于 3GPP 的鉴权，所以 UE 在向 3GPP 系统切换时相关的鉴权过程可省略。图 4.26 中增加的实体是 HSS，负责 UE 接入时的鉴权和密钥分配，详细介绍参见

3GPP TR22.934。另外，还可以考虑增强 3GPP 网络架构中分组数据网关（PDG）的功能，使 PDG 能够和 MME 之间交互信息，进行切换准备，该方案的信令流程与方案 1-2 类似。

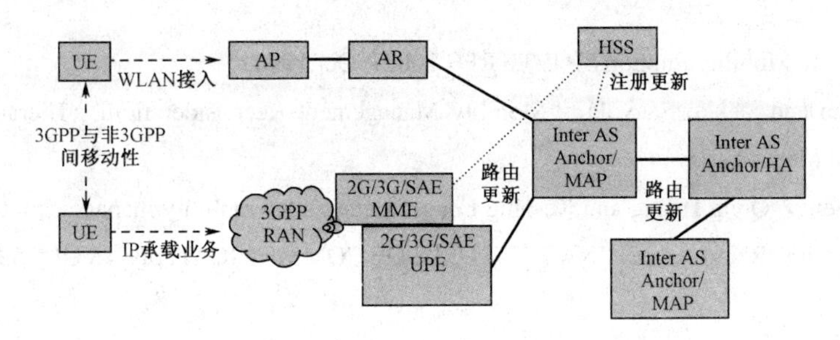

图 4.24　3GPP 系统和非 3GPP 系统间的移动性解决方案 3-1（采用 HMIPv6）

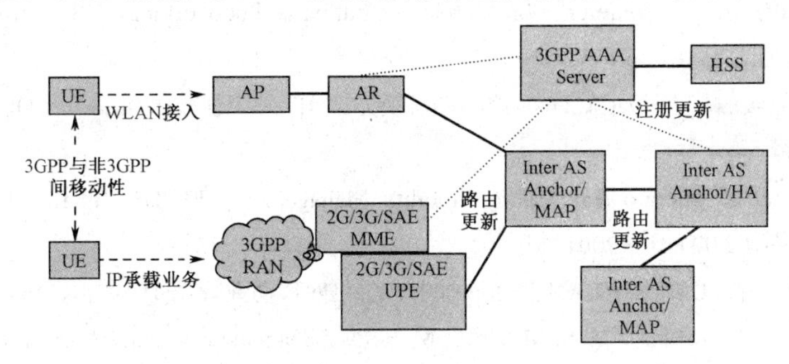

图 4.25　非 3GPP 系统向 3GPP 系统切换的信令流程

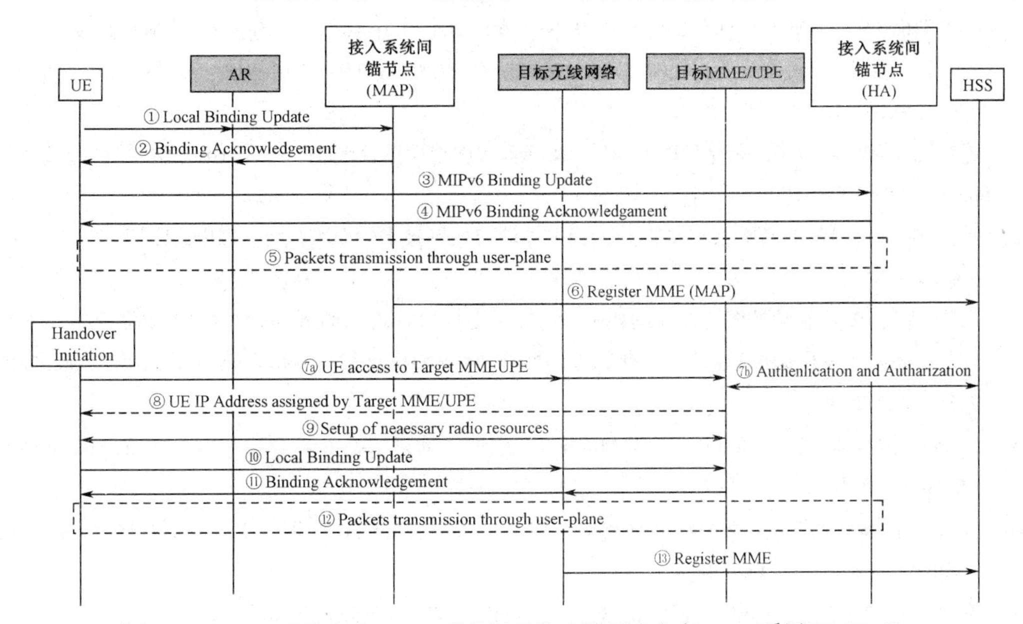

图 4.26　3GPP 系统和非 3GPP 系统间的移动性解决方案 3-2（采用 HMIPv6）

参 考 文 献

[1] C. Perkins，"IP Mobility Support，" IETF RFC 2002，Oct.1996.

[2] Jun-Zhao Sun and jaakko Sauvola，"Mobility Management Reconsideration： Hierarchical Model and Flow Control Methodology".

[3] Qian-Bin Chen ，Qong Huang and Ke-ping Long，Generalized mobility management for next generation network[J]， JOURNAL OF CHINA INSTITUTE OF COMMUNICATION，VOL.25 No.12 Dec.2004：pp.65～70.

[4] Alex C. Snoeren and H. Balakrishnan，An end-to-end approach to host mobility[C]，in Proceedings of the sixth annual international conference on Mobile computing and networking， Boston， Massachusetts，United States Aug.2000：pp.155～166.

[5] 王利，等. 轻量级的基于移动SCTP的IP移动解决方案[J]. 华中科技大学学报. VOL.31 (12) Dec.2003：pp.11～14.

[6] H Soliman ，et al. Hierarchical MIPv6 Mobility Management[Z].IETF，Internet Draft ，draft2 ietf2 mobileip2 hmipv62 07.txt ，2001.

[7] 张鹏，杨淼，纪阳. UMTS-WLAN 互通系统中多层化的移动性管理[J]. 数据通信，2004.4.

[8] I. F. Akyildiz， J. McNair， J. S. M. Ho， Mobility management in current and future communication networks[J]，IEEE Network Magazine，vol.12， pp.39～49， Aug. 1998.

[9] 3GPP TR 23.922，Architecture for an All-IP Network.rel.4，http：//www. 3gpp.org，Mar.2001.

[10] 陈前斌，黄琼，隆克平. 下一代网络通用移动性管理技术初探[J]，通信学报 vol. 25（12）， pp.65～70， Dec.2004.

[11] 陈辅民，苏森，陈俊亮. 融合 SIP 和 MIP-LR 的多层次移动性管理[J]. 北京邮电大学学报，vol.27（6），pp.97～100， Dec.2004.

[12] 冯瑞军. 基于 IP 的新一代移动性管理相关理论与关键技术的研究. 北京邮电大学博士学位论文，2004.4.

[13] 方波. 基于 IP 的移动性管理性能的相关理论和关键技术研究. 北京邮电大学博士学位论文，2005.4.

[14] 汪静，王能. 基于多协议层联合优化的移动性管理技术[J]. 计算机应用，vol. 26（10）， pp.2285～2288，Oct. 2006.

[15] 焦燕鸿，侯自强，张宇. Mobile SIP 与 Mobile IP 的比较，北京邮电大学学报[J]. vol. 27（Sup.），pp.62～66，Mar. 2004.

[16] 李军，宋梅，宋俊德. 下一代移动通信网中一种新的移动性管理模型[J]. 山东大学学报，Vol.40（Supp）：pp.9～12，Oct.2005.

[17] 3GPP TR 22. 934. Feasibility study on 3GPP system to WLAN interworking.

[18] 3GPP TS 23. 234. 3GPP to WLAN Interworking System Description.

[19] RFC 3261. Session Initiation protocol.

[20] Ian F.Akyildiz，Wireless mesh networks： a survey[J]，Computer Networks，Vol.47：pp.1～2.Oct.2005.

[21] 方旭明，马忠建. 无线 Mesh 网络跨层设计研究[J]. 数据通信，pp.15～20，2005.4.

[22] 傲丹，方旭明，马忠建. 无线网格网关键技术及其应用[J]. 电讯技术，pp.16～22，2005.2.

[23] 田峰，杨震. 基于 Mesh 技术的网络融合与协同[J]. 中兴通讯技术，2008.3.

[24] 胡晓. 基于 IP 的网络层移动性管理的若干相关理论和关键技术研究. 北京邮电大学博士学位论文，2006.4.

[25] http：//www.3gpp.org.

第5章 异构无线网络资源管理

本章要点

- B3G Multi-Radio 多接入网络场景
- “ABC”概念
- 环境感知网络
- 异构无线资源管理
- 3GPP LTE 与 WiMAX 网络融合方案的实例
- 异构环境中联合无线资源管理模式

本章导读

本章首先介绍了异构无线接入网络参考模型，接着引入了“Always Best Connected，ABC”和环境感知网络的概念；然后讨论了在链路层面实现异构无线网络间整合的相关内容，提出了一种通用的 B3G Multi-Radio 接入架构，并详细阐述了两种重要的功能实体：GLL 和 MRRM；最后重点论述了异构网络环境中集中式、分布式和分级式联合无线资源管理的架构和管理机制。

5.1 引　　言

随着无线技术的迅速发展，未来通信网络越发异构化，各网络将经历从隔离到互通、从互通到协同的演进，通过网络间的融合与协同，对分离的、局部的优势能力与资源进行有序的整合，各种网络互连互通、协同工作，提供覆盖广、宽带、具有移动性且费用低廉的接入服务，成为下一代无线通信系统的发展方向。由于无线通信网络朝着高速化、宽带化、泛在化的方向发展，各种无线接入技术纷纷涌现，使得未来网络的异构性更加突出。在异构网络融合架构下，如何充分利用不同网络间的互补特性，实现异构无线网络技术的有机融合，如何使任何用户在任何时间、任何地点都能获得具有 QoS 保证的服务，最优化异构无线网络资源管理系统架构、接入网络选择和异构终端架构等工作，都需要大量的研究投入。传统移动通信系统的资源管理算法已经被广泛地研究，并取得了丰硕的成果。在异构网络融合系统中，无线资源管理由于接入网络的异构性，用户的移动性、资源和用户需求的多样性和不确定性，所以，针对异构无线资源管理架构和算法设计等一系列课题，需要更加深入的研究。

5.2　B3G Multi-Radio 多接入网络场景

无线通信的发展，出现了无线局域网（WLAN），WiMAX，Wi-Fi，3G 和 B3G 移动通信网络等多种新型的采用不同组网技术的异构网络，给人们的工作和生活方式带来了深刻变革。但人们在体验着通信技术带来的获取信息越来越便利的同时，由于无线通信网络正朝着高速化、宽带化、泛在化的方向发展，各种无线接入技术纷纷涌现，使得未来网络的异构性更加突出，不仅在无线接入方面，而且在终端、网络、业务和系统设计理念等方面，也都呈现异构化和多样化的趋势。

B3G Multi-Radio 多接入网络场景如图 5.1 所示，不同无线接入网重叠覆盖情形将会形成以下 3 种典型的无线多接入场景。

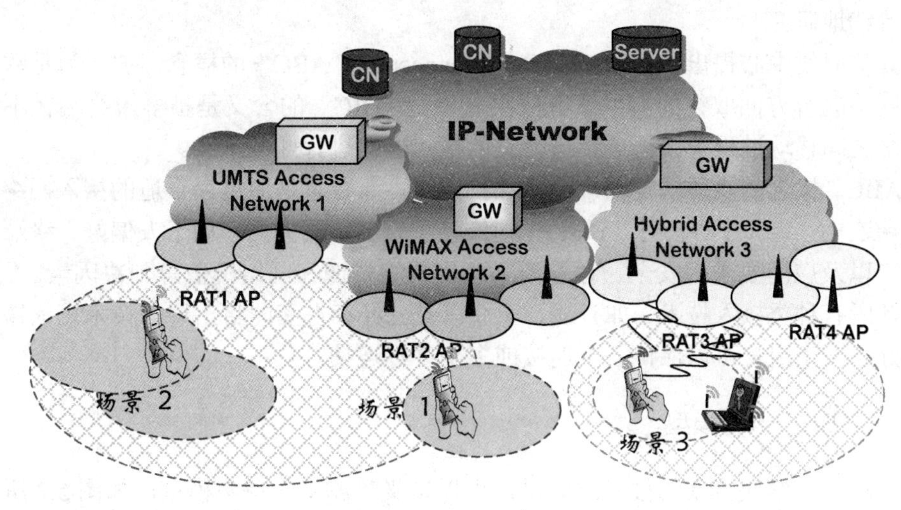

图 5.1　B3G Multi-Radio 多接入网络场景

（1）场景 1：边缘重叠覆盖

移动节点处于多个不同无线接入网重叠覆盖的区域，其重叠区域由多个小区的边缘重叠覆盖形成；其特点是重叠覆盖区域中存在多个可用的无线链路，但是由于是网络边缘的重叠覆盖，数据传输质量不能得到保证。这种场景的典型代表是热点区域覆盖和非热点区域覆盖区域的结合部。

（2）场景 2：嵌套重叠覆盖

移动节点处于两种无线接入网完全重叠覆盖区域，与场景 1 不同的是多个异种小区呈现嵌套式重叠覆盖，移动节点具有两个以上稳定的无线链路，其典型代表是热点区域。

（3）场景 3：嵌套重叠覆盖

移动节点处于同一个无线接入网络完全重叠覆盖区域，具有两个以上稳定的无线接入链路，且不同的无线接入链路归属于同一个无线接入网络。这种场景的典型代表是前面提到的家庭或娱乐热点区域。如果单纯从小区形成的重叠覆盖情形看，场景 2 和场景 3 没有太大区别，但从网络侧来看，两种场景下的移动性管理和多链路并行传输解决方案完全不同。

5.3　"ABC"概念

异构无线网络融合是一个庞大复杂的课题，业内的研发机构纷纷投入了大量的精力进行研究。目前，欧盟在该领域的研究进展居于领先地位，虽然他们已经提出了一系列新的概念和理论，但研究进程仍处于初始阶段，一些关键问题还没有令人信服的解决方案，需要深入持续地研究。

爱立信研发中心提出了“Always Best Connection，ABC”的概念，被认为是欧盟在异构无线网络融合方面取得的典型研究成果之一。“ABC”的含义是指多模终端在不同无线接入网络之间移动过程中，将选择最适宜的接入方式进行业务承载。

“ABC”概念的实质就是用户总是保持连接，而且总是通过最合适的接入网络，最恰当的终端连接。定义中“最好（Best）”则依赖于许多不同方面，如个人偏好、终端的能力和尺寸，以及应用要求、安全、运营商、可用网络资源和网络覆盖等判决因素。“ABC”概念包括所有种类接入技术，如有线、无线以及已经存在和即将出现的技术。依靠应用服务和偏好，一个用户可以保持一个连接或多个并行连接。

1. “ABC”参考模型

从“ABC”解决方案的技术层面讲，可以定义“ABC”参考模型，如图 5.2 所示，其主要功能组件包括：

- “ABC”终端——需要 IP 连接，运行应用服务，有便携式笔记本电脑或拥有蓝牙接口的个人数字助理（PDA）；
- 接入设备——拥有物理接口连接到各种接入技术的终端；
- 接入网络（2G/3G/WLAN）——提供到 Internet 及运营商网络和 Intranet 的接入服务；
- “ABC”业务提供网络；
- 应用服务器；
- 企业网络；
- 融合终端；
- 通信终端。

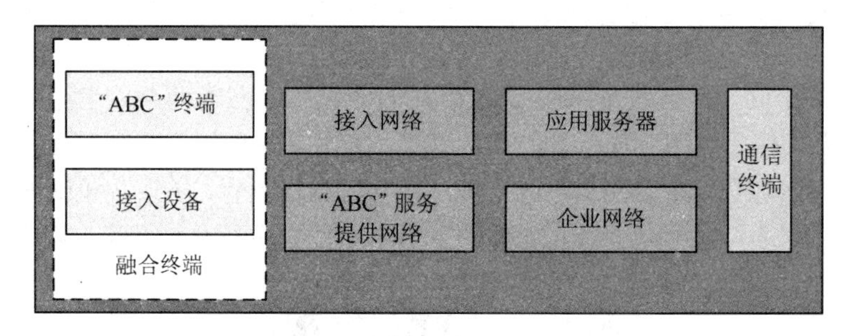

图 5.2　“ABC”参考模型

“ABC”终端和接入终端可能是相同装置。在个域网场景中，可能是几个“ABC”终端采用相同接入装置，或一个“ABC”终端采用各种接入装置。所有功能组件不必总是激活的或在所有“ABC”场景中出现。

2. “ABC”解决方案的功能组件

“ABC”解决方案涉及的功能模块如下：

- 接入发现；
- 接入选择；
- AAA 支持；
- 移动性管理；
- 档案处理；
- 内容适配。

部分功能实体需要在“ABC”终端或接入装置中实现，而其他部分需要在网络中实现。图 5.3 显示了每个功能实体。

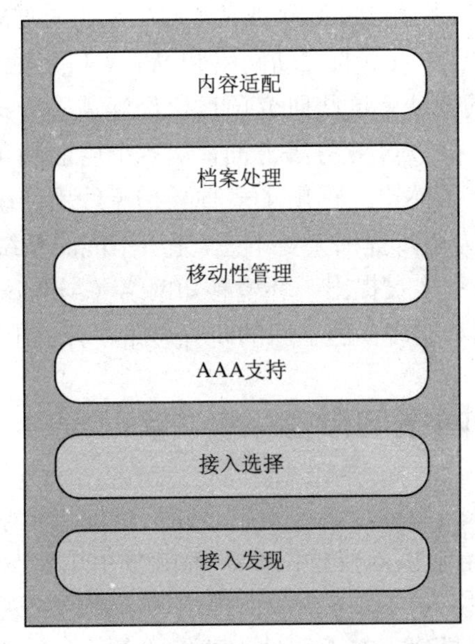

图 5.3 “ABC”解决方案的功能组件

“ABC”概念的核心是给用户提供连接性，通过多种接入技术、优化的应用性能和无缝移动性，提高用户感知。“ABC”的概念成为研究异构无线网络资源管理的准则之一，本文仅提供了“ABC”的功能架构。一个完整的“ABC”解决方案应该覆盖整个协议栈，从适应内容和会话的高层传输到接入发现和实时移动性的底层。其中一个技术挑战就是在维持当前存在接入网络安全性的前提下，增加新的接入技术到架构中，可以按照用户的需求，总是提供最优的 QoS 保证，从而创造新的商业运行模式，提供新的业务种类。从不同的角度考虑，“ABC”问题的解决方案也不尽相同。如果从运营者的角度考虑该问题，“ABC”就是如何尽可能减少网络资源占用的情况下，保证每个用户的最小 QoS 需求；而从终端用户的角度考虑该问题，“ABC”就是在如何尽可能减少用户资费的情况下，最大化业务的QoS需求；“ABC”问题对于确定在多接入系统中选择目标网络的准则具有一定的参考价值。但是，“ABC”的问题是定义过于宽泛，且没有涉及在接入网重新选择的过程中如何保持业务的连续性，以及如何利用多个接口提供优化的数据传输能力。目前，“ABC”的研究进展尚停留在概念阶段，还有待深入地研究和探讨。

5.4 环境感知网络

近年来，针对异构无线网络融合问题，研究人员相继提出了不同的解决方案。欧盟的信息社会技术（IST）系列研究项目最具代表性，其中BRAIN项目提出了WLAN与通用移动通信系统（UMTS）融合的开放体系结构；DRiVE项目详细研究了蜂窝网和广播网的融合问题；WINEGLASS则从用户的角度研究了WLAN与UMTS的融合；MOBYDICK项目重点探讨了在IPv6网络体系下的移动网络和WLAN的融合问题；MONASIDRE首次定义了用于异构网络管理的模块。这些研究项目已经涵盖了异构无线网络融合架构、无线接入、资源管理、终端设计和QoS业务等方面，从多个层面和角度对异构网络融合问题进行了有意义的尝试和探索。虽然已经提出了多种异构无线网络融合的思路和方法，但与多种异构网络融合的目标，即为用户提供无处不在、无所不能的系统和业务仍相距甚远。在IST第六框架研究中，欧洲的研究人员提出了环境感知网络（Ambient Networks，AN）的概念，则为多种异构网络融合理论和实现提出了新的研究思路，开辟出更为广阔的研究空间。

5.4.1 环境感知网络的概念

Ambient Networks项目的目标是通过环境感知网络促进未来异构无线移动网络之间的有效互连和协作，使用户无论接入何种网络，都能享用丰富易用的服务。环境感知网络（AN）是一种基于异构网络间的动态合成而提出的全新网络观念，它不是以拼凑的方式对现有的体系进行扩充，而是建立在不同技术的组合及网络动态协作之上，有效利用现有的基础网络设施和接入手段，通过制定即时的网间协议为用户提供访问任意网络（包括移动个人网络）的能力，尽量避免增加新的网络技术到现有网络体系中。

环境感知网络的功能架构如图5.4所示，主要由AN控制空间（ACS）和AN连通性单元组成，如图5.5所示，ACS由一系列的控制功能实体组成，包括支持多无线接入、网络连通性、移动性、安全性和网络管理等的实体以及多无线资源管理模块和通用链路层。不同AN的ACS通过环境网络接口（ANI）通信，并通过环境服务接口来面对各种应用和服务。

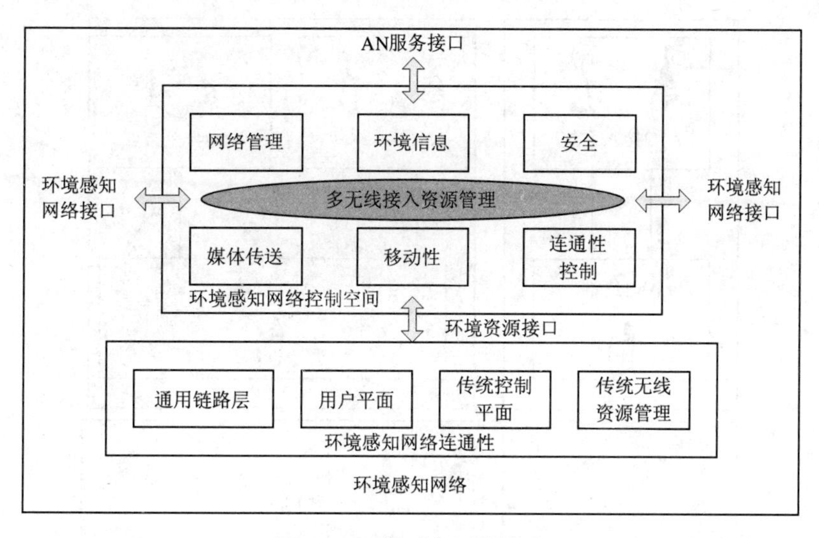

图 5.4　环境感知网络构成

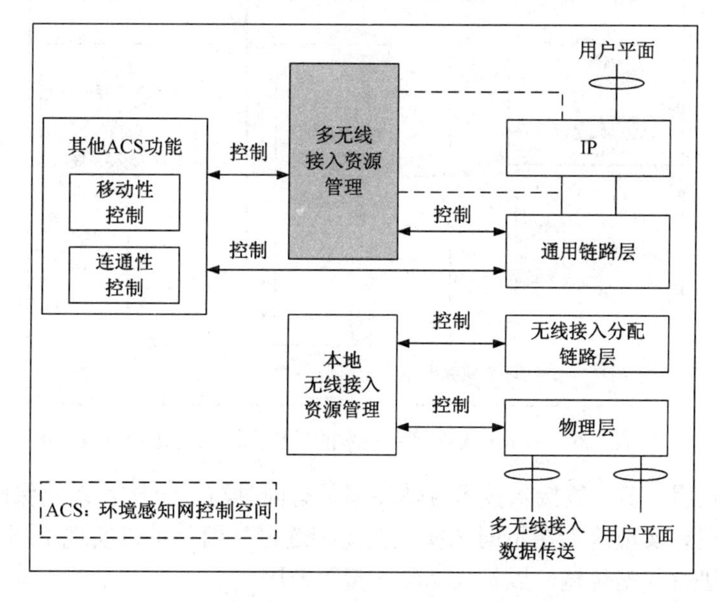

图 5.5　环境感知网络控制空间实现架构

5.4.2　基于异构网络融合的多无线接入应用场景

AN 最大的特点就是采用了多无线接入技术。图 5.6 给出多无线接入技术在异构网络融合中的应用场景。

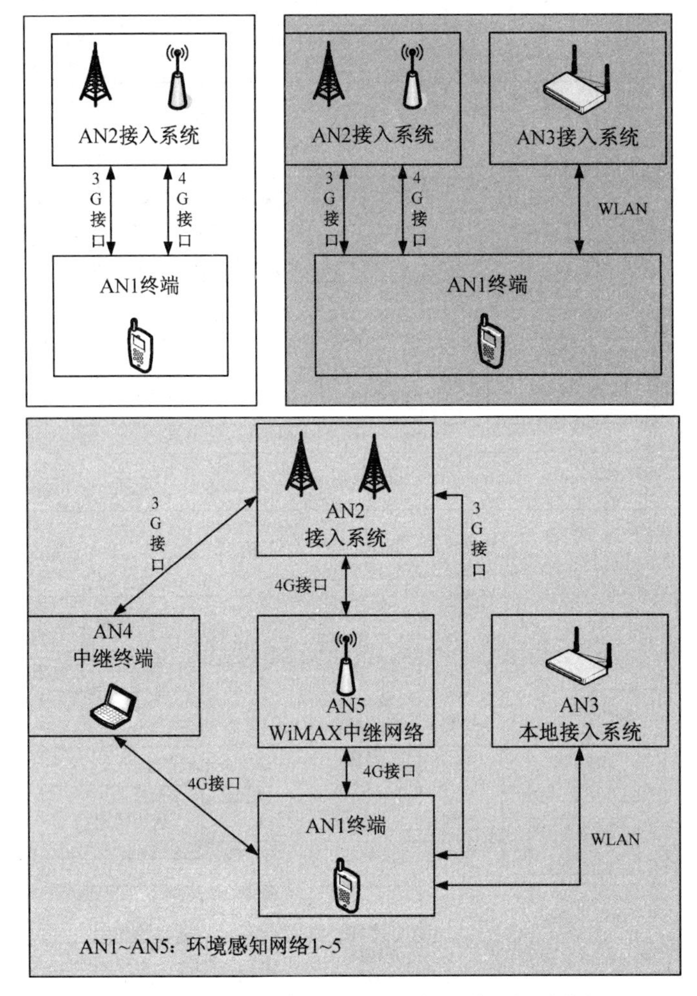

图 5.6　基于多无线接入技术的异构无线网络融合场景

图 5.6 中表明，多无线接入技术可使终端具有同时与一个接入系统保持多个独立连接的能力，不仅可以实现终端在不同 AN 间的无缝连接，而且可以实现不同终端在不同 AN 间以多跳方式进行数据传输，以扩大 AN 的覆盖范围。

在环境感知网络架构中，核心组件 ACS 中的多无线接入及其资源分配和管理模块尤显重要，是 AN 实现异构网络互连的第一步，也是其他一切提供面向用户的异构网络服务的基础。多无线协作技术是多无线接入技术的延伸和扩展，主要功能是实现多无线电间资源共享和不同 AN 间的动态协同。其他功能还包括有效的信息广播、发现和选择无线电接入，允许用户利用多无线电接口同时发送和接收数据，以及支持多无线电多跳通信等。

5.4.3　基于环境感知网络的异构无线网络融合与协同

环境感知网络的概念为实现未来异构网络的融合与协同开辟了新的研究思路。随着无线技术的迅速发展，各种无线网络经历了从隔离到互通、从互通到协同的演进。通过网络间的融合与协同，对分离的、局部的优势能力与资源进行有序的整合，从而最终使系统拥有自愈、自管理、自发现、自规划、自调整和自优化等一系列新的功能，使服务网络更加智能化。在环境感知网络中，网络不再被动地满足用户需求，而是主动感知用户场景的变化，并进行信息交互，通过分析个性化需求，主动提供服务。相应地，终端设备具备智能型接口及环境感知能力，使人们使用起来更加简单和方便。环境感知网络为未来的信息社会提供了一个美好的愿景：具有环境感知性；自组织，自愈性；泛在性，异构性；开放性，透明性；移动性，宽带性；多媒体，协同性；对称性，融合性等特征。由此可知，环境感知网络不是革命性的网络概念，而是对传统网络潜力的挖掘和网络效能的提升。

5.5　异构无线资源管理

5.5.1　异构无线资源管理的优势

在异构无线网络环境中，单一用户不能优化使用所有无线接入网络的频率资源和优化特征。通过采用异构无线资源管理的机制，可以获得如下优势：

- 增加可用资源、容量和服务等级；
- 基于无线传播条件，选择最优无线接入，增加频谱资源的使用；
- 对于业务而言，通过选择最恰当和最有效的无线承载，提高频谱使用效率；
- 最小化系统间切换时延；
- 在穿越多重无线接入时进行 QoS 资源预留；
- 非性能增益——对运营商而言，由于架构选项具有更大的灵活性，减少了信令和时延，可更好地协调档案处理；
- 提供许多产业机会——网络融合的结果可以产生新的业务类型和业务需求，改变整个产业链结构。

异构网络融合是一个崭新的概念，在一个通用的网络平台上提供多种业务，尽可能将各种类型的无线网络资源整合，满足用户的业务需求。异构无线网络的一个主要特征就是提供多种不同无线接入技术之间的互操作，WLAN 和 3G 网络的融合以及 Ad Hoc 网络与蜂窝网的融合都是异构无线网络融合的重要模式。异构无线网络融合技术可极大地提升蜂窝网络的性能，在支持传统业务的同时，也为引入新的服务创造了条件，成为支持异构网络互连和协同应用的新一代无线移动网络的热点技术。作为一种重要的未来无线移动网络的演化方式，异构无线网络融合技术近年来逐渐受到业界的高度重视和研究，必将产生巨大的经济效益和社会效益。

5.5.2　通用的 B3G Multi-Radio 接入架构

在 B3G 复杂的应用场景中，有必要设计一种通用的异构无线接入架构模型，将所有无线接入技术整合到一个统一的网络环境中，达到有效利用全网无线资源，为用户提供全球无缝漫游服务的目标。针对下一代移动通信网中 Multi-Radio 特殊的应用场景，采用模块化方法，设计可以整合和集成异构无线接入技术的架构模型，对于有效利用全网无线资源，提高移动节点的有效吞吐量，为用户提供高品质业务的 QoS 保证具有重要的意义。如图 5.7 所示，B3G 无线接入网络参考模型刻画出了 B3G 中复杂的无线接入场景，可作为异构无线网络资源管理研究和讨论的基础。

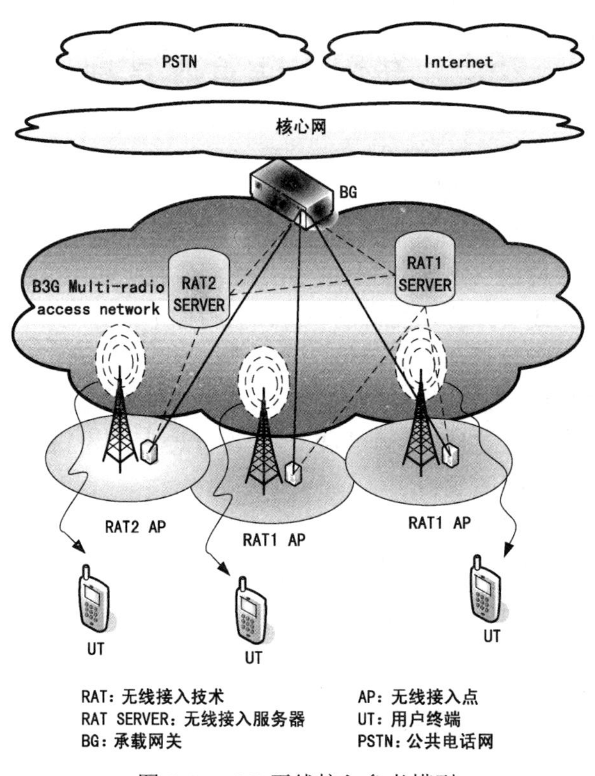

图 5.7　B3G 无线接入参考模型

通过总结和借鉴上述研究成果和概念，考虑在链路层面实现异构无线网络之间的整合，提出一种通用的 B3G Multi-Radio 接入架构（gMRA），如图 5.8 所示。

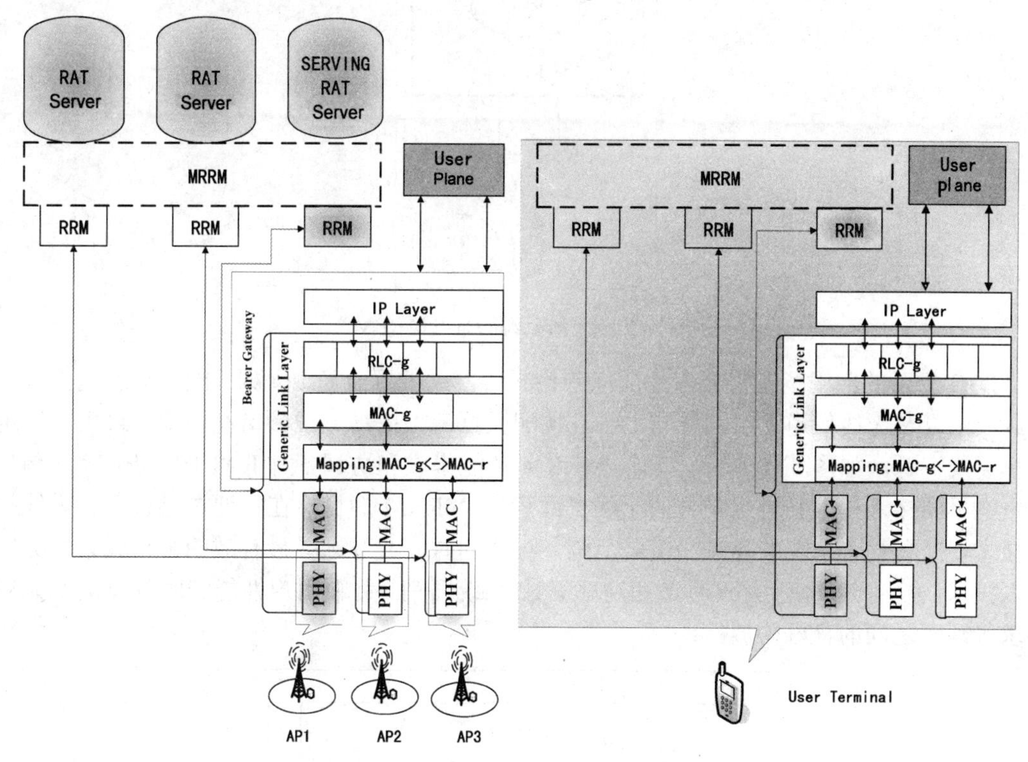

图 5.8　通用的 B3G Multi-Radio 接入架构

在通用的 B3G Multi-Radio 接入架构（gMRA）中设置两个关键的功能部件：Multi-Radio 无线资源管理（Multi-Radio Resource Management，MRRM）和通用链路层（Generic Link Layer，GLL）。两个功能实体之间相互协作，密切配合。一方面，对 B3G 中同时激活的无线资源进行有效管理，优化使用多个无线接口，实现异构无线系统间无缝切换；另一方面，根据网络负载情况，充分利用有限的带宽资源，完成接入网络间动态的负载均衡，提高全网的有效吞吐量。

5.5.3　Multi-Radio 无线资源管理（MRRM）

每种无线接入技术（RAT）都具备有效的无线资源管理机制（Local-RRM：L-RRM），也称传统无线资源管理模式，主要包括接纳控制、资源调度和移动性管理等控制平面的功能。如图 5.9 所示。

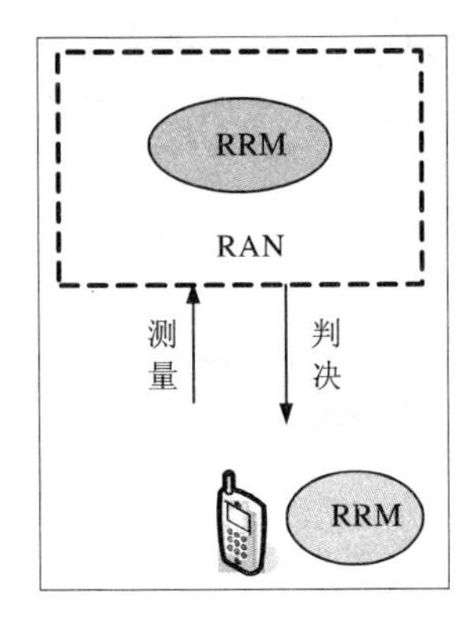

图 5.9　传统无线资源管理（L-RRM）

B3G 复杂的应用场景需要考虑面向异构无线网络的联合资源管理，能够动态适应业务承载要求以及无线信道质量的变化，合理调配数据流，提高无线频谱利用率，最大限度地共享无线资源。如图 5.10 所示，通过 MRRM 功能集成和协调各种 RAT 的 L-RRM 实体，负责在不同接入技术间进行联合的无线资源管理。MRRM 的目标在于通过融合多种无线接入技术，提高整个系统的容量和覆盖范围。与此同时，通过选择最有效的某个或某些无线接入技术，做到资源使用率（频谱和功率等）、系统开销、终端用户性能和服务质量（QoS）要求等因素之间的良好协调。

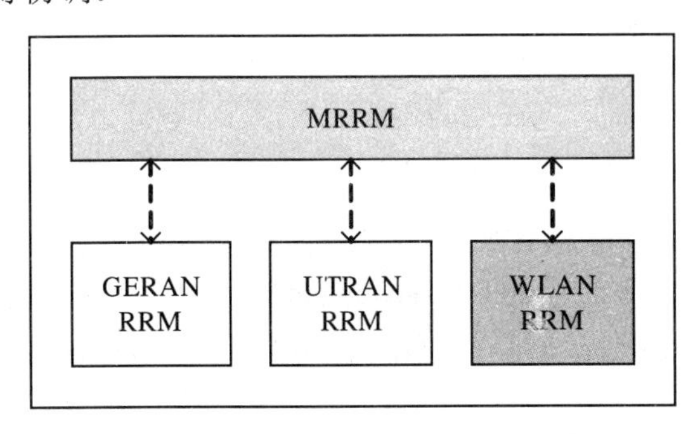

图 5.10　MRRM 和 L-RRM 的关系

1. MRRM 的逻辑结构

MRRM 在逻辑上可分为两部分：协调功能块和补充 RRM 功能块，这两个模块都建立在现有 RAT 的 L-RRM 功能块之上，如图 5.11 所示。

协调功能块的职责范围横跨多种可用的无线接入技术，主要功能包括动态发现可用接入技术、不同网络的 MRRM 之间的通信、接入方式选择、不同接入技术间的切换、拥塞控制、负载均衡和自适应协调多种无线接入网络的资源分配等。

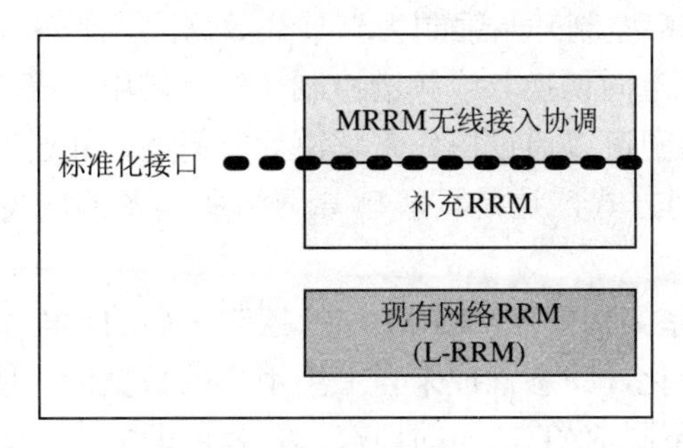

图 5.11 MRRM 逻辑结构示意图

补充 RRM 功能块是特别为某个无线接入技术设计的模块，并没有取代各种无线接入技术的 L-RRM 功能块，而是以一种补充方式存在。补充 RRM 功能块可以为现有的无线接入技术提供其缺少或改善其不适用的 RRM 功能，例如，可以为基于 IEEE 802.11 的 WLAN 提供接纳控制、拥塞控制和无线接入技术内部切换等其所不具备的功能。

一些现有网络的 L-RRM 可能已经具有协调功能，例如，3GPP 里的负载均衡和接入方式选择，虽然不是特别地在 AN 环境下开发的，但这些功能也可以被协调功能块使用。协调功能块和补充 RRM 功能块之间可通过建立标准化统一接口而分离。

2. MRRM 的功能

MRRM 作为控制平面的功能实体，运作在系统层、会话层和数据流层。在系统层，MRRM 横跨两个或多个无线接入技术，执行频谱、负载和拥塞控制。在会话层，MRRM 用于匹配相关的数据流，可以被系统层操作触发，也可直接被会话层 / 数据流层事件触发。在数据流层，MRRM 主要作用是建立和维持无线连接，而这种无线连接可能是由并行多跳路由构成的。

（1）会话层 / 数据流层功能

会话层 / 数据流层功能主要包括无线接入通告、无线接入发现和无线接入选择。对于一个动态的网络，适时地通告带宽等网络资源信息是非常重要的。无线接入通告应该向 MRRM 提供适当及充足的信息，可作为网络组合过程中协商开始的依据。无线接入通告的信息包括网络的存在及网络提供服务的能力，可能还包括费用信息等。无线接入发现利用通告信息来识别和监控可选的无线接入方式。无线接入选择在无线接入发现所确定的接入方式中为不同的数据流选出合适的接入方式。

（2）系统层功能

系统层功能主要是观察、监测、管理网络负载和资源利用率，横跨多个网络的 MRRM，保持对整体资源的控制，执行拥塞控制、负载均衡和频谱控制。软拥塞控制和负载均衡的目的在于探测即将来临的拥塞，并采取措施来预防真正拥塞的发生。如果软拥塞控制未能阻止硬拥塞的发生，硬拥塞控制开始强制丢弃某些数据流。此外，引入网络间的一些互动，包括网络间的负载均衡（定向切换）或频谱控制（信道借用）等，将会提高系统预防和解决拥塞的潜在能力。网络间可以通过协作来解决拥塞问题，并通过出售空闲频谱提供一个更有效和灵活的资源使用方式，这是环境感知网络所具备的而现有系统无法实现的新性能，需要进一步的研究。

总之，在 gMRA 体系架构中，MRRM 作为控制平面的功能实体，根据业务承载要求和底层无线信道质量的变化，动态管理来自上层用户的数据流，使之在无线接入网之间合理调度。MRRM 还控制不同 RAT 之间的切换，有效地调配所有无线资源，力求满足应用层对 QoS 的需求。MRRM 的功能可分布在用户终端侧，也可分布在网络侧。根据 B3G 的多种网络重叠覆盖的特点，MRRM 同时分布在网络侧和终端侧为最佳选择。如图 5.8 所示，在 gMRA 系统架构中，MRRM 的功能实体主要映射在 RAT Server 和多接口用户终端（UT）中。MRRM 主要功能包括系统整体的资源管理、RRM 功能的补充、对无线资源联合管理（如动态负载分配）、有效的接入发现和选择、数据流切换、会话接纳控制、通用链路层（GLL）控制和拥塞控制等。

5.5.4　通用链路层

未来通信系统呈现出多种无线接入技术并存的场景，面临的挑战就是提供一个多无线接入结构来实现异构无线接入网络的互连，并有效支持丰富多彩的服务。为了保证这种互连在用户和服务平面是透明的，需要在原有的链路层上进行扩展，增加 2.5 层功能模块即引入了通用链路层 GLL 的概念。GLL 位于具体无线接入技术的二层之上或部分取代二层，可被看做在原有协议层上增加的一个新的通信层，用来为不同的无线接入机制提供统一的链路层数据处理功能。引入 GLL 主要是为用户提供更好的服务质量，并在网络间提高资源的有效利用率。GLL 的设计可与 MAC 层进行不同程度的耦合，一般来说，耦合程度越高，系统互连的复杂度越高，但带来更高的多接入增益。GLL 的功能主要是作为不同接入技术的汇聚层，为上面的各种高层协议（如网络层）提供统一的接口，达到屏蔽不同无线接入技术差异的目的。

在上述 gMRA 系统架构中，除 MRRM 功能实体之外，通用链路层（GLL）是另一个核心功能实体。作为用户平面的功能部件，主要为不同的无线接入（RAT）提供通用的链路层数据处理，为上层提供统一接口，充当 Multi-RAT 汇聚层功能，隐藏底层 Multi-RAT 的异构性，将链路层上下文信息汇集到高层，实现不同 RAT 间无缝和零丢包的切换。在 B3G 参考模型中，GLL 被映射到承载网关（BG）和用户终端（UT）中实现，主要功能架构如图 5.12 所示。

GLL 作为简化的链路层集成方案，可以看成一种特殊的工具箱，包含两个子功能实体：RLC-g 和 MAC-g，针对不同 RAT 链路层的功能（MAC-r）进行归一化处理。在 MRRM 控制下，GLL 控制和补充多种无线接入（RAT）的 RLC/MAC-r，针对不同情况，被适配成具备各种已存和新建的无线接入标准，将来自上层应用要求映射（Mapping）到合适的 RAT 链路（从 MAC-g 映射到不同 MAC-r）。当用户数据流穿过多重 RAT 时，根据快速变化的无线传播环境，进行动态调度和 Multi-radio 数据流的宏分集，提高了业务的质量和鲁棒性。GLL 的功能包括数据排队、数据分段和重聚、差错恢复和重发以及加密等。

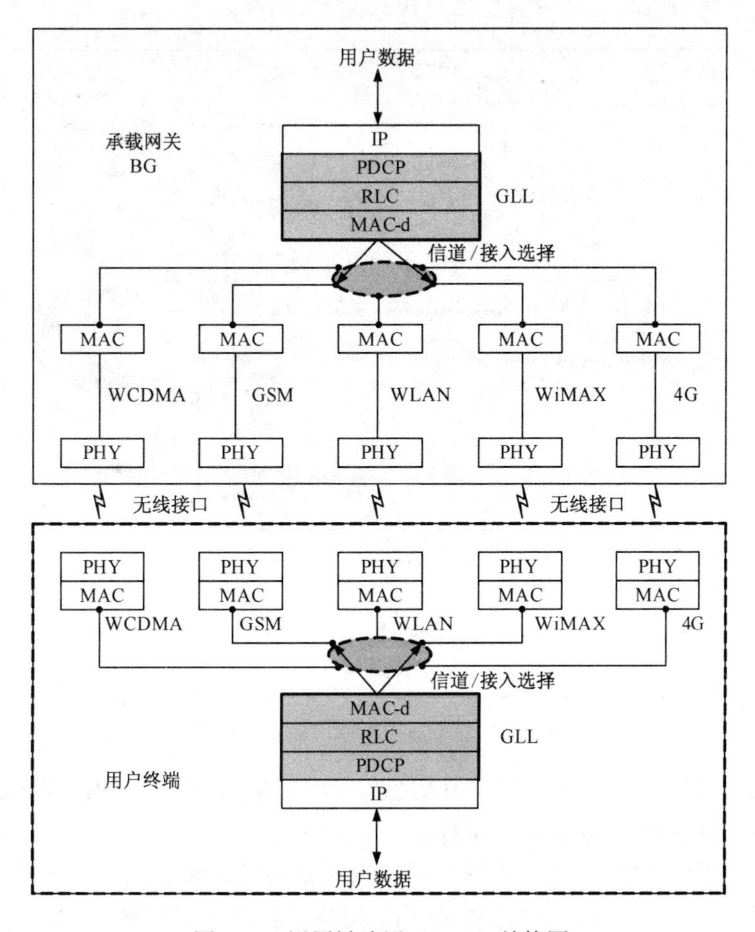

图 5.12　通用链路层（GLL）结构图

GLL 的逻辑结构可分为 4 个功能块：GLL-PDCP 控制、GLL-数据（Data）、GLL-无线链路控制（RLC）和 GLL-媒体接入控制（MAC）。GLL-PDCP 控制负责链路层配置和与 MRRM 的交互，包括接入选择控制、资源监测和性能监测等功能。GLL 通过 GLL-Data 进行移动性管理、缓冲器管理和传输环境信息，通过 GLL-Data 和 GLL-RLC 进行安全性管理，通过 GLL-Data 和 GLL-MAC 进行接入调度。GLL 通过 GLL-RLC 支持差错和流量控制以及数据分割和重组。

5.5.5　基于 GLL 的垂直切换过程

基于 GLL 平台，通过重配置的方法，可以无缝和无损的数据传输方式实现不同无线接入技术的转换，同时最小化通过无线链路传输的数据量。参考垂直切换过程中的上下文传输机制，基于通用链路层的垂直切换过程如图 5.13 所示。

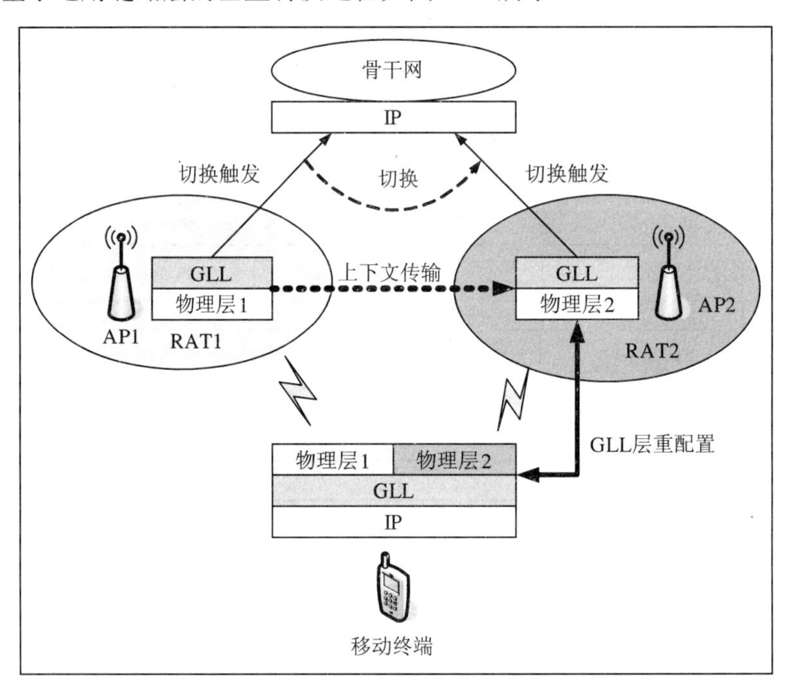

图 5.13　基于通用链路层的垂直切换

RAT1 的通用链路层为发送节点，RAT2 为通用链路层的接收节点。具体步骤如下：

① 通过链路层的指示触发切换执行。

② 从通用链路层的发送节点发送当前的通用链路层传输的上下文信息给切换后的通用链路层处理节点，上下文信息可能包括当前链路传输状态和配置等信息。

③ 按照新的无线接入技术重配置 GLL 实体，即按照新的无线接入技术的时隙格式，采用新的数据块大小进行数据分段和传输。GLL 层的接收节点维护旧的上下文信息，这是在接收节点重建切换前未能被完整传输的高层数据包所需要的。

④ 通过在 GLL 层接收节点的数据重建，旧上下文信息的高层数据中的未处理完部分通过新的无线连接进行传输。

⑤ 在完成旧上下文信息的传输后，数据传输将通过新的无线连接以正常工作方式继续进行。

5.5.6　MRRM 与 GLL 之间功能交互

在 gMRA 架构中，MRRM 虽然是属于控制平面的功能之一，但有些功能与用户平面紧密相关，甚至可以集成到其中。L-RRM 和 MRRM 中重要的控制功能就是处理配置和配置用户平面的功能。GLL 理所当然是用户平面的功能，但同时也承当部分控制平面的功能，将异构特性的 RAT 集成到一起。GLL 中一个重要的功能就是将来自高层的数据流动态倒换到合适的 RAT 中，而 MRRM 控制最佳接入路径的选择，通过控制正在服务的 RAT RRM（Serving RRM），对 GLL 进行配置和重配置。根据无线资源的可用情况和来自底层的判决信息，使数据流在不同的 RAT MAC-r 之间进行倒换。

5.6　3GPP LTE 与 WiMAX 网络融合方案的实例

随着用户对信息通信和带宽的需求不平衡且呈多样化的发展趋势，各种无线接入技术都有其生存和发展的空间。WiMAX 具有传输距离远、传输速率高、容量大、信道宽度灵活、安全性高等特点，并已推出最新的支持固定、移动接入的空中接口标准 IEEE 802.16e。与此同时，3GPP 组织也在积极开展 3G 的长期演进项目（LTE）的研究，采用了以 OFDM 为核心的关键技术，并计划陆续推出正式标准。针对 WiMAX“低移动性宽带 IP 接入”的定位，LTE 提出了相对应的需求，如相似的带宽、数据率和频谱效率指标，对低移动性进行优化，只支持分组域，强调广播 / 多播业务等。WiMAX 和 LTE 两种无线技术的融合具有潜在的优势及可能性：

- 从运营的角度看，WiMAX 的目标是要提供一种城域网区域点对多点的宽带无线接入手段，3GPP LTE 是定位于无线广域网范畴。WiMAX 可以作为 3G 及 LTE 网络的补充，在高速无线宽带接入领域发挥作用。
- 从技术的角度看，两者物理层都采用了相似的先进技术，如 OFDM、MIMO、自适应链路层技术以及分等级的多种 QoS 保证机制。两者都设计为基于全 IP 核心网的蜂窝式网络结构，在无线接入网络（RAN）的结构方面都弱化基站控制器设备实体，采用公共无线资源管理控制基站等概念，这些都为网络的互连及融合机制的研究及设计提供了良好的条件，如负载均衡、动态频谱分配和系统间无损切换等。
- 通用链路层技术（GLL）作为不同接入技术的汇聚层，为上面的各种高层协议（如网络层）提供统一的接口，达到屏蔽不同无线接入技术差异的目的。对不同接入技术的 RLC（无线链路控制）/MAC 功能进行控制及补充，达到资源的有效利用以及最大化应用层性能。

WiMAX 与 3GPP 长期演进项目（LTE）两种无线接入技术各有所长，在技术上又有许多共同点，两者网络融合是可能的。在研究异构网络中，引入 GLL 的目的是为不同的无线接入机制提供统一的链路层数据处理。引入 MRRM 的目的是完成异构无线网络间无线资源的协调管理，达到最优化无线资源利用率和最大化系统容量。基于通用链路层（GLL）和多接入无线资源管理（MRRM）机制为研究 WiMAX 与 3GPP LTE 的网络融合提供了理论基础。

5.6.1 基于 GLL 网络融合参考协议架构

采用 GLL 和 MRRM 后的 WiMAX 与 LTE 网络融合参考协议架构如图 5.14 所示。

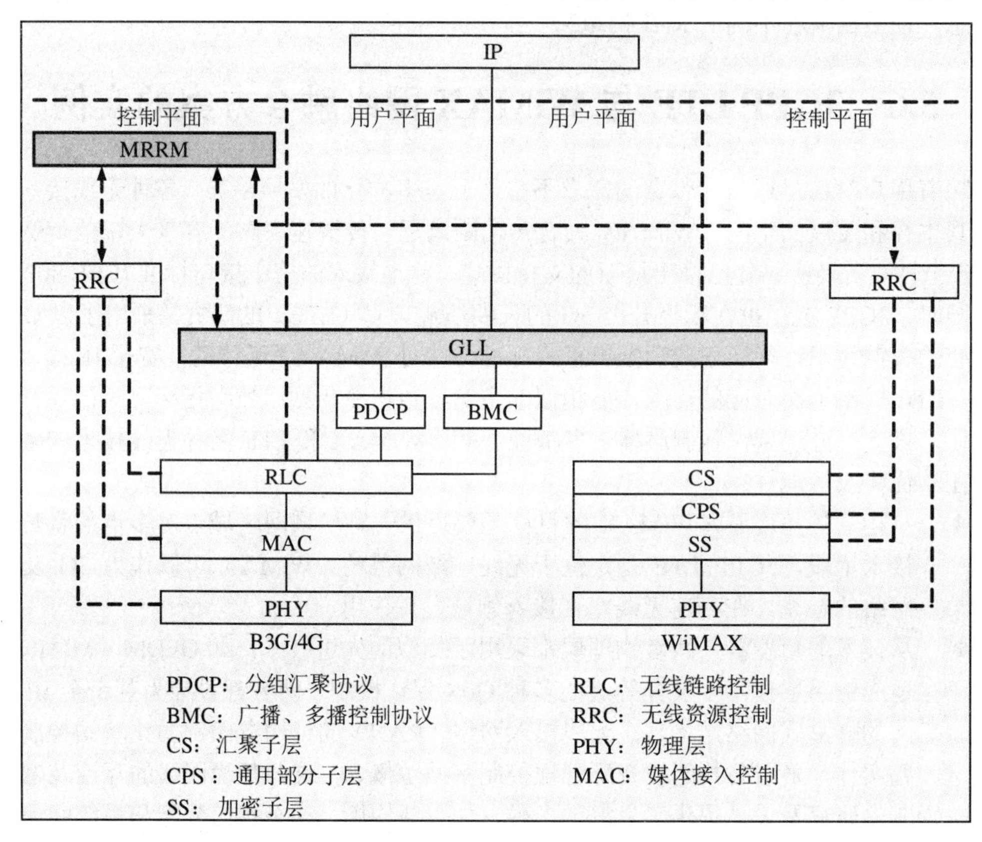

图 5.14 基于 GLL 网络融合参考协议架构

从网络架构可以看出，GLL 设置在原有协议层 2 之上，但在层 3 之下。按照 3GPP LTE 提出的控制与数据层面分离的演进思路，GLL 分别定义了控制平面（GLL）和用户平面（GLL）。在用户平面，基于不同网络的不同格式，MAC 数据通过 GLL 的用户平面层进行处理，提供给上层一个统一格式定义的数据流。在控制层面，GLL 将收集各网络的下层反馈信息，并传递到多接入无线资源管理模块（MRRM），以便进行动态的资源管理。

5.6.2　GLL 支持的新技术

在引入 GLL 的同时带来了两项关键技术：异构发送 / 接收分集和异构多跳技术。前者指的是业务流将通过多个接入网络进行串行或并行的传输，以获得多无线接入增益；后者则指多跳无线连接可以采用不同的无线接入技术。下面分别介绍。

1．异构发送 / 接收分集

主要思想是在异构融合网络环境中，将两个通信实体间的数据包（IP 或 MAC PDU）分配在基于不同的无线接入技术的链路上。由于采用不同的接入技术以及收发端间经历不同的信道衰落，在发送端可以选择一个或多个接入链路进行发送数据，而在接收端进行多链路的合并，可以获取空间分集及多接入（异构）分集增益，提高数据收发的可靠性，同时也提高了整个系统的资源利用率。

图 5.15 是基于 GLL 的异构发送 / 接收分集在下行链路的实现过程。上层的多用户分组数据 IP 包发送到 GLL，GLL 多接入分组调度器会在综合考虑信道质量、可用资源反馈以及错误重传状态等信息后，动态选择用户和申请接入的传输链路进行数据包发送。异构发送分集模型中包括以下 3 个重要的模块。

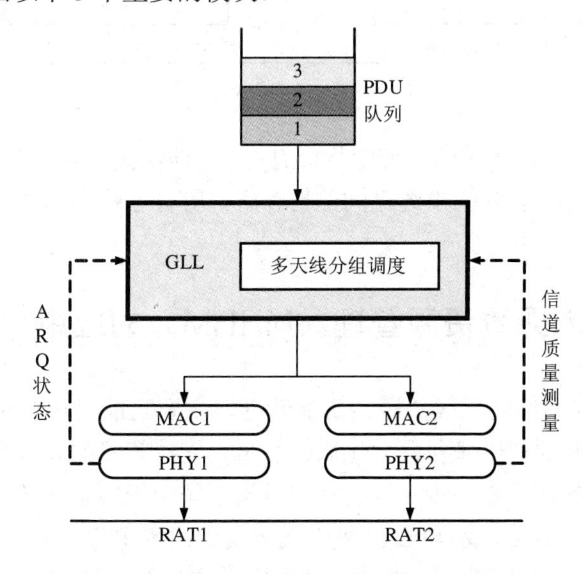

图 5.15　异构发送分集模型

- 接入选择及分组调度器：选择不同用户的数据在不同的接入链路上进行发送；
- 网络资源及承载状态信息反馈：提供必要的信息给接入选择及分组调度器以进行有效调度；

- 错误控制及反馈机制：利用多无线接入特性进行必要的重传，以提高无线传输的链路质量。

2. 异构多跳

主要思想是定义两个通信实体之间的中继节点，利用多种无线技术来实现异构多跳通信。异构中继节点被赋予了具有中继的新功能。传统的中继主要是为了提高小区的覆盖范围和提高小区边缘用户的通信质量，即同构多跳技术。异构多跳技术中的异构中继节点不但具有数据转发的功能，还必须能够完成不同无线接入技术的转化，使得使用某一特定接入技术的用户能够通过异构中继接入到不同的或非授权的网络中。如果在中继节点上增加GLL，将使传统的中继转变成为异构中继。异构中继的具体实现过程如图 5.16 所示。

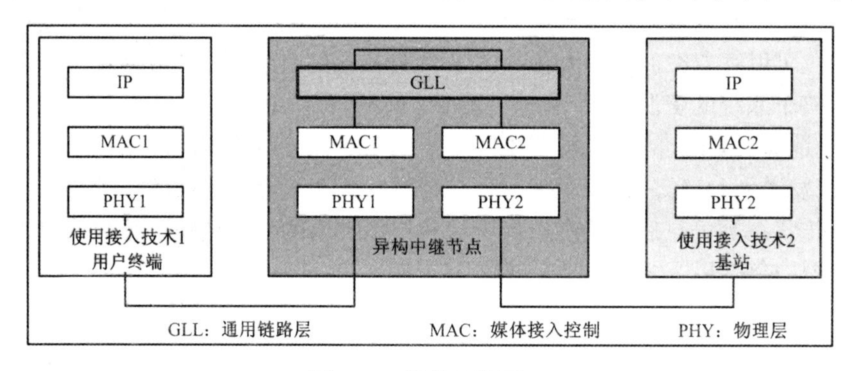

图 5.16　异构多跳原理

随着研究的深入，异构多跳的研究中将会有更多的热点值得关注，如异构中继的部署、异构多跳网络的资源调度和异构中继之间的协作等，所有这些关键技术都将推动异构无线资源管理的不断发展。

5.6.3　多接入无线资源管理（MRRM）的应用

MRRM 主要完成网络间无线资源的协调管理，主要功能目标是扩展容量和业务覆盖范围，最优化无线资源的利用率和最大化系统容量，支持智能的联合会话、接入控制以及不同无线接入技术间的切换和同步，从而完成异构系统中无线资源的分配。协同无线资源管理有两种实现方式：集中式或分布式。集中式协同无线资源管理能对资源进行统一管理，这种模式很容易达到全局资源最优使用和最大化系统收益的目标，但这种方式的灵活性较差。基于分布式控制的协同无线资源管理可以很好地解决覆盖范围扩展性等问题，使得布网非常便捷简单，但缺点是很难达到资源的最优使用。为进行有效的资源管理，需考虑的参数有：网络拓扑、网络容量、链路条件、业务 QoS、用户要求和运营策略等。

MRRM 的主要作用集中在系统层、会话层以及数据流层。在系统层，协同无线资源管理主要表现在多个无线接入资源之间进行控制（如频谱、负载和拥塞等）。在会话层，协同无线资源管理模块用于在相关的数据流之间进行匹配，功能是由一些通信事件（如会话到达或用户移动等）触发的。在数据流层，协同无线资源管理的功能主要是为了建立或维持无线接入，需要注意的是协同无线资源管理可能会造成持续并行的多跳路由，一些关键技术实现，如无线接入的选择、负载均衡以及动态频谱分配，使得在多个可用无线网络之间能够以一种协调的方式自适应分配资源。

5.7　异构环境中联合无线资源管理模式

传统无线资源管理的目标是在有限带宽的条件下，为网络内无线用户终端提供业务质量保障。其基本出发点是在网络话务量分布不均匀、信道特性因信道衰弱和干扰而起伏变化等情况下，灵活分配和动态调整无线传输部分和网络的可用资源，最大程度地提高无线频谱利用率，防止网络拥塞，保持尽可能小的信令负荷。传统意义上的无线资源管理包括接入允许控制、切换、负载均衡、分组调度、功率控制和信道分配等。

联合无线资源管理是一组网络的控制机制的集合，能够支持智能呼叫和会话接纳控制，以及业务、功率的分布式处理，从而实现无线资源的优化使用，达到系统容量最大化的目标。就功能而言，联合无线资源管理涵盖了原有无线资源管理的各项功能。相比传统的无线资源，未来的异构无线资源并不仅仅指无线频谱，还包括无线网络中的其他资源，如移动用户的接入权限、用户的激活时间、信道编码、发射功率和连接模式等。可以看出，未来的异构无线资源在以下两个方面进行扩展：首先，资源构成有所扩展，主要表现在资源的取值范围以及资源之间的耦合关系有所扩展；其次，资源的变化情况有所扩展。由于终端接入环境所呈现的异构性，一维随机变量不再能够反映异构无线资源中多种元素的共同变化。为了反映未来网络无线资源的异构性，可能需要二维或多维随机变量来表征无线资源的构成。

相比传统的典型意义的蜂窝网络的无线资源管理的方式，异构的联合无线资源管理模式不再局限于单一的集中式管理，而是可以采用集中式、分布式以及介于两者之间的分级式的管理方式，3种方式各有优缺点。

5.7.1　集中式联合无线资源管理

集中式无线资源管理的架构适用于紧耦合的融合架构，如图5.17所示。所谓集中式是指在各无线接入网络之上有一个集中控制的实体，能够测量所管辖范围内的多个网络的无线资源的使用情况，并且能够对这些无线资源进行统一的分配和管理。

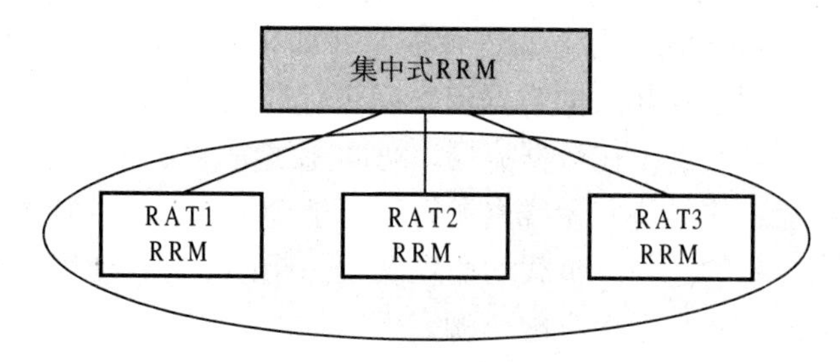

图 5.17　集中式无线资源管理架构

如图 5.18 所示，集中式无线资源管理的功能模块可以分为两个部分：联合管理和独立执行。联合管理实体独立于各种无线接入技术（RAT），作为联合无线资源管理的执行点，主要执行联合接纳控制、联合切换控制、联合资源分配以及联合时间调度。独立执行的实体是原来各无线接入网络内部已有的无线资源管理实体，主要完成用户业务具体无线传输中所使用的无线资源分配并进行传输执行，即传统的无线资源管理在这部分执行。从这个意义上来看，联合无线资源管理是对资源的一种宏观控制，具体细粒度的、传统的无线资源管理还是由各无线接入网络中的管理和控制实体来操作。无线网络侧的独立执行实体向联合管理实体上报无线状态信息和负载信息以便联合管理实体执行统一的无线资源估计和分配，进而联合管理实体会把分配的方案下发到无线侧的各个独立执行实体中。

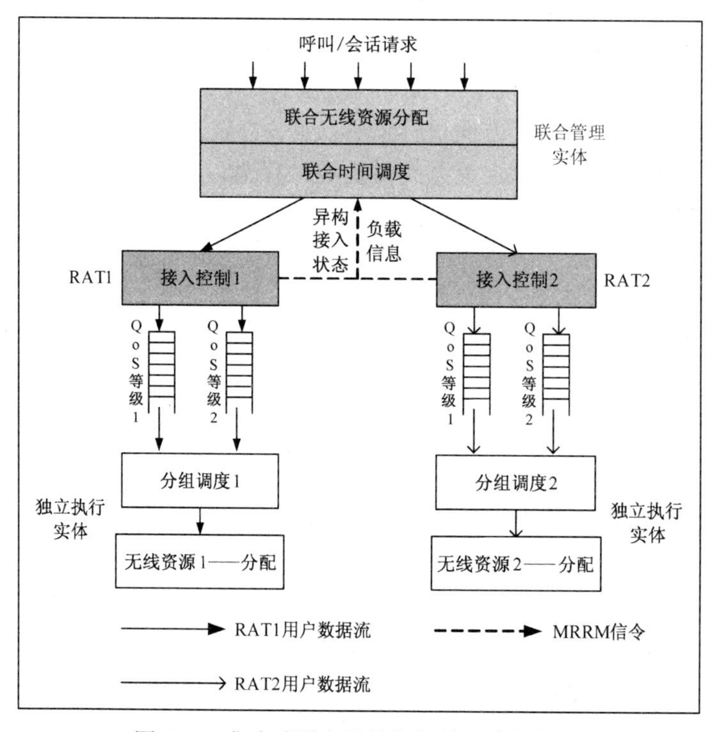

图 5.18　集中式联合无线资源管理功能实现

5.7.2　分布式联合无线资源管理

相比于集中式的无线资源管理模式，分布式的无线资源管理模式没有一个集中的管理实体来统一协调各种无线接入技术。如图5.19所示，分布式管理的统一协调功能分散在各个地位对等的无线接入网络中，能够在基于同一目标的前提下，将管理和计算功能分配给各个分布式节点。这种管理模式一方面能够降低各个节点的计算复杂度，另一方面增加了系统的冗余度。冗余度的增加意味着在某些节点发生故障的情况下，不会对分布式节点的计算和管理产生破坏性影响。

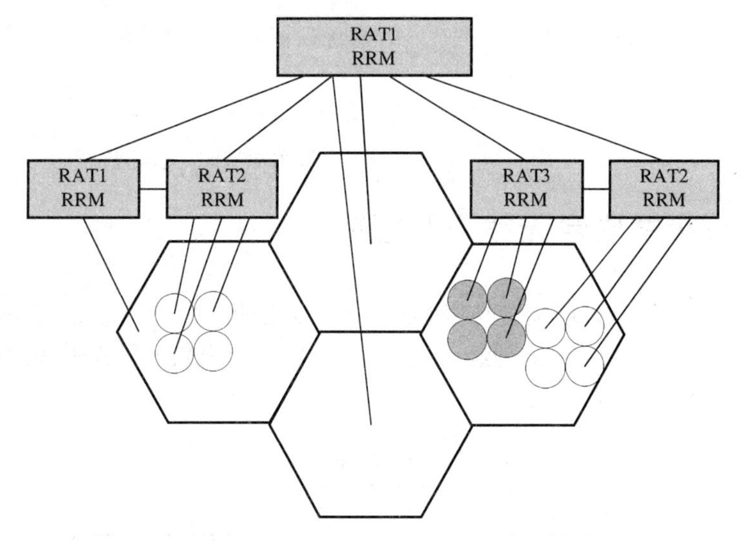

图5.19　分布式无线资源管理架构

分布式联合无线资源管理系统综合考虑了未来无线网络的分布式管理的特点，结构设计并不失一般性。如图5.20所示，在分布式联合无线资源管理系统内部架构设计中，监控模块和配置模块是与无线接入技术相关的两个模块，可以看做对已有管理模块的一种增强。而会话管理、资源代理和签约信息模块则是为了符合下一代分布式网络特点和未来商业模式而新设计的模块。监控模块收集其下无线接入技术的状态信息并检验已经建立的服务水平协议是否仍然有效。签约信息模块提供用户信息、业务提供商信息和网络运营商的信息。资源代理模块负责在异构网络中与其他运营商进行交互。配置模块依据要求的容量和QoS等级对无线资源进行配置。会话管理模块与用户进行交互，因而在进行资源管理时需要考虑到用户侧因素的影响。

相比集中式联合无线资源管理机制，当前针对分布式异构网络的联合无线资源管理算法或相关机制研究相对较少，但分布式无线资源管理机制目前已经逐渐成为学者关注的领域。分布式管理机制不具备集中管理实体，不能针对所有所管理实体进行统一调整以及针对某些目标进行统一计算，在获得系统全局最优方案的方面具有一定难度。

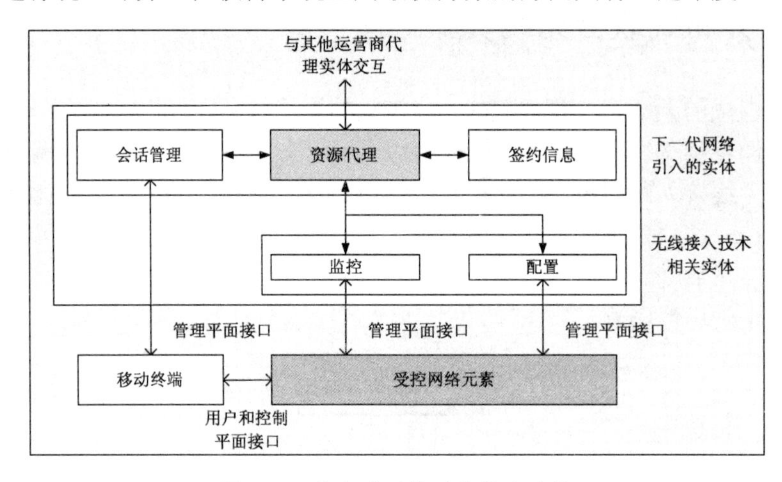

图 5.20　分布式网络功能节点功能

5.7.3　分级式联合无线资源管理

分级式联合无线资源管理架构是集中式和分布式的折中。在很多情况下，异构无线资源管理可以采取如图 5.21 所示的分级无线资源管理架构。未来的异构无线网络最有可能采用这种分级联合无线资源管理架构。

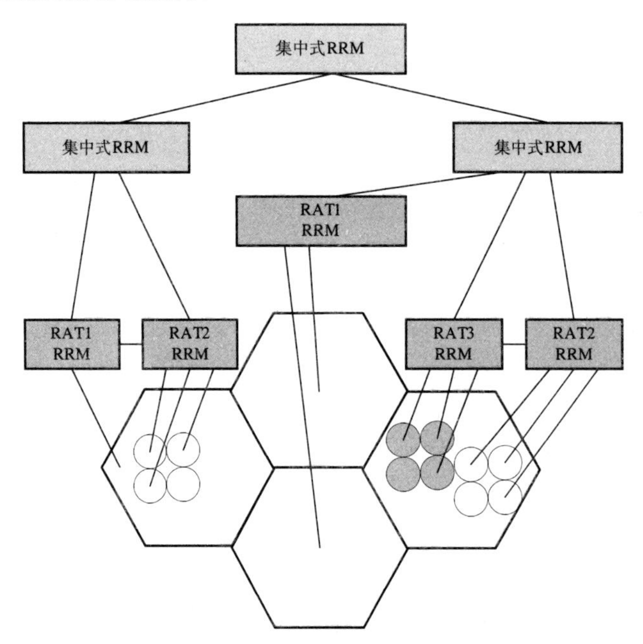

图 5.21　分级式无线资源管理架构

5.7.4　3 种无线资源管理机制的比较

集中式无线资源管理架构能够对所管辖范围内的无线资源进行统一的管理，最容易达到全局资源最优使用和最大化系统容量的目标。但是这种方式的灵活性比较差，如果引入一种新的无线接入技术，对原有的管理体系改动较大。

分布式无线资源管理架构可以很好地解决可扩展性问题。在分布式管理模式下，各种无线网络的对等地位也符合未来网络的实际运营情况。但是还是应该看到这种管理模式所固有的缺点，首先，这种模式很难达到资源的最优使用，虽然可以通过信息交互以提高系统的总体性能，但是和集中式的方式相比，在总体性能上有一定差距；其次，如果无线网络过多，分布式无线网络所要交互的信息将以指数形式上升，也是将要面对的不利因素之一。

集中式联合无线资源管理与分布式联合无线资源管理相比各有利弊。总体来说，集中式无线资源管理具有联合管理实体，能够对异构无线资源进行统一管理和分配，能够达到异构系统的全局资源最优使用。分布式无线资源管理具有很高的灵活性，可以根据网络的实际部署情况，扩展分布式管理节点。

参 考 文 献

[1] http：//www.ietf.org/rfc.

[2] K.Mahmud. Mobility Management by Basic Access Network in MIRAI Architecture for Heterogeneous Wireless Systems[C].IEEE Globecom 2002.Taipei, Taiwan.NOV.2002.

[3] Per Beming, Mathias Cramby, Göran Malmgren. Beyond 3G Radio Access Network Reference Architecture[C]. Proc. 59th IEEE Vehicular Technology Conference.Milan，Italy. May 2004.

[4] 陈前斌，黄琼，隆克平. 下一代网络通用移动性管理技术初探[J]. 通信学报. 2004. 25（12）：65～70.

[5] 程婕，冯春燕. Ambient Networks 项目及其关键技术[J]. 中兴通讯技术，2008.3.

[6] 黄川，郑宝玉. 多无线电协作技术与异构网络融合[J]. 中兴通讯技术，2008.3.

[7] Per Magnusson， Johan Lundsjö， Pontus Wallentin. Radio Resource Management Distribution in a Beyond 3G Multi-Radio Access Architecture[C]. IEEE Communications Society Globecom 2004.Dallas，Texas，USA.Jul. 2004.

[8] Anders Furuskär，Jens Zander.Multi-Service Allocation for Multi-Access Wireless Systems[J]. IEEE TRANSACTIONS ON WIRELESS COMMUNICATIONS，VOL.4 (1) Jan.2005.

[9] Joachim Sachs，Henning Wiemann， Johan Lundsjö. Integration of Multi-Radio Access in a Beyond 3G Network[C].Proc.15th IEEE International Symposium on Personal，Indoor and Mobile Radio Communications（PIMRC）. Barcelona，Spain. Sep.2004.

[10] Joachim Sachs.A Generic Link Layer for Future Generation Wireless Networking[J].Proc IEEE

International Conference on Communications（ICC）.Anchorage，USA. May.2003.

[11] Joachim Sachs，Henning Wiemann，Per Magnusson. A Generic Link Layer in a Beyond 3G Multi-Radio Access Architecture[C]. Proc. International Conference on Communications，Circuits and Systems（ICCCAS）. Chengdu， China. Jun.2004.

[12] 吴伟陵，牛凯. 移动通信原理[M]. 北京：电子工业出版社，2005.

[13] 彭木根， 孙卓， 王文博. WiMax 与 3G LTE 网络互连与融合技术研究[J]. 电信科学，2007.1.

[14] 田峰，杨震. 基于 Mesh 技术的网络融合与协同[J]. 中兴通讯技术，2008.3.

[15] 罗强，张平. B3G 网络联合无线资源管理的研究[J]. 电信科学，2006.3.

[16] 夏玮玮， 沈连丰. 异构网络融合中的 QoS 与通信容量研究[J]. 中兴通讯技术，2008.3.

[17] Gábor Fodor，Anders Eriksson and Aimo Tuoriniemi，Providing Quality of Services in Always Best Connected Networks[J]. IEEE Communications Magazine，pp.154～163，Jul.2003.

[18] http：//www.wwrf.org.

第6章　异构无线网络中接入选择策略

本章要点

- 接入选择研究现状
- 异构终端的接入选择功能架构
- 接入选择策略

本章导读

本章首先提出一个异构终端接入选择功能架构，赋予终端接入选择无线网络的功能，在此基础上提出两种接入选择策略：基于多指标判决的静态接入选择和基于灰度关联的动态接入选择。基于终端侧的接入选择策略可以合理折中用户偏好、业务需求和网络条件等反映整个网络性能的信息，为用户提供合理的接入选择。

6.1 引　　言

下一代移动通信（Beyond 3G）的发展趋势并不是建设一个崭新的功能完善的网络，而是考虑已经存在的和将要部署的网络，使其相互协调和容易集成，保持多种无线网络间通信的连续性。目前，每种无线接入技术在容量、覆盖、数据速率和移动性支持能力等方面各有长短，任何一种无线接入都不可能满足所有用户的要求。随着已有的无线接入技术向高级阶段演进，新型无线接入技术不断出现，它们之间相互补充，相互融合。未来移动通信网络的主要特征之一就是各种异构无线网络共存，它们相互补充、无缝集成到统一的网络环境中。在这种复杂的应用场景中，需要异构多模终端的支持。未来的移动终端将拥有多个无线接口，具有接入不同网络的能力。但如何保持移动用户接入最优的网络，有效利用全网的无线资源，整合不同无线接入技术到一个统一的网络环境中，成为异构网络融合领域研究的热点之一。

6.2 接入选择研究现状

在未来的异构网络环境中，异构终端的功能架构和相应的接入选择算法将在未来移动通信网络中扮演着重要的角色。业内针对异构网络终端和接入选择算法展开了广泛的研究。针对异构网络融合问题，研究比较深入的是欧洲 IST 6th Ambient Network Project 的研究框架，他们提出“ABC”的概念，目的是使异构多模移动终端始终无缝连接到最适合应用需求的接入，其中接入选择算法的设计问题是研究的重点之一。在 IST Moby Dick 计划中，他们又提出基于终端的端到端重配置方案，阐述了网络融合环境中异构终端的概念架构，对异构网络融合中解决终端问题提供了新的思路，但整体架构功能设计和实施方式还有待于研究，机制、算法和接口的定义还有待完善。在 3GPP Release7 规范中，关于系统架构的演进（SAE）的研究中，已经明确提出未来的异构网络场景，必须具备在异构接入网络之间支持无缝移动性，多接入选择算法问题作为重要的开放课题被提出。在对 B3G 以及 4G 愿景描述中，WWRF 论坛提出了未来无线通信系统的发展趋势是宽带化、泛在化和协同化，多种制式的网络共存，相互补充，协同工作，支持终端移动性，并逐步演化成为一个异构互连的融合网络。

在异构网络融合的研究中，终端的功能和作用不可忽视。不管用户连接到何种无线网络，总是能够提供无所不在（Ubiquitous）的最优服务，由此产生了一个具有挑战性的问题，那就是异构终端的功能架构和协议栈的设计。移动用户根据需要和要求，控制网络的接入，其中包括复杂的判决过程，需要相关的管理策略，同时需要终端和网络对移动性管理和业务提供支持。以网络和业务提供为中心的管理架构代表一种思路；另一种解决办法就是随着移动终端计算能力和相关功能的不断增强，将部分网络侧的管理功能分散到终端侧实现，但从目前研究的成果来看，基于终端侧的解决方案，代表着异构网络融合主流的研究方向。

通过异构终端框架的设计，为接入选择算法的研究奠定了基础。异构终端可以接入多种网络，选择不同的业务提供商，得到不同价格和种类的服务。随着可用网络和判决准则的数量不断增加，接入选择将变得非常复杂。异构终端面对多种可用的网络，必须全面考虑各种判决参数，合理折中用户偏好、业务需求和网络条件等反映整个网络性能的信息，为用户提供合理的接入目标。

可以看出，基于异构终端的网络接入选择功能架构和关键算法在未来异构网络中扮演着重要的角色，成为目前该领域的研究热点。因此，有必要深入研究异构终端的功能架构和接入选择算法，为异构网络融合提供技术支持。

6.3　异构终端的接入选择功能架构

下一代移动系统由各种异构网络组成，融合与互通涉及网络的方方面面，实现方案也多种多样，然而终端的作用和功能始终是无可回避的关键节点。融合的无线网络架构要求全新终端管理的架构作为支撑。在异构融合网络环境中，不管用户连接到何种无线网络，总是能够被提供无所不在（Ubiquitous）的最优服务。移动用户根据需要和要求，控制网络的接入，具有挑战性的问题就是异构多模终端的管理系统和接入选择功能架构的设计。

6.3.1　移动终端的基本功能构架

目前使用最广泛并最具代表性的是 GSM/CDMA/UMTS 终端。在 3GPP 规范中，终端称为用户设备（UE），与无线网络的接口称为空中接口。如图 6.1 所示，终端的功能架构包括 UICC（UMTS Integrated Circuit Card）、移动终端（MT）、终端设备（TE）和对外接口，其中移动终端、终端设备和对外接口可以在一个或多个物理实体中实现。移

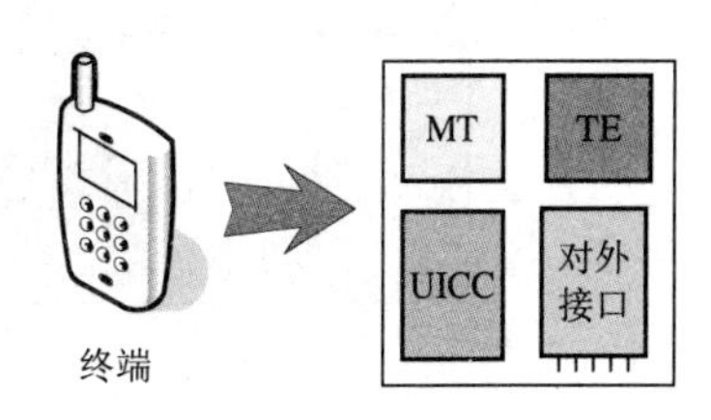

图 6.1　终端的基本功能构架

动终端提供了对无线网络的接入能力，终端设备为用户提供了人机接口，对外接口提供了终端与外部设备的连接。在UICC中，可以驻留多种应用，为业务与用户的管理提供必要的安全机制。目前这种终端结构在TD-SCDMA，cdma2000 1x和PHS终端上获得广泛应用。

6.3.2 异构终端功能架构的研究进展

在异构网络条件下，终端的工作环境将产生巨大的变化，在同一地点存在不同制式的不同运营商的无线网络重叠覆盖，不同网络将提供不同的QoS，其付费方式也将不同。而终端能够接入的业务种类更加丰富，终端的构件组成不会产生质的飞跃，只是互通和融合对性能提出了更高的要求，即在没有用户干预的情况下，移动终端能够综合考虑多种无线接入技术的能力、网络覆盖情况、网络的使用情况、业务需求、资费和用户的偏好，自主地完成网络的感知，选择最优的网络接入。所有这些对异构终端的功能架构和协议栈提出了较高的要求，业界为此展开了广泛而深入的研究。

异构网络的融合需要异构终端的功能架构和协议栈的支持。业内有学者提出了异构终端的通用协议栈，并设计了一种全新的融合网络环境中异构终端协议架构。如图6.2所示，终端管理系统（Terminal Management System）通过与各协议层有效的交互，可以适应多种接入标准与技术的要求，实现多模、多协议的异构终端的无缝接入和移动性。

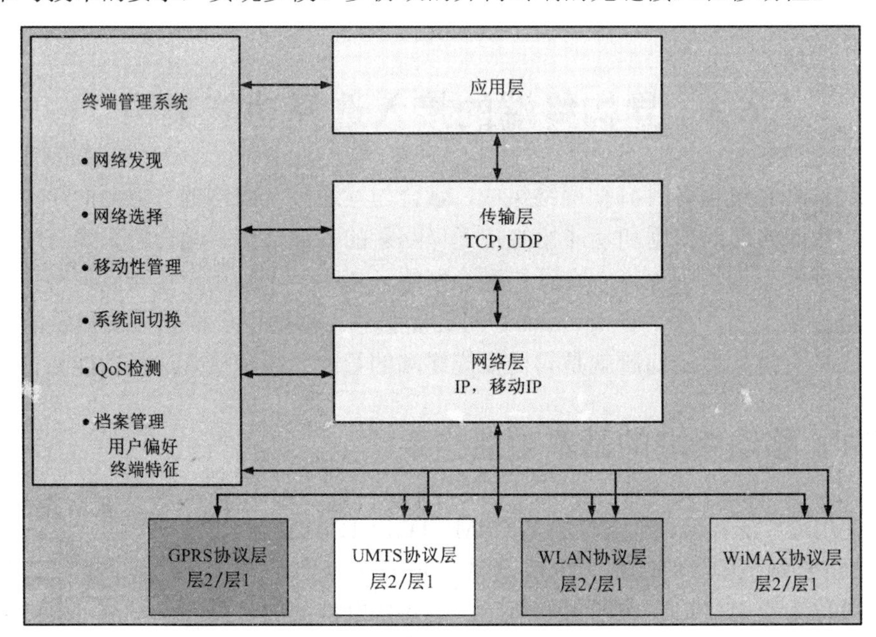

图6.2　融合网络环境中异构终端协议架构

此外，欧盟在IST计划中提出端到端重配置的概念，主要思想是采用重配置技术设计异构移动终端的功能架构，提高终端的兼容性，减少体积，降低功耗和节约成本。重配置系统是指通过软件来改变硬件结构，适应具体应用的计算平台。由于重配置技术其高度的灵活性，几乎可以改变空中接口包括高层在内的所有参数，复杂度极高，目前面临的技术挑战和研究重点是考虑如何将系统的复杂性和可实现性有效地结合。

6.3.3 异构多模终端的管理功能架构

在异构网络条件下，终端的工作环境将产生巨大的变化，终端的基本构件组成不会产生质的飞跃，只是互通和融合对性能提出了更高的要求，即在没有用户干预的情况下，移动终端能够综合考虑多种无线接入技术的能力、网络覆盖情况、网络的使用情况、业务需求、资费和用户的偏好，自主完成网络的感知，选择最优的网络接入。在异构网络环境中，融合的无线网络架构要求全新终端管理的架构作为支撑，在实现异构网络融合的过程中，借鉴已有的研究成果，设计出一种全新的异构多模终端协议架构。如图 6.3 所示，异构多模终端管理架构通过与各协议层有效交互，可以适应多种接入标准与技术的要求，实现多模、多协议的异构终端进行无缝接入和移动性。

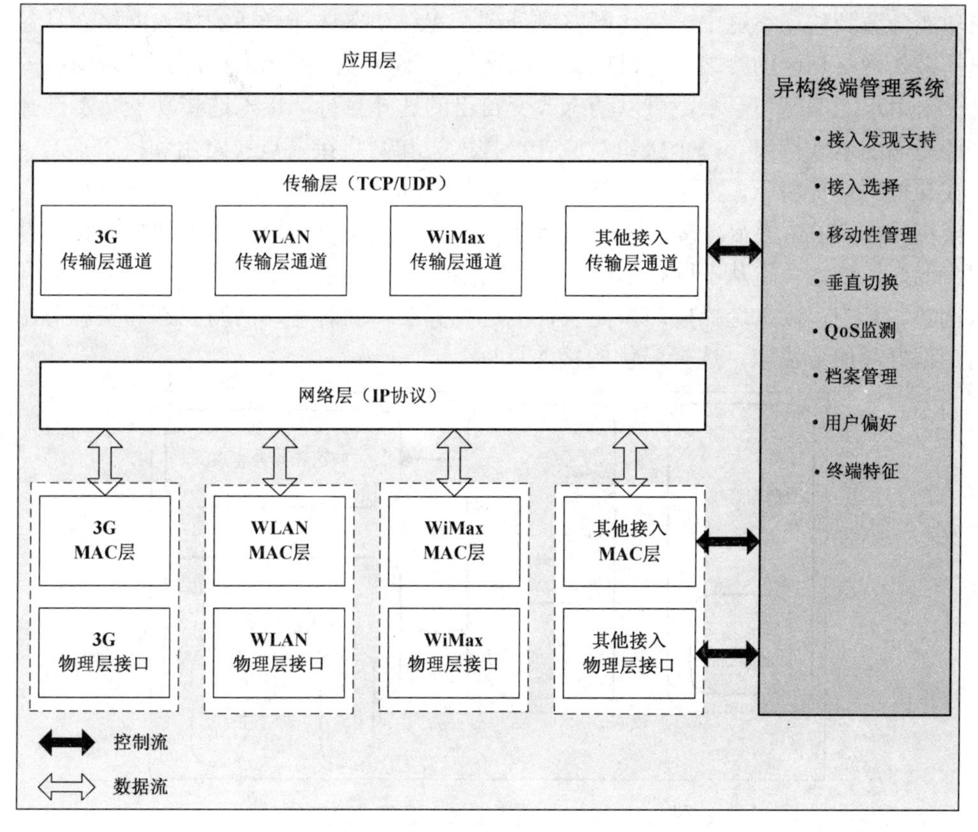

图 6.3 异构网络环境中异构多模终端协议架构

在异构多模终端管理功能架构的主要设计思想中，逻辑上将所有可用的无线资源看做一个整体，根据各业务流或会话的 QoS 要求，动态地分配各业务流到不同的无线网络中，实现可靠的 QoS 保证和优化的无线资源利用。异构多模终端管理系统的主要功能如下：

- 接入发现——收集物理层和 MAC 层中用于网络切换的相关信息，如信号强度、可用带宽和延迟等；
- 接入选择——根据收集到的网络条件信息、应用需求和用户偏好，动态选择网络接口；
- 移动性管理和垂直切换——控制各无线接口的打开和关闭，以及在各网络之间的切换；
- 档案管理——负责反映用户偏好和对用户终端特征描述。

1．异构多模终端接入选择功能架构设计

在异构多模终端管理功能架构设计中，接入选择是核心研究问题之一。考虑将接入选择的功能分散到移动终端中，简化网络侧处理，实现动态选择合适的接入网络。具备智能地选择接入网络功能的终端，可以感知周围环境中不同接入技术，检测到接入网络的可用性，根据用户的偏好和要求，可以动态改变自己的选择目标。接入选择功能负责选择最优的移动终端的本地接口（每个接口对应一种技术）和网络接入点（路由和接入点）。

在异构网络环境下，为了支持终端接入选择的功能，提出一种异构多模终端接入选择功能架构。如图 6.4 所示，接入选择功能架构主要包含 3 个模块：接入适配、移动性管理和用户偏好，分别负责从不同接入网络的附着点获取链路层参数、处理用户的需求和执行接入选择。其中，接入选择按照事先设计的选择算法，同时考虑网络状态和资源可用性以及用户偏好和服务需求，选择最优的接入目标。

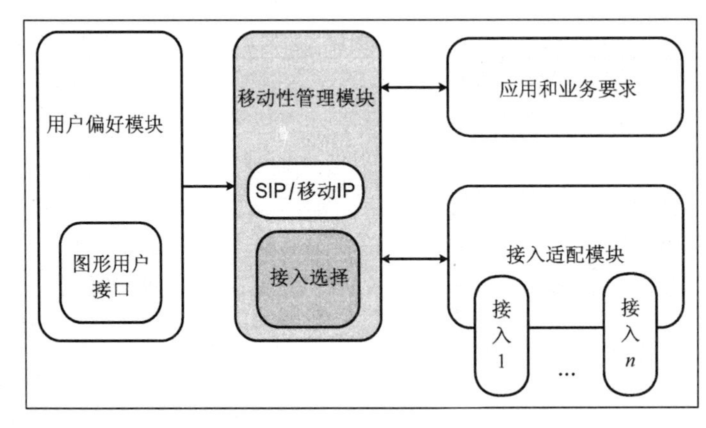

图 6.4　异构多模终端接入选择功能架构

在接入选择功能架构中，接入适配模块负责向终端提供来自不同接入网络驱动的抽象信息。用户偏好模块负责获得和处理用户偏好（Preference）和需求信息；移动管理模块负责处理移动性事件并且判决选择最优的接入目标。以下分别详细讨论各个模块的功能。

（1）接入适配模块

接入适配模块负责确认终端上不同的接入网络接口，监视它们的状态，从各接口收集参数，并且在接口上执行选择或撤销选择。接入适配模块的主要作用是：

- 在切换过程或者移动终端的开机过程中，在合适的接入网络接口进行连接或断开连接的操作。
- 在接入网络接口上获得链路层参数，使用抽象的方法反映各个接入网络接口的信号质量或者连接状态。
- 接入适配模块能够向终端提供关于可用接入网络附着点的信息列表，每个列表包括各附着点的信号强度和有效带宽、技术类型及网络运营商等。
- 接入适配模块也可以通过特定的网络发现协议判断是否有新的接入网络出现，或者终端已选择的网络接入是否不满足要求了，将这些信息通知移动性管理中的接入选择模块，触发新的接入选择过程。

（2）用户偏好模块

用户偏好模块负责存储、接入和编辑用户档案资料。用户使用图形用户接口对判决参数设定不同的优先级，将对接入网络选择过程产生影响。优先级用不同的系数加权表示，在接入网络选择算法中分别对判决参数赋值，代表不同的重视程度。

（3）移动性管理模块

移动性管理模块负责处理所有与移动性管理和接入网络选择相关的事件。移动性管理模块负责向接入选择提供所需要的输入参数（从用户偏好模块和接入适配模块获得），触发接入选择判决过程，并且最终将决定发送给接入适配模块，执行接入选择过程。移动性管理模块与SIP和移动IP的功能相结合，目的是提供合适的判决算法，用于选择最优的可用网络接入。

在异构多模终端功能架构的设计中，考虑将接入选择功能放置在终端中，实现动态选择合适的接入网络。具备选择接入网络功能的终端能感知周围环境中不同接入技术，检测接入网络的可用性，根据用户的偏好和要求，动态地改变选择目标。接入选择功能负责选择最优接入附着点。

2. 接入选择过程

在移动性管理模块中，接入选择功能基于用户业务和应用需求及用户偏好和当前网络的可用性等，负责接入选择的判决。移动性管理模块负责向接入选择功能提供需要的输入参数，触发接入选择的执行过程，并将最终判决结果发送给接入适配模块，执行具体的接入选择过程。接入选择过程如图 6.5 所示。

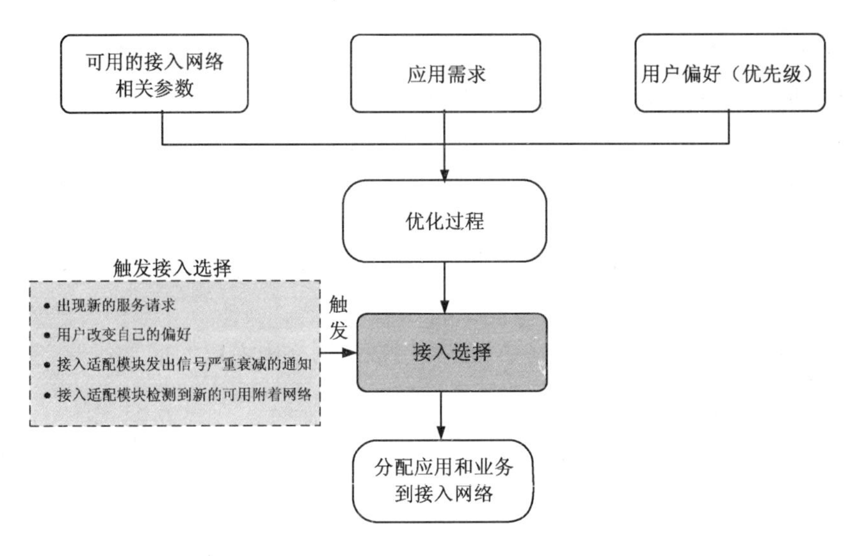

图 6.5　接入选择执行过程

3. 接入选择功能的实现

中间件（Middleware）是位于平台（硬件和操作系统）和具体应用之间的通用服务，用来屏蔽分布环境中异构的操作系统和网络协议，具有标准的程序接口和协议。在异构多模终端的设计中，接入选择功能可以利用中间件技术实现。如图 6.6 所示，接入选择采用分布式中间件架构，从硬件层面自适应用户应用业务流，自动协调管理。在接入选择功能实现中，网络接口卡感知不同可用接入网络的条件参数，通过操作系统传送到接入发现模块中，作为接入选择模块的输入。按照既定的接入选择策略，接入选择优化机制折中判决参数、网络条件和用户应用需求，选择最优的接入目标。接入选择判决结果被送到的操作系统中，控制不同的接入网络，分配业务流到不同的接口或具体执行业务流在不同接口之间无缝切换过程。

总之，设计一种异构多模终端接入选择功能架构，赋予多模终端选择接入不同网络的功能，能够使终端用户在任何时间、地点接入最合适的网络，为研究接入选择算法提供了功能上的承载。下一步的研究工作是基于异构多模终端接入选择功能架构，设计切实可行的接入选择算法，使异构多模终端能够选择最佳的接入网络，达到无缝集成多种无线接入技术，为用户提供最优业务体验的目标。

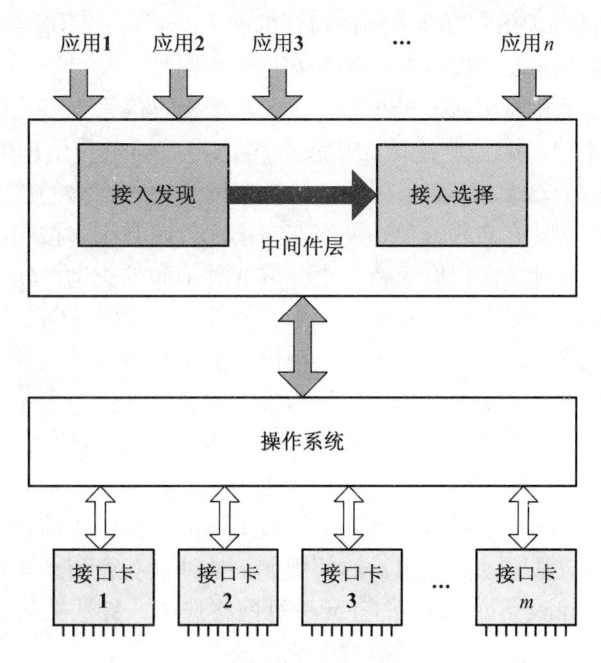

图 6.6　异构多模终端接入选择功能的实现

6.4　接入选择策略

6.4.1　接入选择策略的相关研究

下一代移动通信系统主要特征之一就是多种无线接入网络同时存在，相互补充，无缝集成到统一的异构网络环境中，为用户提供无所不在的最优业务体验。拥有多种无线接口的异构终端可以在异构网络环境中无缝移动，如何选择最合适的网络接入满足 QoS 需求，成为业界关注的焦点。

3GPP 近来开发出一种 3GPP 和 WLAN 互连架构，主要目标就是可以使 3GPP 蜂窝网络用户接入 WLAN 业务，架构中设计一个网络接入识别器（Network Access Identifier，NAI）功能实体，WLAN 终端配备有 3GPP SIM（Subscriber Identity Module）和 USIM（Universal SIM）智能卡，可以同时接入 3GPP 和 WLAN。在此基础上提出一种接入选择算法，通过折中用户偏好、业务应用和网络条件，决定最好的网络选择。

有文献提出的基于模糊逻辑思路作为传统的方法，仅仅根据接收信号强度（Received Signal Strength，RSS）的门限和滞后门限进行网络选择。然而，在异构网络环境中，网络选择需要考虑多种接入判决参数，例如，网络资源的可用性、业务特征、无线链路质量和用户偏好等，传统的仅以 RSS 为唯一判决指标的接入选择算法不适用于异构网络环境；再者，其缺点是算法收敛速度太慢，影响接入选择的实时性。

随着多种网络环境和通用接入的出现，传统基于接收信号强度比较的判决算法对于接入选择来说是不充分的，因为判决策略中没有考虑当前场景和用户的偏好等多种判决因素。由此，近年来，有文献中提出采用代价函数来度量接入网络的优先特征。在一维代价函数中，反映出用户所要求的业务类型，而在二维代价函数中，按照特定判决参数，表示的是使用网络的代价。通过将代价函数因子分成 3 种不同的类别：QoS 因子、加权因子和网络优先权因子，提出一种优化的基于代价函数的算法，其中，QoS 因子在基于用户和网络特定要求的基础上进行定义，权重因子反应出关于用户特定要求的重要程度，网络加权因子提供了网络履行要求的能力。基于代价函数的判决算法仅考虑了部分判决因子，随着判决参数的增多，代价函数的设计不能真实地反映网络接入的性能。

还有的文献利用微观经济学中效用理论，提出了一种基于效用函数（Utility Function）的接入选择算法，通过最大化每个接入网络的效用，以获得优化的资源分配方案。算法的优势在于考虑到用户的意愿，按照用户时间限制，估计业务在每个可用网络中传送时间，基于消费剩余（Consumer Surplus）的差异进行网络选择。算法缺陷是选用的效用函数与多接入网络的实际场景存在差异，影响网络选择的准确性。

综观以上所提到的接入选择算法，都是片面地依赖部分判决参数，没有全面考虑当前的应用场景和用户的偏好等各种影响网络选择的信息，造成接入选择目标判决的偏颇和谬误。针对上述问题，基于 6.3.3 节提出的异构终端的接入选择功能架构，基于多指标判决策略，首先提出一种静态接入选择算法，考虑各种切换判决参数，将接入网络选择问题转化为静态的多目标决策问题，接入选择的过程即对接入选择多目标判决数学模型求最优或近似解的过程。静态接入选择算法可以合理折中用户偏好、业务需求和网络条件等反映整个网络性能的信息，为用户提供合理的接入选择。为了从整体上考虑决策参数的影响，使选择策略符合实际的网络环境，结合灰度关联和时序多目标决策理论，将静态多目标选择推广到动态多目标判决，提出一种动态接入选择算法。最后设计多接入网络仿真环境，对两种接入选择模型和策略进行验证分析。

6.4.2　基于多目标判决的静态接入选择算法

1．接入选择模型

基于异构终端的接入选择算法主要基于多种判决参数，如接收信号强度（RSS）、费用、切换时延、抖动和电池功耗等，用户在判决中起着重要的作用，可对候选网络和判决准则施以不同程度的偏好。本节的研究思路是将网络选择问题转化为典型的多指标决策问题，建立多指标决策模型，其中移动用户作为决策者，可用网络作为备选方案，切换判决参数作为判决指标，最终目标是选择最优的接入网络。系统模型表示如下所述。

$X=\{x_1,x_2,x_3\cdots x_m\}$：$m$ 个备选方案（可用网络）集合。

$S=\{s_1,s_2,s_3\cdots s_n\}$：$n$ 个判决指标（切换判决参数）集合。

多指标判决矩阵：$A=\left(a_{ij}\right)_{m\times n}=\begin{pmatrix} a_{11} & a_{12} & a_{13} & \dots & a_{1n} \\ a_{21} & a_{22} & a_{23} & \dots & a_{2n} \\ a_{31} & a_{32} & a_{33} & \dots & a_{3n} \\ \vdots & \vdots & \vdots & \vdots & \vdots \\ a_{m1} & a_{m2} & a_{m3} & \dots & a_{mn} \end{pmatrix}$

其中，a_{ij} 表示备选方案 x_i 对于判决准则 s_j 的结果。

对于不同种类的判决准则而言，量纲可能不同。为了便于分析计算，对判决矩阵 A 进行如下标准化处理。

对于效益性指标，如吞吐量和可靠性等：

$$b_{ij}=\frac{a_{ij}}{\max\left\{a_{ij}\middle|1\leqslant i\leqslant m\right\}}\quad(i=1,2,3,\cdots,m)$$

对于成本性指标，如费用和切换时延等：

$$b_{ij}=\frac{\min\left\{a_{ij}\middle|1\leqslant i\leqslant m\right\}}{a_{ij}}\quad(i=1,2,3,\cdots,m)$$

可得标准化决策矩阵：

$$B=\left(b_{ij}\right)_{m\times n}=\begin{pmatrix} b_{11} & b_{12} & b_{13} & \dots & b_{1n} \\ b_{21} & b_{22} & b_{23} & \dots & b_{2n} \\ b_{31} & b_{32} & b_{33} & \dots & b_{3n} \\ \vdots & \vdots & \vdots & \vdots & \vdots \\ b_{m1} & b_{m2} & b_{m3} & \dots & b_{mn} \end{pmatrix}$$

2. 基于多指标判决的静态网络接口选择算法

基于多指标判决的网络接口选择算法可分为 3 个主要步骤：收集数据、处理数据和做出判决。收集数据阶段主要考虑收集相关判决参数，不是本文的重点。如图 6.7 所示，在处理数据阶段，首先，利用 5 级标度法，确定针对方案偏好的信息值；其次，采用层次分析法（AHP）确定决策者对准则的主观偏好信息值；接着按照判决矩阵中的元素取值，利用信息熵方案确定客观信息的权重；同时利用 AHP 法获得对多指标权值的主观因素修正客观信息的权值，可得到针对判决准则的综合权值；最后，建立最小二乘法优化决策模型，兼顾主、客观的统一，求出模型的精确解（最终权值）。在判决阶段，对备选方案进行优先排序，最优方案就是网络选择的目标。

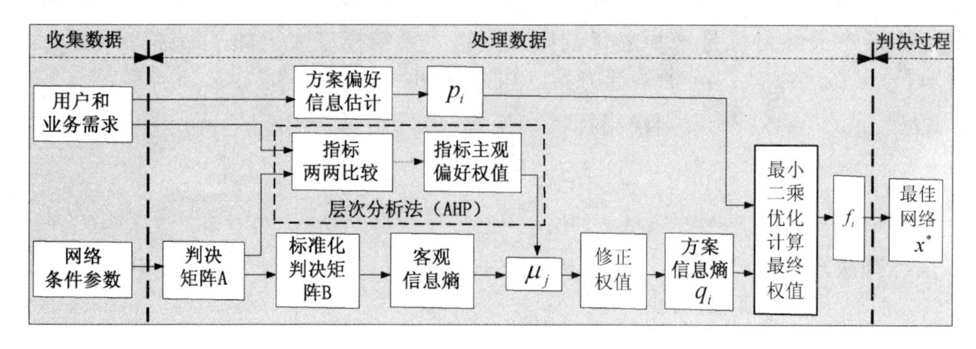

图 6.7　静态接入选择算法流程图

（1）方案偏好信息的估计

在估计事物本质区别的时候，常采用 5 种判断度量：相等、较强、强、很强和绝对强，从而引出方便有效的 5 级标度法，用以刻画针对方案偏好信息的差异性。如表 6.1 所示。

表 6.1　网络方案比较表

方案比较	取　值
方案 x_i 与 x_j 相比相等	$d_{ij}=d_{ji}=4$
方案 x_i 与 x_j 相比较强	$d_{ij}=4+1,\ d_{ji}=4-1$
方案 x_i 与 x_j 相比强	$d_{ij}=4+2,\ d_{ji}=4-2$
方案 x_i 与 x_j 相比很强	$d_{ij}=4+3,\ d_{ji}=4-3$
方案 x_i 与 x_j 相比绝对强	$d_{ij}=4+4,\ d_{ji}=4-4$

表中 d_{ij} 表示方案 x_i 与 x_j 相比偏好程度，方案偏好信息赋值矩阵：

$$D=\left(d_{ij}\right)_{m\times m}=\begin{pmatrix} d_{11} & d_{12} & \cdots & d_{1m} \\ d_{21} & d_{22} & \cdots & d_{2m} \\ \vdots & \vdots & \vdots & \vdots \\ d_{m1} & d_{m2} & \cdots & d_{mm} \end{pmatrix}$$

各方案的 5 级标度偏好优序数：

$$O_i=\sum_{k=1}^{m} d_{ik}\quad (i=1,2,3,\cdots,m)$$

由此可得各方案的偏好信息：

$$p_i=O_i\Big/\sum_{k=1}^{m} O_k\quad (i=1,2,3,\cdots,m)$$

（2）指标主观偏好权值

层次分析法（AHP）是一种基于决策分析的技术手段，用来分析复杂问题，帮助用户发现最优的接入网络。到目前为止，AHP 已经广泛地运用到多种领域中，如经济运行结果、工程方案的选择和解决冲突等。AHP 分析法的基本步骤是在分析所研究的问题之后，将问题中所包含的因素划分为不同的层次，如目标层、指标层和措施层等，并画出层次结构图，表示层次的递阶结构和相邻两层因素的从属关系，接着构造判断矩阵，最后进行层次排序和一致性检验。AHP 分析法实质是将一个复杂的问题分解成容易解决的和相对简单的子问题加以处理，这些子问题实际上是判决因子和权重，按照它们相对重要程度，最底部的判决因子实际上是备选解决方案。通过最大综合加权法，AHP 可以选择最优的备选方案。

决策者将按照层次分析法中的 9 种标度法，对标准化决策矩阵 $B=\left[b_{ij}\right]_{m\times n}$ 中的每个指标 b_{ij} 进行两两比较，形成偏好判断可逆方阵：

$$C=\left[c_{ij}\right]_{n\times n}，\quad c_{ii}=1, c_{ji}=c_{ij}^{-1}\quad (i,j=1,2,3,\cdots,n)$$

采用 AHP 计算步骤：

① 将判断矩阵每一列规范化

$$\overline{c_{ij}}=\frac{c_{ij}}{\sum_{k=1}^{n}c_{kj}}(i,j=1,2,\cdots,n)$$

② 将规范化后的判断矩阵按行相加

$$\overline{\lambda_i}=\sum_{j=1}^{n}\overline{c_{ij}}(i=1,2,\cdots,n)$$

③ 通过规范化 $\lambda_i=\overline{\lambda_i}\Big/\sum_{j=1}^{n}\overline{\lambda}_j$，

则 $\lambda=\left[\lambda_1,\lambda_2,\lambda_3,\cdots,\lambda_n\right]^T$ 为单位特征向量，决策者对指标主观偏好权值向量：

$$\alpha=n\lambda=\left[\alpha_1,\alpha_2,\alpha_3,\cdots,\alpha_j,\cdots,\alpha_n\right]^T$$

（3）确定客观信息熵

熵技术作为确定多指标决策问题中各指标客观权重的一种方法，利用决策矩阵和各指标的输出信息熵来确定各指标的权值。计算的步骤如下所述。

① 由标准化决策矩阵 $B=\left[b_{ij}\right]_{m\times n}$ 求出 $P=\left[p_{ij}\right]_{m\times n}$。其中，

$$p_{ij}=b_{ij}/\sum_{k=1}^{m}b_{kj}\quad i=1,2,3,\cdots,m; j=1,2,3,n$$

② 由信息论可知，指标 s_j 输出的信息熵为：

$$E_j=-(\ln m)^{-1}\sum_{i=1}^{m}p_{ij}\ln p_{ij}(j=1,2,\cdots,n)$$

当 $p_{ij}=0$ 时，规定： $p_{ij}\ln p_{ij}=0$ 。

由于 $0\leqslant p_{ij}\leqslant 1$ ，所以， $0\leqslant -\sum_{i=1}^{m}p_{ij}\ln p_{ij}\leqslant \ln m$ 。

由此可知： $0\leqslant E_j\leqslant 1\ (j=1,2,3,\cdots,n)$ 。

③ 计算偏差度 $d_j=1-E_j\quad (j=1,2,3,\cdots,n)$ 。

④ 求各指标 s_j 的客观权值 μ_j 。

则 $\mu_j=d_j\Big/\sum_{k=1}^{n}d_k\ (j=1,2.3,\cdots,n)$ 。

⑤ 修正多指标权值。

通过对权值的进一步修正，得出决策者对方案的主观偏好信息、各指标的主观偏好权重和客观信息的综合权重：

$\mu_j{}'=\alpha_j\mu_j\Big/\sum_{j=1}^{n}\alpha_j\mu_j$ ，其中 $\alpha=n\lambda=[\alpha_1,\alpha_2,\cdots,\alpha_n]^T$ 。

从而可得方案 x_i 的信息熵为： $q_i=\sum_{j=1}^{n}\mu_j{}'\,b_{ij}(i=1,2,3,\cdots,m)$ 。

（4）最小二乘优化决策模型

假设各指标的最终权值向量为 $W_{最终}=\left(w_1,w_2,w_3,\cdots,w_j,\cdots,w_n\right)^T$ ，当移动节点没有感知到备选网络 x_k 时，即当该备选网络不可用时，则相应的权值 $w_k=0$ 。由决策分析理论中期望效益法可知，方案 x_i 的决策值为：

$$f_i=\sum_{j=1}^{n}w_jb_{ij}(i=1,2,3,\cdots,m)$$

综合考虑决策者对备选方案和指标的主、客观信息之后，应使所选择的方案对所有指标而言，距离方案偏好信息值和客观信息熵方案值的偏差越小越好，为此建立最小二乘法优化决策模型：

$$\begin{cases}\min F(W_{最终})=\sum_{i=1}^{m}\left[\left(\sum_{j=1}^{n}w_jb_{ij}-p_i\right)^2+\left(\sum_{j=1}^{n}w_jb_{ij}-q_i\right)^2\right]\\ st\ \sum_{j=1}^{n}w_j=1\\ w_j\geqslant 0,(j=1,2,3,\cdots,n)\end{cases}$$

根据极值理论，作 Lagrange 函数：

$$L(W_{最终},\lambda)=F(W_{最终})+4\lambda(\sum_{j=1}^{n}w_j-1)$$

$$=\sum_{i=1}^{m}\left[\left(\sum_{j=1}^{n}w_jb_{ij}-p_i\right)^2+\left(\sum_{j=1}^{n}w_jb_{ij}-q_i\right)^2\right]+4\lambda\left(\sum_{j=1}^{n}w_j-1\right)$$

并令：

$$\frac{\partial L}{\partial w_j}=\sum_{i=1}^{m}2\begin{bmatrix}\left(\sum_{k=1}^{n}w_kb_{ik}-p_i\right)b_{ij}\\+\left(\sum_{k=1}^{n}w_kb_{ik}-q_i\right)b_{ij}\end{bmatrix}+4\lambda=0\quad(j=1,2,3,\cdots,n)$$

下一步，

$$\sum_{i=1}^{m}(\sum_{k=1}^{n}w_kb_{ik}-\frac{p_i+q_i}{2})b_{ij}+\lambda=0\quad j=1,2,3,\cdots,n$$

再令：$\dfrac{\partial L}{\partial\lambda}=4(\sum_{j=1}^{n}w_j-1)=0$

由上述各式可知，存在 n+1 个变量和 n+1 个方程组，用矩阵形式表示：

$$\begin{bmatrix}B_{nn} & e_{n1}\\ e_{1n}{}^{T} & 0\end{bmatrix}\cdot\begin{bmatrix}W_{最终}\\ \lambda\end{bmatrix}=\begin{bmatrix}C_{n1}\\ 1\end{bmatrix}$$

式中，$e_{n1}=(1,1,1,\cdots,1)^T$，$B_{nn}=[b_{rs}]_{n\times n}$；$b_{rs}=\sum_{k=1}^{m}b_{ks}b_{kr}\quad(r,s=1,2,3,\cdots,m)$；

$$C_{n1}=\left[\sum_{i=1}^{m}\frac{p_i+q_i}{2}b_{i1},\sum_{i=1}^{m}\frac{p_i+q_i}{2}b_{i2},\cdots,\sum_{i=1}^{m}\frac{p_i+q_i}{2}b_{in}\right]^T。$$

通过矩阵方程求解：

$$W_{最终}=(w_1,w_2,w_3,\cdots,w_n)^T=B_{nn}^{-1}\left[C_{n1}+\frac{1-e_{1n}^TB_{nn}^{-1}C_{n1}}{e_{1n}^TB_{nn}^{-1}C_{n1}}e_{n1}\right]$$

由此可得，方案 x_i 的决策值为 $f_i=\sum_{j=1}^{n}W_jbi_j(i=1,2,3,\cdots,m)$。

经过备选方案的排序，$f^*=\max\{f_i|i=1,2,3,\cdots,m\}$ 对应的决策方案 x^* 即为最佳切换目标。

3．仿真结果及其分析

网络仿真拓扑如图 6.8 所示，仿真环境由 2 个 WLAN（IEEE 802.11b）接入点（AP）和 1 个 UMTS 基站（BTS）组成，其中 UMTS 覆盖整个区域，包括 WLAN-1 和 WLAN-2 覆盖区域。移动用户（MS）从左到右的方向以 1 m/s 的速度从 A 点到 E 点方向移动，其中 A 点对应计时起点。UMTS 和 WLAN 网络条件原始参数取值情况如表 6.2、表 6.3 和表 6.4 所示。

表 6.2　备选网络条件原始参数表

QoS 参数	UMTS	WLAN-1	WLAN-2
吞吐量 / （Mb/s）	1.7	20	25
时延 / ms	19	45	50
丢包率	0.07	0.04	0.04
安全性 / level	8	6.5	6
代价 / kbyte	0.9	0.2	0.5

注：表中“吞吐量”和“安全性”为效益型指标，而“时延”、“丢包率”和“代价”为成本型指标。

表 6.3　备选网络条件原始参数标准化

仿 真 场 景		吞吐量	时延	丢包率	安全性	代价
场景-1	UMTS	1.7	19	0.07	8	0.9
	WLAN-1	20	45	0.04	6.5	0.2
场景-2	UMTS	1.7	19	0.07	8	0.9
	WLAN-1	20	45	0.04	6.5	0.2
	WLAN-2	25	50	0.04	6	0.5
场景-3	UMTS	1.7	19	0.07	8	0.9
	WLAN-2	25	50	0.04	6	0.5
参数标准化						
仿真场景		吞吐量	时延	丢包率	安全性	代价
场景-1	UMTS	0	1	0	1	0
	WLAN-1	1	0	1	0	1
场景-2	UMTS	0	1	0	1	0
	WLAN-1	0.80	0.42	1	0.81	1
	WLAN-2	1	0	1	0	0.4
场景-3	UMTS	0	1	0	1	0
	WLAN-2	1	0	1	0	1

表 6.4　仿真场景中接入选择结果

场　　景		吞吐量	时延	丢包率	安全性	代价	无偏好权值时 f 取值	对准则偏好时 f 取值	对网络偏好时 f 取值
场景-1	UMTS	0	1	0	1	0	0.19	0.52	0.59
	WLAN-1	1	0	1	0	1	0.81	0.48	0.41
选择结果							WLAN-1	UMTS	UMTS
场景-2	UMTS	0	1	0	1	0	0.19	0.52	0.59
	WLAN-1	0.80	0.42	1	0.81	1	0.8169	0.8594	0.8166
	WLAN-2	1	0	1	0	0.4	0.754	0.454	0.372
选择结果							WLAN-1	WLAN-1	WLAN-1
场景-3	UMTS	0	1	0	1	0	0.19	0.52	0.59
	WLAN-2	1	0	1	0	1	0.81	0.48	0.41
选择结果							WLAN-2	UMTS	UMTS

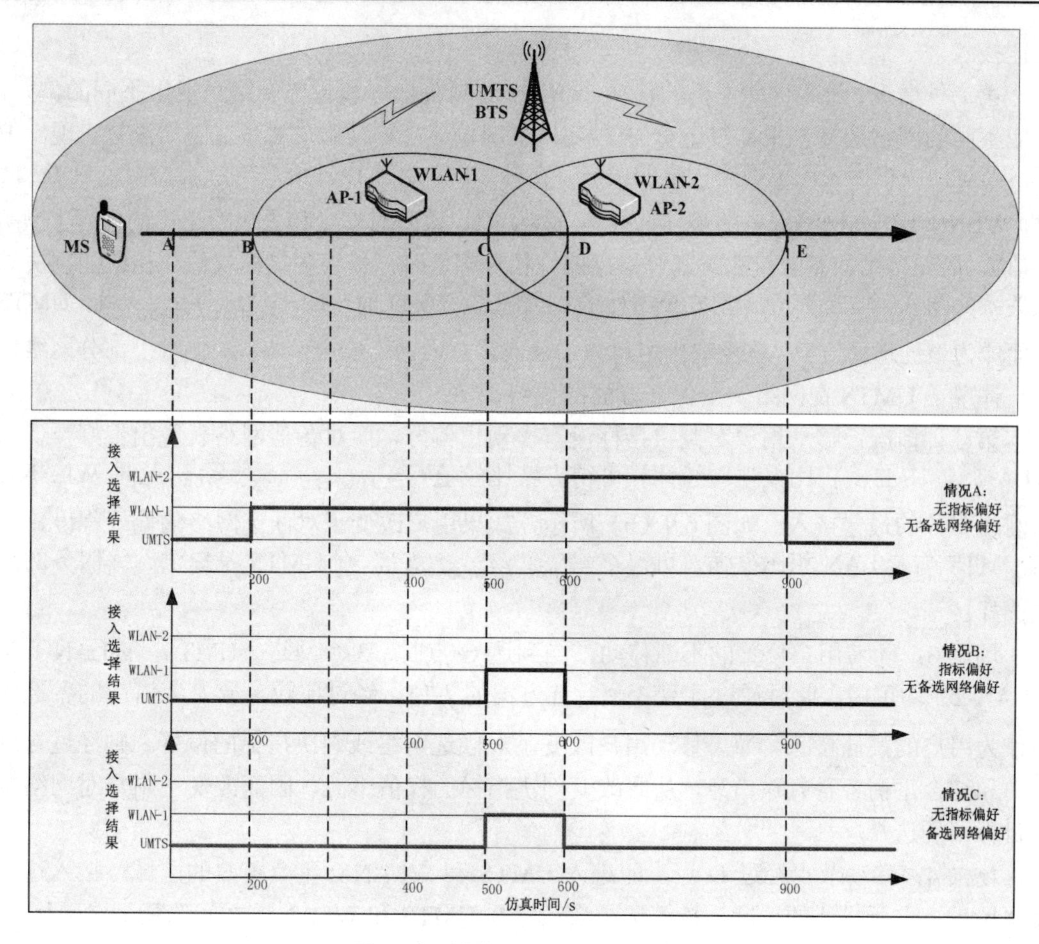

图 6.8　网络接入选择仿真拓扑图

假定 WLAN 网络的可用性不仅仅通过足够强的接收信号强度（RSS）来判断，而且用户还必须在 WLAN 覆盖区域内停留 5 min 以上，可以减少乒乓切换。下面通过 4 种场景进行描述。

场景 1：移动用户（MS）仅仅处在 UMTS 的覆盖区域内，只能感知到 UMTS 网络的存在，只有 UMTS 可用。在图 6.8 中，当移动用户处于 A 点和越过 E 点以后，此时接入选择算法没有启动，所以 UMTS 直接被选择。

场景 2：当移动用户进入 UMTS 和 WLAN-1 重叠覆盖的区域后，如图 6.8 中的 B 点，此时 WLAN-1 可用，存在 UMTS 和 WLAN-1 之间选择问题，接入选择算法启动。共有以下 3 种情况。

第一种情况：移动用户对备选网络和判决指标都没有表现出偏好。仅仅根据客观信息熵方法计算，得出方案比较值 $C = f_{\mathrm{UMTS}}/f_{\mathrm{WLAN\text{-}1}} = 0.23 < 1$，此时，WLAN-1 为网络服务的

最佳接入。

第二种情况：随着移动主机的移动，当用户对判决指标和备选网络呈现出不同的偏好，对应不同的网络选择结果。以下分 3 种实例情况论述：移动用户对备选网络没有表现出偏好，而对判决指标表现出不同程度的偏好。在开始时，方案比较值$C = f_{\text{UMTS}}/f_{\text{WLAN-1}} < 1$，此时，WLAN-1 仍为网络服务的最佳选择。当移动用户改变对安全和丢包率指标的偏好［提高权值］，而对费用、吞吐量和时延等指标偏好相对降低时，最终各指标权值和相应的判决结果关系如图 6.9（a）］所示。当安全指标的权值超过约 0.47 时，$C = f_{\text{UMTS}}/f_{\text{WLAN-1}} > 1$，UMTS 反而成为最佳选择方案。这反映出用户为了获取满意的网络安全性指标，牺牲了部分网络质量，体现了 UMTS 在网络安全保证方面的优势。

第三种情况：移动用户对判决指标没有表现出偏好，而对备选网络表现出偏好，认为 WLAN 比 UMTS 相比很强。经计算可得方案比较值$C = f_{\text{UMTS}}/f_{\text{WLAN-1}} < 1$，此时 WLAN-1 为网络服务的最佳接入。如图 6.9（b）所示，如果用户改变了对候选网络的偏好程度，认为 UMTS 与 WLAN 相比很强，可得$C = f_{\text{UMTS}}/f_{\text{WLAN-1}} > 1$，则 UMTS 是提供网络服务的最佳选择。

场景 3：随着用户位置的不断移动，当到达 C 点时，3 个网络（UMTS，WLAN-1 和 WLAN-2）均可用，此时通过计算 3 个备选方案的 f_i 值。经过比较，最大 f_i 对应的备选网络作为用户的最佳接入。如果移动用户改变了对候选网络或判决指标的偏好，则经过合理折中和综合平衡各种判决信息，从此改变判决指标的权值 $W_{\text{最终}}$，因而改变了用户对网络接入目标 x^*的选择。

场景 4：移动节点经过 D 点，即进入 UMTS 和 WLAN-2 重叠覆盖的区域。接入选择类似场景 2 中所描述的情况，接入选择启动，在 UMTS 和 WLAN-2 之间选择最优网络。

移动节点从 A 点移动到 E 点，接入选择的结果见表 6.4 和图 6.8，分以下 3 种情况讨论。

情况 A：刻画出移动用户没有对判决准则和备选网络产生偏好时，接入选择的结果。当移动用户没有对判决准则和备选网络产生偏好时，各准则的最终权值为（0.54，0.1，0.18，0.09，0.09）。

情况 B：刻画出移动用户对判决准则产生偏好而对备选网络没有产生偏好时，接入选择的结果。各准则的最终权值为（0.17，0.02，0.3，0.5，0.01）。

情况 C：刻画出移动用户对判决准则和备选网络均产生偏好时，接入选择的结果。各准则的最终权值为：（0.22，0.07，0.16，0.52，0.03）。

由此可见，根据接入选择算法，当用户对判决准则和备选网络呈现出不同的偏好时，可以改变接入选择的结果。

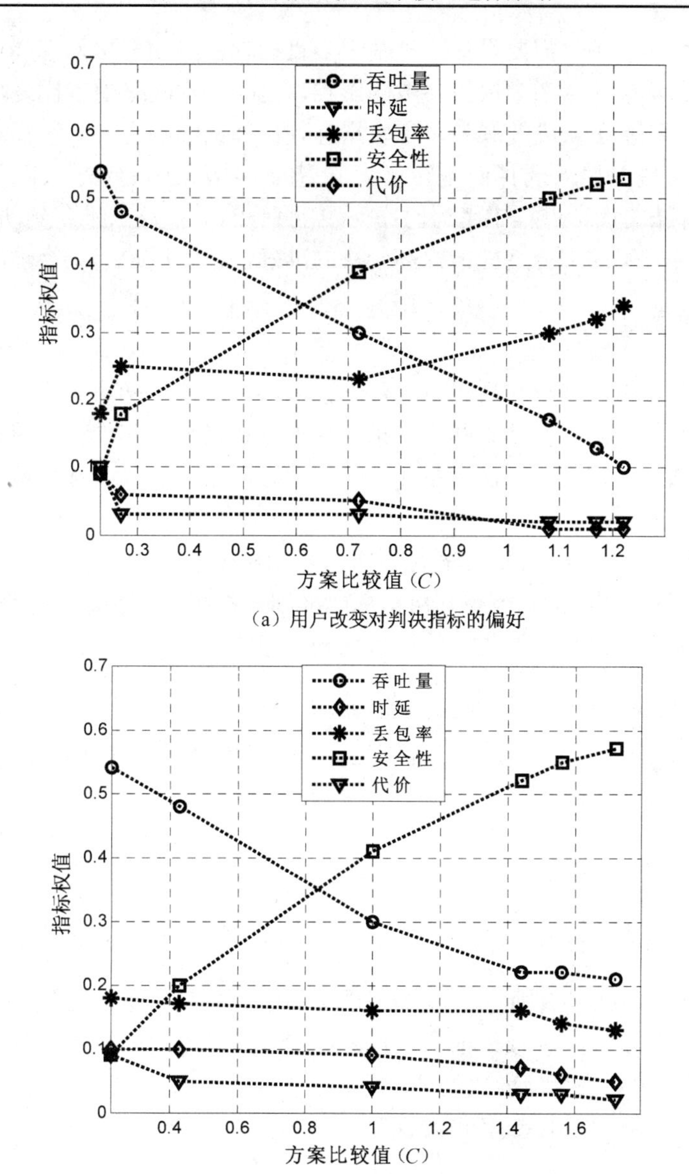

（a）用户改变对判决指标的偏好

（b）用户改变对候选网络的偏好

图 6.9　UMTS 和 WLAN-1 之间的方案选择

6.4.3　基于灰度关联的动态接入选择算法

由于 6.4.2 节论述的静态接入选择算法的设计是基于静止的时间截面，没有考虑判决参数的时变特征，不能真实反映网络接入的综合性能，容易造成判决结果的偏颇和谬误。

在复杂的异构网络环境中，需要设计一种基于多目标判决的动态接入选择算法，优化静态的接入选择算法，从整体上考虑决策参数的影响，提高异构网络中多模终端选择网络的准确性。本节提出一种基于灰度关联和时序多指标判决理论的动态接入选择算法，研究的思路是将异构网络环境中接入选择问题转化为典型的多指标决策问题，建立多目标决策模型，在接入选择算法的设计过程中考虑时序问题，将静态选择算法推广到动态多目标判决，最大程度地反映各方案的综合性能，提高判决的准确性，为用户提供合理的接入选择。

1．接入选择模型

在异构网络环境中，多模终端可以灵活地接入多个网络。随着可用网络的不断增加，接入选择变得非常复杂，需要首先建立多指标接入选择模型，其中移动用户作为决策者，可用网络作为备选方案，接入判决参数作为判决准则，最终目标是选择最优的接入网络。具体数学建模过程如下：

$\boldsymbol{D}=\{d_1,d_2,d_3,\cdots,d_n\}$，表示$n$个备选方案（可用网络）集合。

$\boldsymbol{C}=\{c_1,c_2,c_3,\cdots,c_m\}$，表示$m$个判决指标或准则（判决指标参数）集合。

在时序T_t下n个方案对m个指标的多目标判决矩阵为：

$\boldsymbol{A}^t=\left(a_{ij}^t\right)_{n\times m}=\begin{vmatrix} a_{11}^t & a_{12}^t & \dots & a_{1m}^t \\ a_{21}^t & a_{22}^t & \dots & a_{2m}^t \\ \vdots & \vdots & \vdots & \vdots \\ a_{n1}^t & a_{n2}^t & \dots & a_{nm}^t \end{vmatrix}$，$t=1,2,\cdots,K$，其中，$a_{ij}^t$表示备选方案$d_i$对于判决准则$c_j$的结果。

考虑时序问题：$\boldsymbol{T}=\{t_1,t_2,\cdots,t_K\}$，时间样本的权重为$\hat{a}=\{\beta_1,\beta_2,\cdots,\beta_K\}$且$\sum_{i=1}^{K}\beta_i=1$。

对于不同种类的判决准则而言，量纲可能不同。各指标具有不同的量纲和物理意义，可分为两种类型：“成本型”，效果值愈小愈好；“效益型”，效果值愈大愈好。为了便于分析计算，对判决矩阵$\boldsymbol{A}^t$进行标准化处理：

对于效益性指标，如吞吐量和可靠性等：

$$b_{ij}^t=\frac{a_{ij}^t}{\max\left\{a_{ij}^t\left|1\leqslant i\leqslant n\right.\right\}}\quad(i=1,2,3,\cdots,n)$$

对于成本性指标，如费用和时延等：

$$b_{ij}^t=\frac{\min\left\{a_{ij}^t\left|1\leqslant i\leqslant n\right.\right\}}{a_{ij}^t}\quad(i=1,2,3,\cdots,n)$$

由此可得标准化决策矩阵：

$$\boldsymbol{B}^t=\left(b_{ij}^t\right)_{n\times m}=\begin{pmatrix} b_{11}^t & b_{12}^t & \dots & b_{1m}^t \\ b_{21}^t & b_{22}^t & \dots & b_{1m}^t \\ \vdots & \vdots & \vdots & \vdots \\ b_{n1}^t & b_{n1}^t & \dots & b_{nm}^t \end{pmatrix}$$

假设各指标的权重由专家调查法或层次分析法（AHP）得到各项指标的权重向量——$\boldsymbol{W}=\{w_1,w_2,\cdots,w_m\}$ 且 $\sum_{i=1}^{m} w_i=1$，可得加权规范化决策矩阵：

$$\boldsymbol{B}_w^t=\left(w_j b_{ij}^t\right)_{n\times m}=\begin{pmatrix} w_1 b_{11}^t & w_2 b_{12}^t & \dots & w_m b_{1m}^t \\ w_1 b_{21}^t & w_2 b_{22}^t & \dots & w_m b_{1m}^t \\ \vdots & \vdots & \vdots & \vdots \\ w_1 b_{n1}^t & w_2 b_{n1}^t & \dots & w_m b_{nm}^t \end{pmatrix}$$

2．灰色关联分析

灰色系统理论主要研究既无经验、数据又少的不确定性问题，目前已广泛应用在工业自动控制、社会系统、经济系统和目标决策等不同领域中。灰度的基本定义就是不完全、不确定的信息。来自一个不完全消息的元素被考虑成为一种灰色元素，系统或元素之间不完全和不确定的信息关系被认为是灰度关系。灰色关联分析（Grey Relational Analysis，GRA）是灰度系统理论中是一种有效分析离散序列间关联程度的测度方法，实质上可以看做是一种有参考系的整体比较。在计算灰色关联度过程中，首先，定义灰色关联空间和一个参考序列，按照相似性和可变性，参考序列和其他序列的关系度可以通过计算灰色相关系数得到；其次，计算出的最大 GRA 对应的离散序列就是所要选择的理想结果。

首先定义灰色关联空间：$\{P(X),\Gamma\}$，其中序列：

$$x_i(k)=\left(x_i(1),x_i(2),x_i(3),\cdots,x_i(k)\right)\in X, i=0,1,2,\cdots,m, k=1,2,3,\cdots,n$$

$$x_0(k)=\left(x_0(1),x_0(2),x_0(3),\cdots,x_0(n)\right)$$

$$x_1(k)=\left(x_1(1),x_1(2),x_1(3),\cdots,x_1(n)\right)$$

$$x_2(k)=\left(x_2(1),x_2(2),x_2(3),\cdots,x_2(n)\right)$$

$$\cdots$$

$$x_m(k)=\left(x_m(1),x_m(2),x_m(3),\cdots,x_m(n)\right)$$

灰度关联系数的计算：

$$\gamma(x_0(k),x_i(k))=\frac{\left\{\min\limits_i \min\limits_k \left|x_0(k)-x_i(k)\right|+\zeta \max\limits_i \max\limits_k \left|x_0(k)-x_i(k)\right|\right\}}{\left\{\left|x_0(k)-x_i(k)\right|+\zeta \max\limits_i \max\limits_k \left|x_0(k)-x_i(k)\right|\right\}}$$

其中：

① $i=1,2,3,\cdots,\mathrm{m},k=1,2,3,\cdots,n$；

② $x_0(k)$ 为参考序列，$x_i(k)$ 为特定比较序列；

③ $\zeta\in[0,1]$ 为辨析系数。

当求得灰色关联系数后，一般取灰色关联系数的平均值作为的灰色关联度：

$$\gamma(x_i,x_j)=\frac{1}{n}\sum_{k=1}^{n}\gamma(x_i(k),x_j(k))$$

通过比较序列与参考序列的关联程度，可以对离散序列灰色关联度的大小进行排序。

按照常规的多目标决策算法，计算复杂度太大。灰色关联理论中灰色关联分析作为分析离散序列间关联程度的方法，对序列中试验样本的数量没有要求，不需要样本具备典型的分布规律，可以评估多个备选方案，从中选优的定量分析手段，该方法的优势在于克服了在一般概率统计方法中需要大量实验样本和繁杂计算的障碍，减少了计算复杂度。本书考虑利用灰度关联的分析方法，衡量接入选择决策矩阵中各选择向量与参考向量间关联程度大小，以此对备选网络接入方案进行优先排队，从中选择最优的网络接入。

3. 基于灰度关联的动态接入选择算法

在基于灰度关联的接入选择算法的设计过程中，首先定义优、劣参照方案以及可行方案对优、劣方案的关联系数及关联度，目的在于是把它们作为衡量其他可行方案的标准以权衡各方案的优劣，在一定程度上克服了仅考虑最优参考向量时，当关联系数在此参数下相差很小时，难于决策的局面。

根据加权规范化决策矩阵，进行如下定义。

定义 1：向量 $\mathbf{MIN}^t=(s_1^t,s_2^t,s_3^t,\cdots,s_m^t)$，$s_k^t=\min\limits_{1\leqslant i\leqslant n}\mathrm{w_k}b_{ik}^t$ 为时序 T_t 的局部最差判决参考向量。

定义 2：向量 $\mathbf{MAX}^t=(h_1^t,h_2^t,h_3^t,\cdots,h_m^t)$，$h_k^t=\max\limits_{1\leqslant \mathrm{i}\leqslant \mathrm{n}}(\mathrm{w_k}b_{ik}^t)$ 为时序 T_t 的局部最优判决参考向量。

由于多目标决策目标间的矛盾性，一般来讲 $\mathbf{MIN}^t\neq\left(w_jb_{ij}^t\right)$，$j=1,2,\cdots,m$ 或 $\mathbf{MAX}^t\neq\left(w_jb_{ij}^t\right),j=1,2,\cdots,m$。如果相等，则此时方案就是最优方案，没有判决的必要。

计算 T_t 时序方案 $i(i=1,2,\cdots,n)$ 的效果与其局部最优判决参考向量的灰色关联度为 $\chi_i^t(i=1,2,\cdots,n)$：

$$\chi_i^t=\frac{1}{m}\xi_i^t(k)\quad(k=1,2,\cdots,m)，\text{其中，}\xi_i^t(\mathrm{k})=\frac{\min\limits_{\mathrm{i}}\min\limits_{k}\left|h_k^t-w_kb_{ik}^t\right|+\rho\max\limits_{i}\max\limits_{k}\left|h_k^t-w_kb_{ik}^t\right|}{\left|h_k^t-w_kb_{ik}^t\right|+\rho\max\limits_{i}\max\limits_{k}\left|h_k^t-w_kb_{ik}^t\right|}$$

ρ 为分辨系数，$\rho\in[0,1]$，一般取 $\rho=0.5$。所有 n 个方案与局部最优判决参考向量的

灰色关联度向量为 $(\chi_i^t)^T \quad (i=1,2,\cdots,n)$。

同理可计算得出 T_t 时序方案 $i(i=1,2,\cdots,n)$ 的效果与其局部最差判决参考向量的灰色关联度为 $\psi_i^t(i=1,2,\cdots,n)$，所有 n 个方案与局部最差判决参考向量的灰色关联度向量为 $(\psi_i^t)^T \quad (i=1,2,\cdots,n)$。

综合 n 个方案在 K 个时序内的局部理想最优效果的灰色关联度，得到矩阵 $\boldsymbol{X}$：

$$\boldsymbol{X}=\begin{vmatrix} \chi_1^1 & \chi_1^2 & \cdots & \chi_1^K \\ \chi_2^1 & \chi_2^2 & \cdots & \chi_2^K \\ \vdots & \vdots & \vdots & \vdots \\ \chi_n^1 & \chi_n^2 & \cdots & \chi_n^K \end{vmatrix}$$

进一步考虑时序权重，对矩阵 $\boldsymbol{X}$ 进行加权处理后的矩阵：

$$\boldsymbol{X}_\beta=\begin{vmatrix} \beta_1\chi_1^1 & \beta_2\chi_1^2 & \cdots & \beta_K\chi_1^K \\ \beta_1\chi_2^1 & \beta_2\chi_2^2 & \cdots & \beta_K\chi_2^K \\ \vdots & \vdots & \cdots & \vdots \\ \beta_1\chi_n^1 & \beta_2\chi_n^2 & \cdots & \beta_K\chi_n^K \end{vmatrix}$$，即得整体最优关联矩阵。

定义 3： 若向量 $\boldsymbol{Z}=(a_1,a_2,\cdots,a_K)$ 满足：$a_\beta=\max\limits_{1\leqslant i\leqslant n}\beta_k\chi_i^t$，则称 $\boldsymbol{Z}$ 为整体最优判决向量。

再次运用灰色关联理论，计算方案 $i(i=1,2,\cdots,n)$ 的关联度效果与整体理想最优的灰色关联度为 $\chi_i(i=1,2,\cdots,n)$。进一步可得整体最优判决向量为 $\boldsymbol{R}=(\chi_1,\chi_2,\chi_3,\cdots,\chi_n)^T$。

同理可得，整体最劣关联矩阵：

$$\boldsymbol{E}_\beta=\begin{vmatrix} \beta_1\psi_1^1 & \beta_2\psi_1^2 & \cdots & \beta_K\psi_1^K \\ \beta_1\psi_2^1 & \beta_2\psi_2^2 & \cdots & \beta_K\psi_2^K \\ \vdots & \vdots & \vdots & \vdots \\ \beta_1\psi_n^1 & \beta_2\psi_n^2 & \cdots & \beta_K\psi_n^K \end{vmatrix}$$

从而求出整体最劣判决向量 $\boldsymbol{C}=(\psi_1,\psi_2,\psi_3,\cdots,\psi_n)^T$。

假设综合所有的指标和时段，决策方案的排序向量为 $\boldsymbol{p}=(p_1,p_2,p_3,\cdots,p_n)$，其中，$0< p_i\leqslant 1$。方案 i 以期望概率 p_i 从属于优方案，以期望值为 $1-p_i$ 从属于劣方案。算法的最终目标是某些方案距离优方案越近的同时而远离劣方案，即从而使另外一些方案远离优方案的同时接近劣方案，等效于使决策方案即不从属于优方案又不从属于劣方案的期望值最小，才能明显区别出各种备选方案，避免造成模棱两可的判决困境。根据经典的最小二乘法，提出目标函数 $f(x)$，建立综合最优化决策模型：

$$\max f(p_1,p_2,p_3,\cdots,p_n)=\max\sum_{i=1}^{n}\{(p_i\chi_i)^2+[(1-p_i)\psi_i]^2\}$$

为了便于求解，对上述公式进行逆变换，可得

$$\min\left[-f(p_1,p_2,p_3,\cdots,p_n)\right]=\min\sum_{i=1}^{n}\{[(1-p_i)\chi_i]^2+[p_i\psi_i]^2\}$$

为了求解系统的最优解向量 $\boldsymbol{p}=(p_1,p_2,p_3,\cdots,p_n)$，方案 i 以期望概率 p_i 从属于优方案的关联程度最大，令：

$\dfrac{\partial f}{\partial p_i}=0$，可得 $p_i=\dfrac{\chi_i^{\ 2}}{\chi_i^{\ 2}+\psi_i^{\ 2}}$。

显然，p_i 计算结果越大，方案 i 就越接近整体最优判决向量，越远离整体最劣判决向量。

最后，按照方案的排序向量 $\boldsymbol{p}=(p_1,p_2,p_3,\cdots,p_i)$ 中 p_i 由大到小的顺序排列，即求得最优网络选择方案。

4. 实例分析

网络环境由 2 个 WLAN（IEEE 802.11b）接入点（AP）和 1 个 UMTS 基站（BTS）组成，移动用户（MS）拥有 3 个接口（UMTS，WLAN-1 和 WLAN-2）的多模终端，网络拓扑如图 6.10 所示。

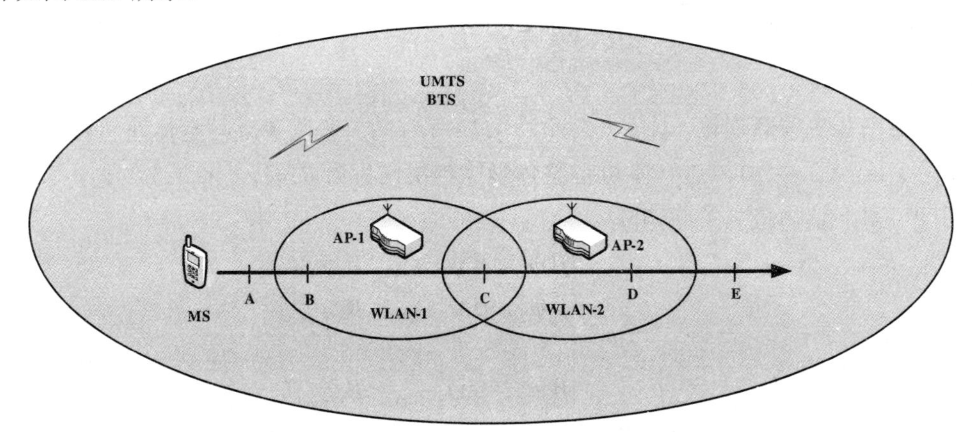

图 6.10　网络仿真拓扑图

其中，UMTS 覆盖整个区域，包括 WLAN-1 和 WLAN-2 覆盖区域。MS 以从左到右的方向从 A 点向 E 点匀速移动。当 MS 到达 UMTS，WLAN-1 和 WLAN-2 重叠覆盖的区域内时，借鉴相关文献中关于网络参数的取值，如表 6.5 所示。

在上述网络环境中，接入选择可从以下 3 种实例进行分析。

① 实例 1：移动用户（MS）仅仅处在 UMTS 的覆盖区域内，如图 6.10 中的 A 点和 E 点，此时接入选择算法没有工作，所以 UMTS 直接被选择。

② 实例 2：当移动用户到达 UMTS 和 WLAN-1 覆盖的区域内（B 点）或 UMTS 和 WLAN-2 覆盖的区域内（D 点），如图 6.10 所示，此时，WLAN-1 或 WLAN-2 可用，UMTS

和 WLAN-1 或 UMTS 和 WLAN-2 之间接入选择算法开始工作。

③ 实例 3：随着用户位置的不断移动，当到达 3 个网络（UMTS，WLAN-1 和 WLAN-2）重叠的区域内，如图 6.10 中 C 点时，3 个可选网络同时可用，抽取 3 个时间样本 $t_1<t_2<t_3$，在时间权重向量为（0.3，0.5，0.2）情况下，网络参数取值情况如表 6.5 所示。

表 6.5　动态接入选择网络参数表

网络参数	UMTS（d_1）			WLAN-1（d_2）			WLAN-2（d_3）		
	t_1	t_2	t_3	t_1	t_2	t_3	t_1	t_2	t_3
接收信号强度（c_1/dBi）	70	71	73	60	55	50	45	50	60
吞吐量（c_2/Mbps）	1.7	1.8	2.0	20	18	15	15	18	20
时延（c_3/ms）	19	19	19	45	45	45	50	50	50
丢包率（$c_4/10^{-2}$）	7	7	7	4	5	6	4	3	2
代价（c_5）	0.9	0.9	0.9	0.2	0.2	0.2	0.5	0.5	0.5

假设各指标权重相等，即权重向量为（0.2，0.2，0.2，0.2，0.2）。通过接入选择算法，计算出 3 个备选方案的 p_i 值，经过比较，最大 p_i 对应的备选网络作为用户的最佳接入。

考虑在 3 个时序情况下，当网络参数经过接入选择算法后，UMTS，WLAN-1 和 WLAN-2 的判决输出的排序向量为 $(p_1, p_2, p_3)=$（0.5571，0.4831，0.4867）。由此可知，3 种备选方案的优先顺序为：UMTS，WLAN-2 和 WLAN-1，此时 UMTS 为最佳接入选择。

在动态接入选择算法的设计过程中，考虑了时序问题，将静态选择算法推广到动态多目标判决，最大程度地反映各方案的综合性能，提高了接入选择的准确性。

6.5 本章总结

本章提出一个异构终端的接入选择功能架构，在此基础上提出两种接入选择策略：基于多指标判决的静态接入选择和基于灰度关联的动态接入选择。异构终端接入选择功能架构赋予终端选择接入网络功能，使其能够动态、独立地选择合适的接入网络，为接入选择算法的研究提供了功能上的承载，为接入选择算法的设计奠定了基础。基于多指标判决的静态接入选择算法考虑了各种切换判决参数，将接入网络选择问题转化为静态的多目标决策问题，合理折中用户偏好、业务需求和网络条件等反映整个网络性能的信息，为用户提供合理的接入选择。基于灰度关联和时序多目标决策的动态接入选择算法将静态多目标选择推广到动态多目标判决，是对静态接入选择算法的优化，可以整体考虑决策参数的影响，使选择算法符合实际的网络环境。理论分析和实验仿真表明，两种接入选择算法能够全面、系统地考虑决策参数，选择合理的接入目标。

参 考 文 献

[1] Gábor Fodor，Anders Eriksson and Aimo Tuoriniemi，Providing Quality of Services in Always Best Connected Networks[J]，IEEE Communications Magazine，pp.154～163，Jul. 2003.

[2] Olaziregii N，Niedermeier C，Schmid R， et al，Overall system architecture for reconfigurable terminals[C]，IST Mobile Communication Summit，Sep. 2001.

[3] http：//www.wwrf.org.

[4] 张轶凡. 异构网络条件下终端发展趋势[J]. 现代电信科技，2006.7.

[5] Ken Murray，Dirk Pesch，Intelligent Network Access and Inter-System Handover Control in Heterogeneous Wireless Networks for Smart Space Environments[C]，Proc IEEE WPMC 2003， Vol.1：pp.325～329，Oct.2003.

[6] http：//www.3gpp.org.

[7] 纪阳，张平. 端到端重配置无线网络技术[M]. 北京：北京邮电大学出版社，2006.

[8] M. Liebsch， A. Singh（editors）， H. Chaskar， et al，The Candidate Access Router Discovery Protocol，IETF draft-ietf-seamobycard-protocol-07.txt， work in progress.

[9] SCHULZRINNE H，WEDLUND E，Application layer mobility using SIP[J]，Mobile Computing and Communications Review，Vol.4（3）：pp.47～57，2000.

[10] 裘晓峰. 移动 IP[M]. 北京：机械工业出版社，2000.

[11] A. Majlesi and B. H. Khalaj，An Adaptive Fuzzy Logic Based Handoff Algorithm for Interworking between WLANs and Mobile Networks[C]，Proc. IEEE PIMRC '02，2002.

[12] N. D. Tripathi， J. H. Reed， and H. F. Vanlandinghum，Adaptive Handoff Algorithm for Cellular Overlay Systems Using Fuzzy Logic[C]，IEEE 49th VTC，1999.

[13] M. Ylianttila et al，Optimization Scheme for Mobile Users Performing Vertical Handoffs between IEEE 802.11 and GPRS/EDGE Networks[C]，Proc.IEEEGLOBECOM'01，2001.

[14] QING YANG SONG，ABBAS JAMALIPOUR，Network selection in an integrated wireless LAN and UMTS environment using mathematical modeling and computing techniques[J]，IEEE Wireless Communications，Vol.12：pp.42～48，2005.

[15] Evgenia Adamopoulou，Konstantinos Demestichas，et al，Intelligent Access Network Selection in Heterogeneous Networks[J]，IEEE Wireless Communications，pp.279～283，2005.

[16] Ho Chan， Pingyi Fan， Zhigang Cao，A Utility-Based Network Selection Scheme for Multiple Services in Heterogeneous Networks[C]，2005 International Conference on Wireless Networks， Communications and Mobile Computing，pp.1175～1180，2005.

[17] 刘家学，刘耀武. 带有方案偏好信息的多指标决策法[J]，系统工程与电子技术，Vol.21（1）：4～7，Oct.1999.

[18] 李军，宋梅，宋俊德. B3G 中一种基于多指标判决的网络接口选择策略[J]. 兰州大学学报，Vol.42（Supp）：pp407～411，Mar. 2006.

[19] 李军，宋梅，宋俊德. 异构网络中一种基于灰度关联的动态接入选择策略[J]. 北京邮电大学学报，Vol.29（Supp）：pp174～177，Nov.2006.

[20] 林齐宁. 决策分析[M]. 北京：北京邮电大学出版社, 2005.

[21] 樊治平, 肖四汉. 带有 Fuzzy 偏好关系的多属性决策方法[J]. 东北大学学报，Vol.21（3）: 324～327，2000.

[22] 陈宝林. 最优化理论与算法[M]. 北京：清华大学出版社, 2004.

[23] 邓聚龙. 灰色系统理论[M]. 武汉：华中理工大学出版社, 2002.

[24] 李军. 异构多模终端的接入选择功能架构[J]. 中兴通讯技术. 2008.6.

第7章　异构无线网络重配置技术

本章要点

- 融合无线接入概念
- 软件无线电技术
- 端到端重配置技术
- 重配置终端的系统架构和功能

本章导读

本章首先引入融合无线接入的概念，简要介绍了融合无线接入环境和管理功能实体，接着描述了软件无线电系统结构和技术应用，然后重点论述了端到端重配置技术的网络架构、重配置融合网络和网络管理，最后详细说明了重配置终端的系统架构、功能、协议栈和实现方式。

7.1　引　　言

随着微电子技术、计算机技术的快速发展，尤其是大规模高性能的可编程器件的出现、软硬件设计方法和设计工具上的改进，软件无线电（Software Defined Radio，SDR）技术逐渐成为计算系统研究中的一个新热点。SDR 使传统意义上硬件和软件的界限变得模糊，让硬件系统软件化，具有灵活、简捷、硬件资源可复用、易于升级等多种优良性能。重配置（Reconfiguration）技术由软件无线电技术发展起来，针对无线接入环境的异构性特点，以异构资源的最优化使用和用户对业务的最优化体验为目标，结合可编程、可配置、可抽象的硬件环境以及模块化的软件设计思想，实现对多种无线接口技术的支持，使网络和终端具备支持多种接入技术，且可灵活适配。重配置是用软件无线电实现同一个终端无缝接入多种无线通信系统的关键技术，通过网络下载配置软件后，再进行重配置，从而实现异构终端无缝接入各不同无线通信系统的目标。

可以预见，未来的网络将趋于融合，不同接入技术无缝接入 IP 核心网，提供无处不在的业务。未来的无线异构系统将包括各种各样的无线接入技术标准（Radio Access Technology，RAT），如 2G、3G、宽带无线接入和数字音频广播等，融合无线和重配置在通信领域内相继出现。在异构无线接入架构中，融合无线使不同无线网络可以相互配合，获取满意的容量和服务质量；而重配置可以使终端和网络实体动态地选择和适应最合适的无线接入技术，这两种概念都对异构无线系统管理提出了更高的要求。

7.2　融合无线接入概念

7.2.1　融合无线接入环境

未来移动通信系统的发展趋势促使融合无线系统（Composite Radio，CR）概念的产生。CR 概念最先利用了可用的无线接入技术，增加业务提供的可能性和效率。异构无线接入架构的实体可能包括不同无线接入网络，如 GPRS，UMTS，WLAN 和 DAB 等，同一个网络运营商可以拥有这些不同的无线接入技术，通过互补充方式有效利用网络资源，就可以低成本获得满意需要的容量和服务质量。基于业务需求和网络性能规则，可以将用户导入最合适的无线接入网络中。

如图 7.1 所示，CR 参考架构包括不同的无线技术，无缝接入 IP 骨干网，终端在跨系统移动过程中保持业务的连续性，不同网络的集成可以通过附加到每个网络中的 CR 环境管理系统（MS-CRE）提供。每个网络的管理系统管理特定的无线技术，不同平台可以互操作。不同平台的共存是个可以实现的方法，可以使运营商各自维护私有信息。

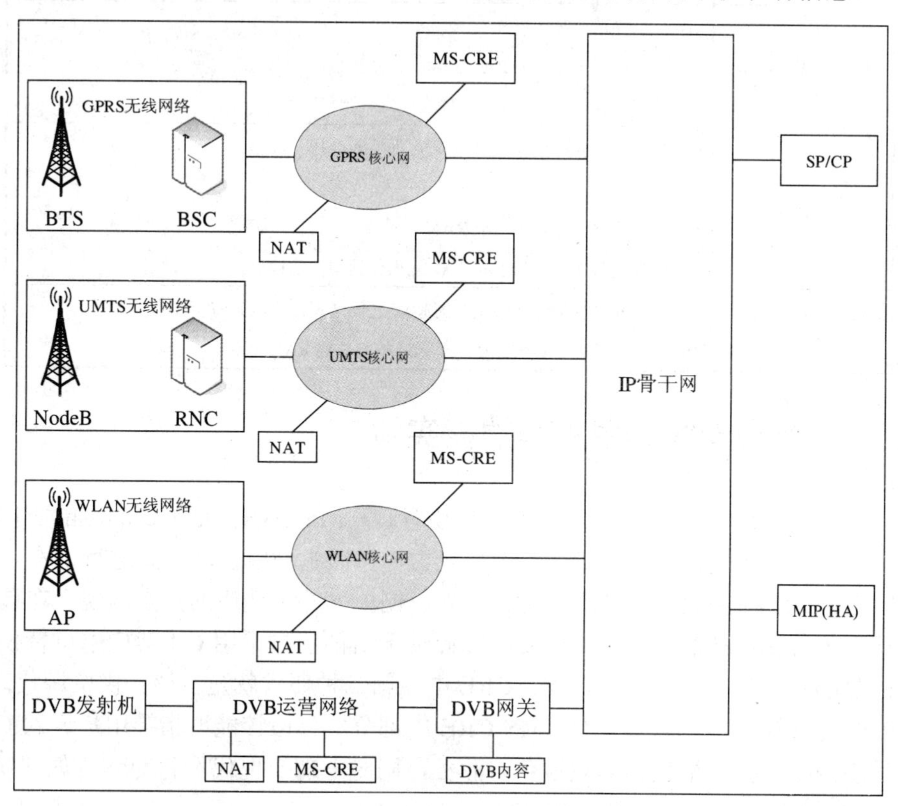

图 7.1　融合无线参考架构

固定网络包括私有的和公共的，基于 IPv4 接入技术。CR 概念可能被应有到 IPv6 为基础的架构中。IPv6 的引入减少了整个网络的复杂度，IPv6 提供了大量的地址空间，网络地址转换（NAT）实体可以去掉。因为 IPv6 还需要克服限制，如缺乏兼容应用服务器和客户端，缺乏对已有网络架构广泛的支持。因为诸多原因，CR 概念在近期不得不在 IPv4 基础上发展。移动 IP 能够在 IP 层面保持无缝移动性，而不管底层技术的差异性。在移动 IPv4 基础上，NAT 和 MIP 可以相互协调工作。

融合无线（CR）要求终端能够在不同 RAT、不同无线接入网络中工作，在不同服务区域提供替代的无线接入能力。重配置支持 CR 概念，通过提供潜在的技术可使终端和网络实体动态选择和适应不同 RAT 集合，针对不同业务来说是最合适的。按照重配置的概念，根据 RAT 选择的结果，表征不同实体的软件被自动下载、安装和验证。表 7.1 描述了融合无线通信网络的概念，总结出终端和网络实体的基本特征。

表 7.1　融合无线通信网络

无线通信概念	终端和网络实体的基本特征
已有的无线通信	① 一个终端连接一个 RAT ② 一个网络连接一个 RAT ③ 静态配置
融合无线	① 能够在不同可替换 RAT 之间进行接入选择 ② 同时操作 ③ 每种网络实体对应一个 RAT ④ 软件的预先安装和不同 RAT 互操作的硬件结构
重配置	① 终端和网络实体能够在不同 RAT 之间选择，许多 RAT 可以同时操作 ② 动态安装和配置软件功能单元，按照被选 RAT 的要求

7.2.2　融合无线环境管理功能实体

在融合无线（CR）架构中，融合无线环境管理（MS-CRE）是关键的功能实体，主要功能有两个方面：首先需要利用 CR 架构的能力，按照主动或被动方式进行。在主动模式中，MS-CRE 针对新的业务区域条件进行反映，例如，并不期望的热点出现。在被动模式中，管理系统可能预期需求模式的改变。如此情形可能通过采用 CR 架构中可替换的实体来获取需要的容量和服务质量。在 MS-CRE 中，第二种要求就是应该提供资源代理功能，可使 CR 架构中网络操作成为可能。MS-CRE 中部分实体应该能够指导用户进入 CR 架构中最合适的网络，在那里将会高效地获得业务，同时考虑实现代价和 QoS。如图 7.2 中描述，MS-CRE 架构主要包括 3 种逻辑实体：

- 检测、业务级别信息和资源代理（MSRB）；
- 资源管理策略（RMS）；
- 会话管理器（SM）。

MSRB 实体识别了事件，应该被 MS-CRE 处理，提供相应的辅助功能。RMS 实体提供了必要的优化功能。SM 实体主管与激活用户和终端的交互。激活终端被假定与 CR 架构建立起会话。SM 提供命令和建议，考虑到最好网络和每种应用的目标 QoS 水平。

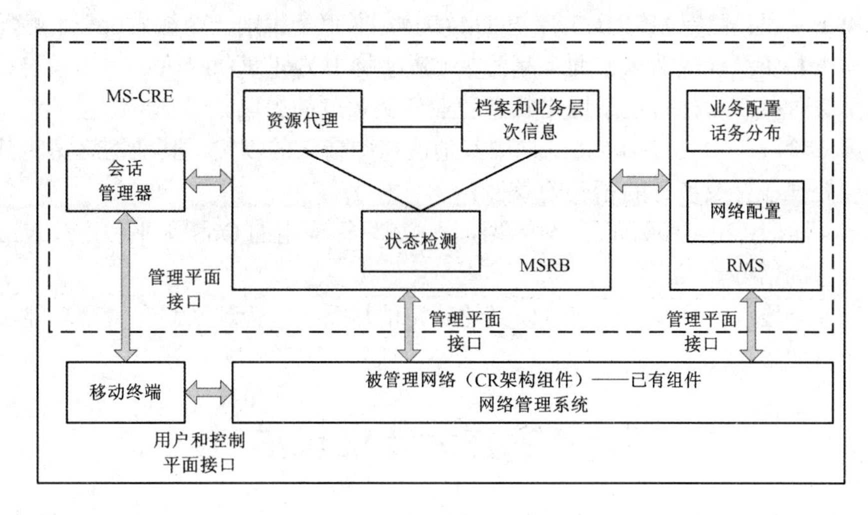

图 7.2　MS-CRE 功能架构

图 7.3 描述了关于 MS-CRE 实现的具体流程，可分为以下 5 个阶段。

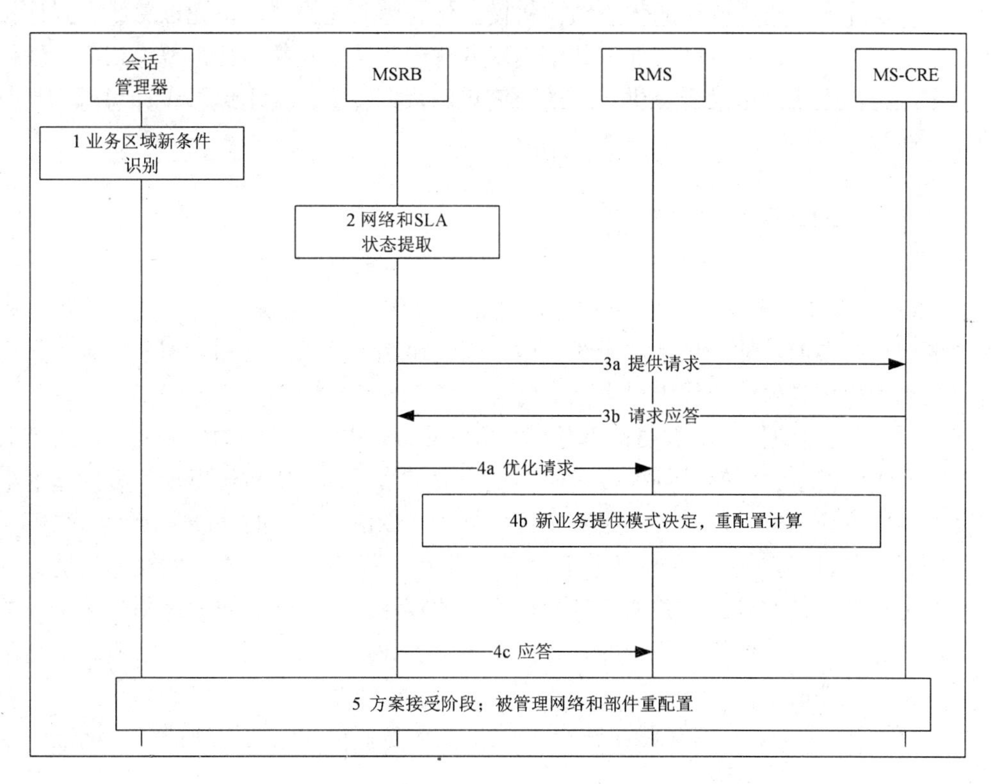

图 7.3　MS-CRE 实现的具体流程

- 第 1 阶段：假定 MSRB 实体与 SM 实体相关联，识别一个触发。一个触发可能在需求和资源代理请求方面（起源于 CR 架构中另外一个网络）。
- 第 2 阶段：目标就在于网络状态和业务满意度的提取。
- 第 3 阶段：主要包括 CR 结构中其他网络中请求的收集。其他网络声明其是否参与处理事件及参与的精确的条件。
- 第 4 阶段：决定最好的业务提供阶段，如目标应用的 QoS 水平和用户等级以及最合适的话务等级。
- 第 5 阶段：主要涉及先前阶段到达决定的接受、被管理网络和管理功能实体的响应重配置。

7.3 软件无线电技术

软件无线电是一种新的无线电通信体系结构。在 1992 年 5 月美国的电信系统会议上，Jeomitola 首次提出了软件无线电的概念，迅速引起了人们的关注，开始对它进行广泛而深入的研究。软件无线电开放式的体系结构将模块化、标准化的硬件单元以总线方式连接起来形成一个基本平台，并通过软件加载来实现各种无线通信功能。业内普遍认为，软件无线电为实现异构无线网络融合提供了新的研究思路，摆脱了面向用途的设计思想，具有较好的灵活性和通用性。

7.3.1 软件无线电特点

① 软件无线电具有完全的可编程性，是将硬件作为一个基本平台，通过软件编程，实现多模移动终端的功能，包括对无线波段、信道调制、接入方式和数据速率等，采用程序进行控制和操作是软件无线电最突出的特点之一。

② 软件无线电的另一个重要特点是模 / 数（A/D）和数 / 模（D/A）变换，靠近天线端，能够迅速地将接收到的射频模拟信号转换为数字信号，并比较缓慢地将要发送的数字信号变换为射频模拟信号，充分利用数字信号处理（DSP）器件的功能和软件的资源。

③ 软件无线电遵循开放平台的设计思想，采用了模块化的结构，能够方便地进行硬件模块的更换和软件的升级，并能通过运行不同的算法，实时配置自己的信号波形，提供各种各样的通信业务。新业务的开展只需在终端中加载新的软件模块即可实现，从而降低了通信设备的硬件成本。

④ 软件无线电的设计必须满足当今可重配置性要求和适应新出现的各种标准，以及满足成本、功耗和性能要求。

7.3.2　软件无线电系统结构

软件无线电的核心思想是在尽可能靠近天线的地方实用宽带 A/D 和 D/A 变换器，并尽可能多地用软件来定义无线功能。各种功能和信号处理都尽可能用软件实现，软件系统包括各类无线信令规则与处理软件、信号流变换软件、调制解调算法软件、信道纠错编码软件，以及信源编码软件等。应用了这种技术，TDD 与 FDD 标准的差别、应用新技术和产品升级换代都变得非常简单，都将通过加载不同的软件来实现。软件无线电的标准平台包括电源、天线、多频段射频（RF）变换器、宽带 A/D 和 D/A 转换器、通用处理器及存储器，如图 7.4 所示。软件无线电的关键技术有宽带 A/D 变换、高速 DSP、宽带 RF 前端和宽带天线等。软件无线电的软件程序由 3 大模块组成，即实时信道处理、环境管理和各种在线和离线软件工具。

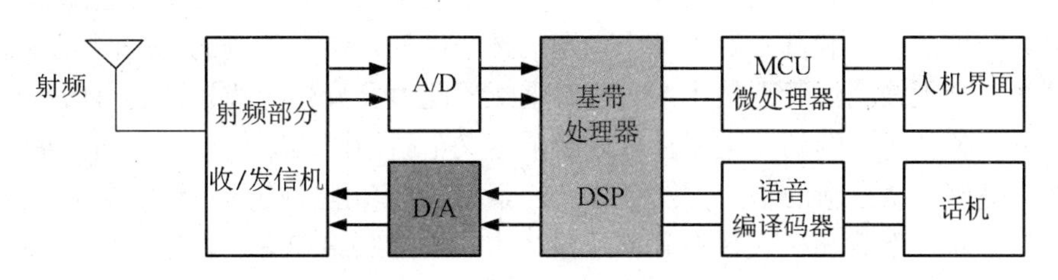

图 7.4　软件无线电技术的原理

7.3.3　软件无线电在融合无线中的应用

软件无线电将模块化、标准化的硬件功能单元通过一个通用的硬件平台连接起来，通过软件加载实现各种无线通信系统的体系结构。无线通信新系统和新产品的开发将逐步转到软件上来，而无线通信产业的产值将越来越多地体现在软件上。最终目的是使通信系统摆脱硬件布线结构的束缚，在系统结构相对通用和稳定的情况下，通过软件来实现各种功能，使得系统的改进和升级都变得非常方便，降低了成本，同时不同系统间很容易互连与兼容。软件无线电技术可在通用芯片上用软件实现专用芯片的功能，目前已经在 TD-SCDMA 系统中的智能天线和联合检测等技术中得到了实际应用。

在未来移动通信系统中，不同接入系统将会变得非常复杂。软件无线电是实现异构无线网络融合的关键技术之一，基于标准化、模块化的硬件平台，利用软件加载方式来实现各种无线接入系统，通过下载不同的软件程序，在硬件平台上可以实现不同的功能，用以实现在不同系统中利用单一的终端进行漫游，是解决移动终端在不同系统中工作的关键技术。从近期发展上看，软件无线电技术可以解决不同标准的兼容性，为实现全球漫游提供方便；从长远发展上看，软件无线电发展的目标是实现可以根据无线电环境的变化，自适应地配置收发信机的数据速率、调制解调方式和信道编译码方式，调整信道频率、带宽，以及无线接入方式，从而更加充分地利用频谱资源，在满足用户 QoS 要求的基础上使系统容量达到最大。

7.4 端到端重配置技术

软件无线电可提供一定的可重配置能力，但是对于满足实现异构网络之间的灵活互通，网络之间的资源调度，并为用户提供真正意义上的无缝业务体验的需求还远远不够，于是人们开始从系统级的视角关注软件无线电在整个网络体系架构中的端到端应用。端到端的重配置技术成为软件无线电研究的新方向。

端到端重配置技术起源于软件无线电，软件无线电实现了终端的多模式支持功能，并实现了软件从空中接口的下载。端到端重配置技术利用软件无线电提供的重配置能力，构建起可以重配置的终端和基站等网元为主题的体系结构，结合先进的动态网络规划、灵活频谱管理和联合无线资源管理技术，实现对重配置能力和异构无线资源的有效利用，保证用户的无缝业务体验。端到端重配置首先必须定义全新的网络架构，以终端和基站等可重配置实体为基础，结合新的重配置网络管理元素和管理功能，构建完整的重配置管理与控制体系，保证软件下载和模式转换等重配置行为的安全实施和有效管理。

7.4.1 端到端重配置网络架构

针对无线接入环境的异构性特点，重配置技术以异构资源的最优化使用和用户对业务的最优化体验为目标，综合可编程、可配置、可抽象的硬件环境以及模块化的软件设计思想，使网络和终端支持多种接入技术，且可灵活适配。端到端重配置涉及网络架构的各个环节和所有层次的协议标准，是一种具有前瞻性的异构无线网络融合的解决方案。端到端重配置以软件无线电为基础，将网络和终端的重配置纳入整个网络的管理和控制框架，建立了一套完整的可重配置系统。在端到端重配置项目中，通过底层无线接入技术的适应和重配置，实现功能分配及无线制式、终端、网络的修改和执行。新的网络支撑功能必须定义，为了终端和网络设备重配置过程的管理和控制。

如图 7.5 所示，端到端重配置（E2R）的管理架构重点解决了两方面的问题，首先是对可重配置网络元素的管理，又称为网元管理（Network Element Management，NEM）；其次是在传统的管理平面和用户平面之外，定义了重配置管理平面（Reconfiguration Management Plane，RMP）。NEM 主要包括 4 个功能模块：重配置管理功能模块（Configuration Management Module，CMM）、重配置控制功能模块（Configuration Control Module，CCM）、执行环境以及可重配置协议栈。CMM 和 CCM 的设置实现了管理和控制的分离，

CMM 负责重配置过程的决策、监控和实施，使管理过程更具通用性；而重配置的具体操作——软件下载 / 安装和配置参数的变更则由 CMM 控制下的 CCM 来完成，基于软件模块化思想的 CCM，其扩展能力得以提升。执行环境提供了访问硬件环境的统一接口，屏蔽了底层的实施细节；可重配置协议栈则是协议功能模块的一个数据库，不同模块的组合构成特定无线制式的协议栈，模块化的思路利于代码重用，扩展性和灵活性都得到提升。

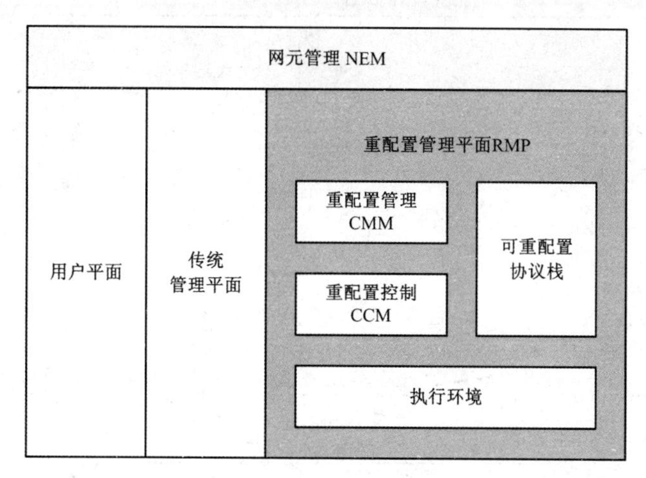

图 7.5　端到端重配置的管理架构

7.4.2　重配置融合网络

重配置融合网络利用了多种无线接入技术的可用性，根据需要，下载不同软件，重配置终端接入网络能力，发现和选择最适合的接入方案。重配置融合网络由 3 个层面构成：用户域、网络接入域和核心网域。在融合的无线接入网络环境中，由于支持管理实体，网络接入域融合进演进的核心网络架构中。从图 7.6 中整体架构来看，重配置融合网络中包括两个关键功能实体：重配置管理器（RCM）和无线重配置支撑功能（R-RSF）。

RCM 包括在异构网络架构中 RMP 逻辑模块的实现。为了对付复杂的场景，RCM 定位于核心网络域，它的功能在 SGSN 和 GGSN 中表征出来，适应了未来的架构场景，与未来全 IP 核心网独立演进路径一致。另一方面，对移动性管理而言更具效率，满足硬切换和软切换场景的要求。

基于 IP 的网络设计原则，与无线网络连接相关的功能被逻辑或物理地分离。从异构无线接入网络的基于 IP 的 4G 网络的概念来看，要与接入为中心功能封装到 R-RSF 中，考虑到针对所有接入网络的一个抽象功能集。R-RSF 建立一个分裂模块实体，位于多无线接入网的域内，从而加入联合无线资源管理，实现动态网络规划和灵活网络管理。R-RSF 作为各种无线接入协议套件的接口功能，并依靠异构无线接入网络的组合。

针对终端的无线 RSF 跨越了 RMP 到复合 RAN，当管理多接入网络的上下文时，目的是支持快速环境扫描。无线 RSFs 帮助终端，通过与可用 RAN 的无线网络层实体的交互，实施互连功能。翻译机制在接入不同 RAN 或运营商网络时候发生。终端重配置过程从快速检测、认证、协商和选择最合适接入中获得增益。频谱有效下载的话务管理被加强，以致于互连更加接近于无线资源控制服务器。

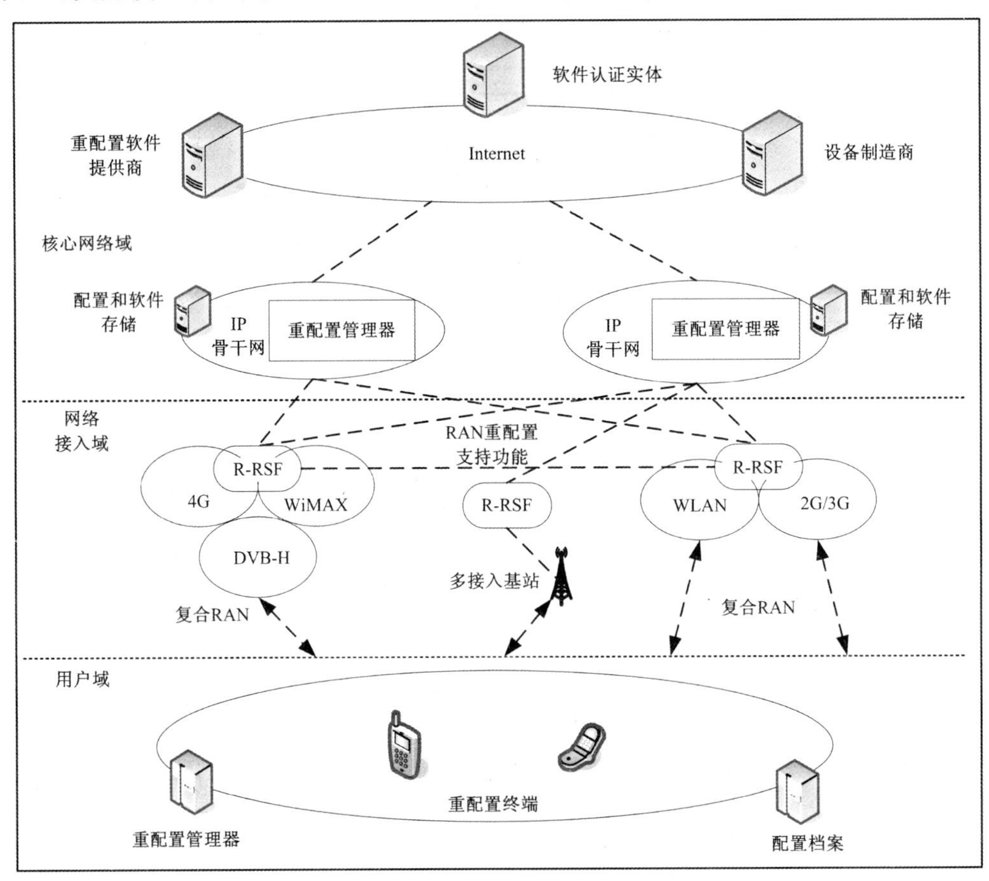

图 7.6　重配置融合网络

基站侧的无线 RSF 也应该属于接入频谱侧。DNPM 机制与本地无线子系统的 RMP 层管理功能交互。BS 业务档案管理描述了硬件、软件和功能（空中接口）能力，软件下载管理功能管理附加或新软件组件的下载，要求为特定配置，负载管理控制某种标准的资源分配，在基站内检测硬件和软件资源的性能。

在重配置融合网络中，网络资源的优化问题相对具有挑战性，然而必须降低优化相关的操作代价。因此，R-RSF 和 RCM RAT 操作维护为中心的交互应该自动实施。另外，在联合无线资源管理规则定义中，R-RSF 和 RCM RAT 操作维护能够相互协作。

7.4.3　重配置融合网络管理

重配置管理平面（RMP）包括重配置平面组件和重配置层管理，如图 7.7 所示，关键组件的功能如下所述。

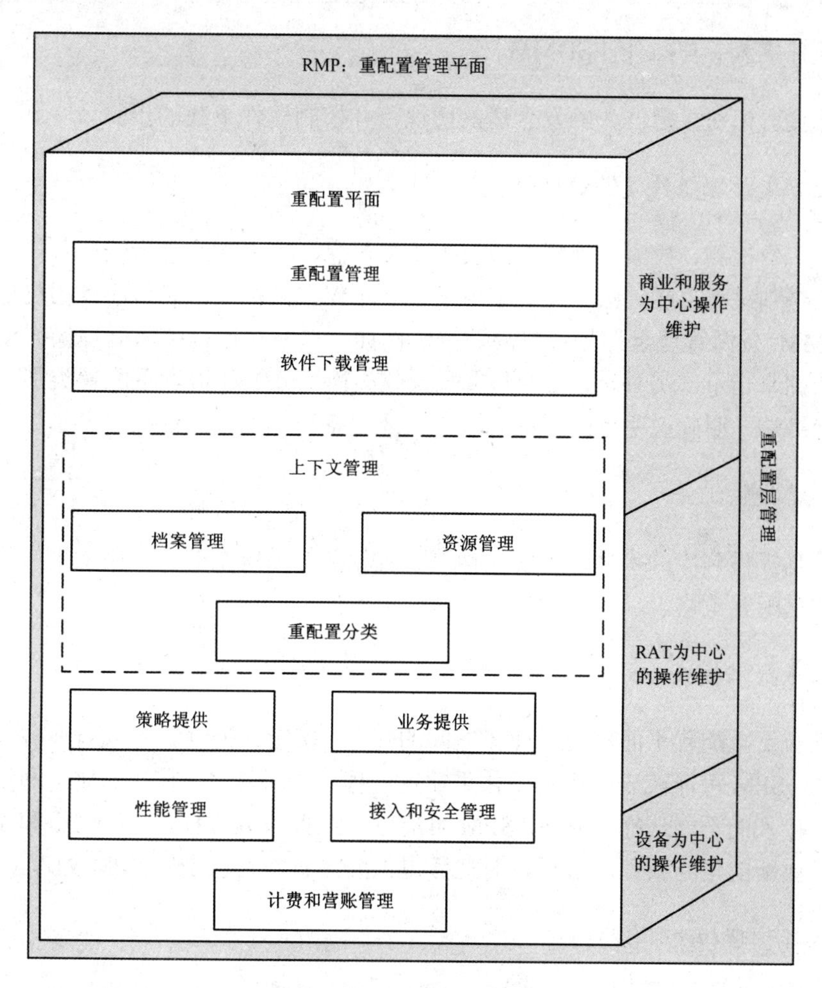

图 7.7　重配置管理平面

重配置平面包括重配置管理、软件下载管理、上下文管理、策略提供、业务提供、性能管理、接入和安全管理和计费和营账管理组件。

（1）重配置管理组件（RMM）

该组件负责初始化网络和协调终端的配置命令。在用户终端设备（U-RSFs）侧，通过重配置支持功能的交互，而且在内部网络节点中。例如，软件重配置支持功能（R-RSF）处理复合 RAN。为了获取端到端重配置的检测，RMM 加入了信令逻辑，包括协商和业务交换能力。在软件下载的例子中，在交换软件下载管理组件能力之后，RMM 处理重配置步骤的管理。最后，在域间切换情况下，RMM 执行必要的会话管理、移动性管理、上下文传送和翻译。

（2）软件下载管理组件（SDMM）

该组件负责识别、定位、触发合适的协议，并控制软件下载的步骤。

（3）上下文管理组件（CtxMM）

该组件负责检测、检索、处理和改变上下文信息。上下文信息影响业务提供阶段，提供输入到策略判决和重配置策略中。上下文信息不仅包括档案信息，而且还包括资源特征信息。CtxMM 资源管理组件处理资源数据，例如，在配置过程中，处理操作模式，显示状态信息和拥塞指示。另外，CtxMM 重配置分类模块分配和检索重配置类别，主要用来描述重配置终端，明确说明重配置动态水平，还包括终端的动态能力。

（4）策略提供组件

该组件是提供判决的实体，主要包括重配置相关的系统策略。利用上下文信息，定义策略规则和重配置策略。

（5）业务提供模块（SPM）

该组件负责重配置平面和应用业务之间的交互，接受和处理业务来自业务提供者业务请求。另外，SPM 可能代表应用初始化重配置过程。举例说明，它初始化了网络配置改变和被用户对接入的不同选择。另外，SPM 可能触发业务适应过程，基于网络和设备能力改变，或基于更新的策略条件。最后，对业务提供的漫游问题也是归 SPM 处理。

（6）性能管理模块（SPM）

该组件负责收集性能测量、话务数据，估计性能和成本限制，这些都可以被网络初始化设备重配置所利用。

（7）接入和安全管理模块（ASMM）

该组件参与用户和重配置终端及网络的相互认证，验证下载授权，决定安全控制机制，对于软件下载而言。

（8）计费和营账管理模块（BAMM）

该组件从支持重配置的附加网络实体（R-RSFs）中收集计费记录，并处理这些记录。

在支撑端到端重配置的环境中，引入层管理功能主要用来支持业务提供阶段，应该适应基于重配置策略的定义并加强相关的输入。面向重配置的操作维护功能分为以下 3 种类别：

- 商业 / 服务为中心的功能；
- RAT 为中心的功能；
- 设备为中心的功能。

7.4.4　重配置多模协议栈通用模型

异构融合的网络为用户提供了多种空中接口技术。为了提供泛在无缝的接入能力，端到端重配置不仅能够在单一的可适应性系统上提供高效的多空中接口支持能力，以适应各种场景，还需要基于通用协议栈理念设计多模协议栈，灵活、动态地配置空中接口。多模协议栈统一建模流程如图 7.8 所示。目前，异构接入技术的通用协议栈执行很多相似的功能，抽取这些通用功能，并结合与技术相关的特殊功能构造出系统专用协议栈，通过增加跨栈管理与重配置管理功能形成重配置多模协议栈。流程的关键在于将每层功能划分为通用和特殊部分，不同协议层在协议功能、协议架构、数据结构、协议框架及协议管理方面都能提取相应的通用功能。多模协议栈通过对通用功能和特殊功能的逐层分解，实现了灵活的多模式支持能力。

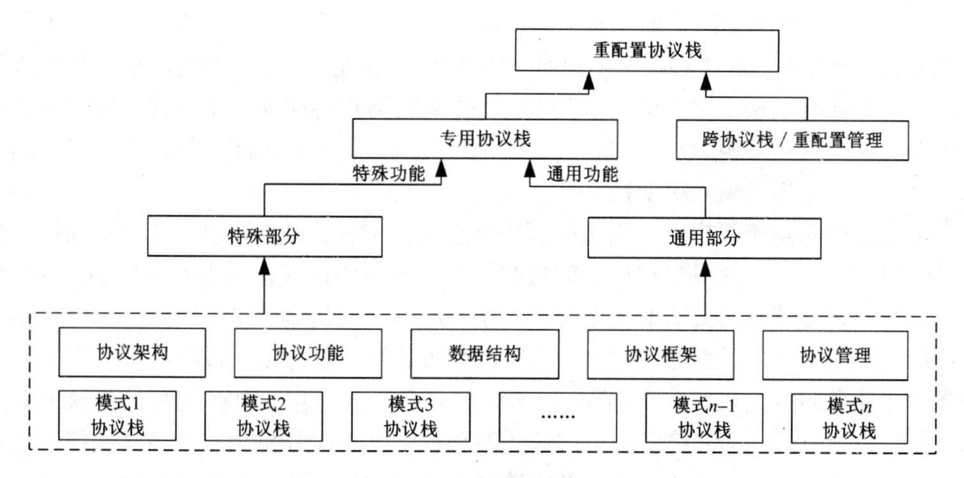

图 7.8　重配置多模协议栈

7.5 重配置终端的系统架构和功能

在研究异构网络融合问题中，终端的功能和作用不可回避。异构无线网络融合的实现方案之一在于修改终端和基站的空中接口。复合重配置网络采用软件无线电概念，导致产生异构多无线平台，可为异构终端提供广范围接入模式。在欧盟 IST 计划中提出的端到端重配置概念中，主要采用重配置技术设计异构移动终端的功能架构，通过软件来改变硬件结构，以适应具体应用的计算平台，可为异构终端提供广范围接入模式，提高终端的兼容性，减少体积，降低功耗和节约成本。

7.5.1 终端重配置系统架构

在异构融合无线接入环境中，重配置终端有能力提供友好用户接口而不是复杂的网络接口，允许组合业务、应用和内容通过最合适的无线接入方案传递。随着技术的发展，这种概念需要满意的商业模型和工业认知。在更长的时期内，重配置终端可以工作在更广频率范围，采纳灵活的无线接入方案，能够实现可扩充的无线接入环境，优化频谱使用，从移动通信标准化循环中解放出来。

各种努力都在为定义和设计软件可重配置终端。不同的研究计划提出了不同终端架构。CAST 项目中提出 3 层重配置架构（管理、过程和物理实体），提供应用层和终端管理平台中底层物理层之间的接口。在 WINDFLEX 项目中，一个重配置基带架构被定义成室内高速率基于 OFDM 自适应的调制器。MuMoR 项目主要目的在于调查射频前端和基带部分，目的是寻找一个通常的重配置架构，可以灵活适应不同标准的终端。MVCE 项目中提出了重配置管理架构（RMA），主要包括具有配置能力的移动通信网络，基于分布式管理架构，与重配置终端相互交互能力。RMA 主要为网络和终端支撑重配置过程。几乎所有的工作都在定义终端架构的不同部分，主要包括射频、基带和重配置管理，最终目的就是定义一个完整的异构终端系统架构。

在重配置终端系统架构中，包括所有软件定义重配置终端的部件。图 7.9 描述了分层的系统架构。应用层包括用户和控制数据的软件。终端协议栈包括来自高层协议 IP 协议栈的软件实例，可以灵活支持不同无线接入技术和相关的机制。重配置控制部分包括各种各样软件组件，主要为了重配置判决，执行重配置过程。这可以通过重配置管理软件和相关的终端部件之间特殊接口。在物理层，RF 和基带硬件采用软件技术目的是获取各种各样输出和参数。中间件部分提供了不同任务的平台，水平部分是为网络和其他终端进行外部远端交互，目的是进行业务发现、模式选择和软件部件下载。垂直部分通过接口、核心软件层和协议栈及 RF 和基带部分进行本地交互。在终端中，执行环境针对各种部分和操作形成统一基础。

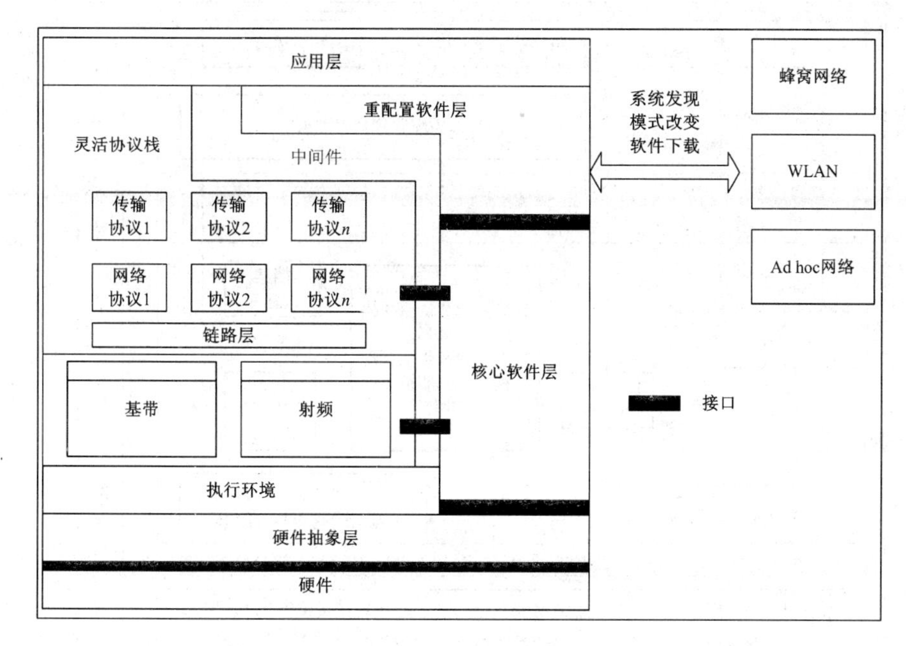

图 7.9　重配置终端系统架构和组件

7.5.2　终端重配置管理

重配置终端架构主要面对各种分布式软件部件的组合，另外，对终端重配置接口的多样性带来的挑战。为了获得终端重配置的目标，所有相关的接口和软件层必须提供方法和机制，可使软件模块、部件和参数在重配置过程期间具有可变性。在该架构中，至少包含 4 个主要的接口：终端、核心层、执行环境和硬件抽象，相应的软件层是重配置过程中的关键层次。

如 7.10 所示，在终端接口中，重配置层代表与外部的接口，可以使外部部件和用户应用与移动设备进行交互。重配置层应该支持发现、模式检测、协商管理、QoS 管理、软件下载和同步，以及档案和数据的软件管理等任务。

核心软件层是无线配置和无线硬件抽象层之间的接口，支持所有类似配置管理和资源管理的任务。配置管理模块负责安装、检测和控制核心软件层，为当前的无线配置提供主要容纳核心无线软件组件。资源系统管理组件负责提供无线配置层，在资源允许的情况下，核心软件层负责提供硬件抽象层，考虑到接口档案，可以被用以部件的驱动。

执行环境包括操作系统和相关的扩展，主要支持操作系统服务和内核功能及操作系统控制器和驱动器，可以将操作系统命令翻译成机器代码，一个重要方面就是系统状态报告。可用资源能力的不足可能改变模式判决。进一步软件组件动态交换的支持对整个重配置过程是基本的，而不用考虑连接终端的现象。因此，软件重配置执行环境必须满足多任务的准则。

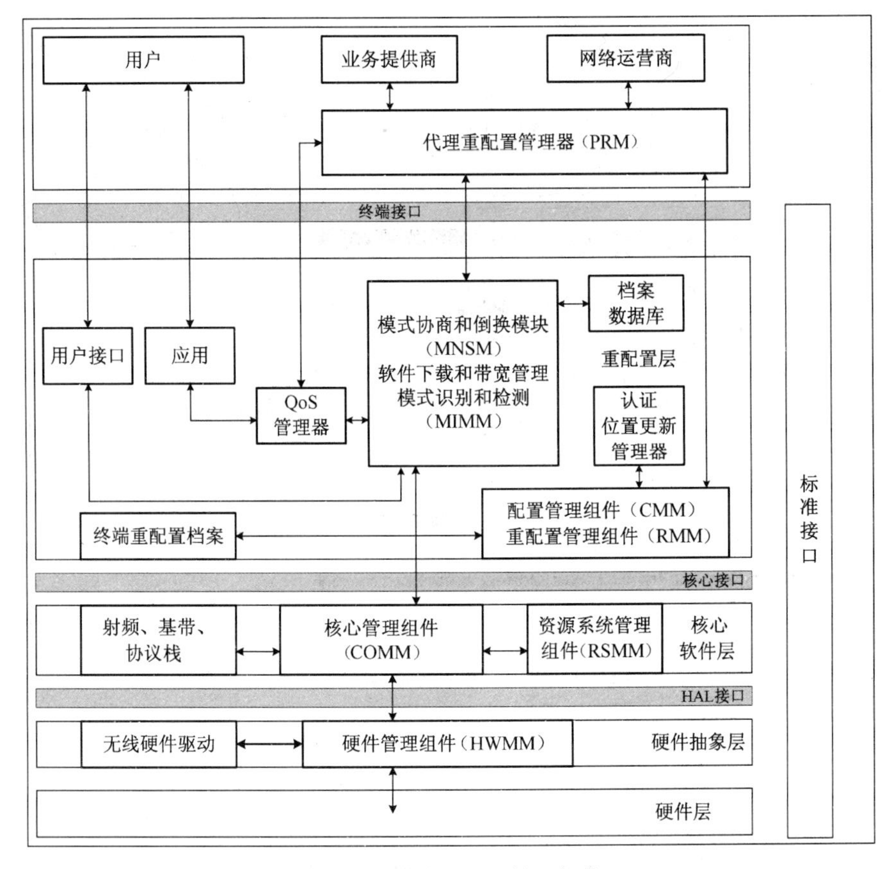

图 7.10　终端重配置管理架构

无线硬件抽象层包括所有的无线软件，直接依靠底层的硬件。与核心软件和操作系统层交互，独立运行在硬件平台之上。该抽象层非常重要，在部署未来的重配置系统中，使重配置容易改变。通过软件应用和直接通过操作系统接入，获取最优速度和功率性能。

终端重配置是如何发生的，首先初始化模式改变，因为缺乏实际的设备配置。在大部分情况下，模式判决的算法要求网络和终端部件之间的互操作，必须考虑在可用资源的情况下进行。一旦所有必要的参数分析完，模式判决将进行，重配置过程将开始。针对这种架构，重配置过程描述如下。

① 模式协商和倒换模块（MNSM）：是业务发现和模式检测部件，可用于网络业务和网络实体，分析带宽要求及终端和网络的偏好，进行软件下载和管理。

② 模式倒换判决完成之后，MNSM 请求配置管理组件（CMM）初始化所有步骤，执行重配置过程。

③ CMM 发出一个请求给射频和基带协议栈，请求所有实际和潜在的协议栈，检查认证是否完成，针对当前的新选择和可能替代的节点。

④ CMM 发出一个请求给资源系统管理组件（RSMM），得到动态终端资源和能力的

状态，目的是支持重配置和新选择节点。

⑤ CMM 现在检测重配置过程，包括软件下载和使用硬件管理组件（HWMM）更新硬件部件。硬件抽象层接口功能能够灵活地部署所有必要的通信和重配置过程。

⑥ 随着重配置过程的完成，一个关于容纳新终端重配置状态的信息将被传送给 MNSM。

7.5.3　重配置的异构终端协议架构

重配置技术由 SDR 技术发展起来，针对无线接入环境的异构性特点，以异构资源的最优化使用为目标，结合可编程、可配置，可抽象的硬件环境以及模块化的软件设计思想，实现终端对不同网络技术的支持。无线通信技术的异构性主要体现在空中接口上，重配置技术利用各种异构技术在物理层、媒体接入层和链路控制层上功能的相似性特点，通过模块化、可重配置的协议栈的构建，实现了终端对不同接入技术的支持，并通过软件代码资源的重用性提高了设计效率。基于终端侧的端到端的重配置系统架构的设计如图 7.11 所示，重配置终端管理系统的核心是移动终端和网络根据各方面的需求，灵活地在不同网络技术间进行选择，实现了对异构环境的适应性，同时为异构网络的协同与交互提供了通用的方法。由于重配置技术其高度的灵活性，几乎可以改变空中接口包括高层在内的所有参数，复杂度极高。目前，基于重配置的异构终端面临的技术挑战和研究重点是如何将系统的复杂性和可实现性有效地结合。

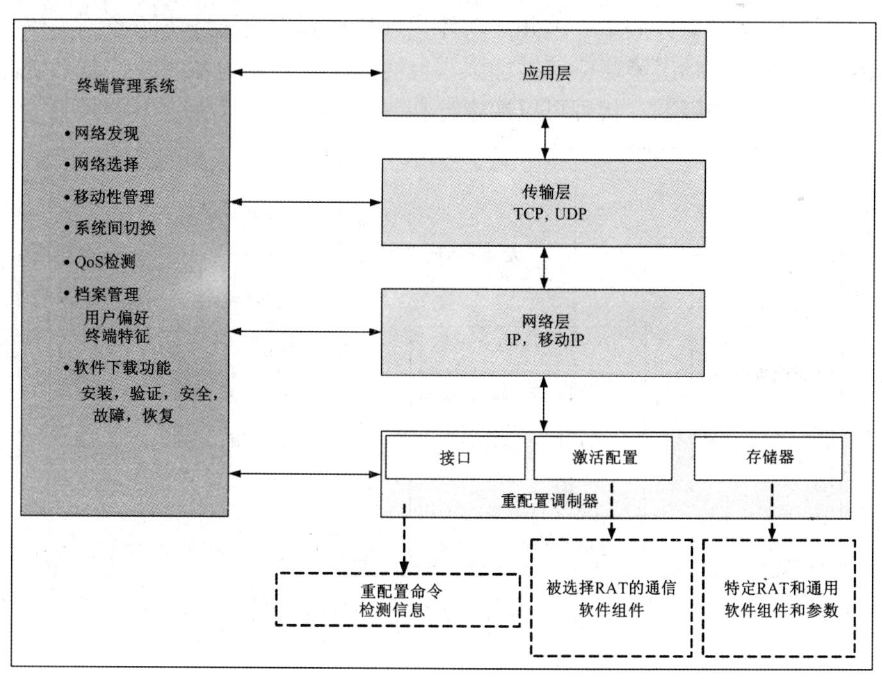

图 7.11　基于重配置的异构终端协议架构

7.5.4　重配置的实现——中间件

中间件是实现重配置的关键技术，它可以处理异构平台之间的通信过程。在软件架构的设计中，中间件是对核心控制软件和波形部件之间通信的抽象。波形部件具有交互和控制异构硬件资源的作用。它们可以不同形式被呈现和实时被替换，通过更新可以改变终端的操作和配置模式。如果软件更新可以实时实现，允许业务连续性概念将成为现实。按照不同位置和接入技术，用户能够通信和接入业务。动态软件更新要求的架构基于分布式处理环境平台，其任务之一就是提供交易属性。为了协调重配置软件和远端部件之间交互，这些远端部件可能被部署在网络中和其他终端中，也可能被不同的硬件平台所支持。

针对重配置，代理平台对底层平台来讲是一种有价值补充方法。重配置决定依靠大量参数，包括上下文环境、当前终端配置和用户期望。因此，特定任务如协商可以联系智能软件代理，从终端移至网络。这种方法的优势在于：

- 软件代理支撑非对称通信模型，可以被组合形成多代理系统，这意味着代理可以通信、协商和相互操作，同时终端从网络中中断；为有效重配置判决的计算资源被分布到终端和网络中，同时减轻终端资源。
- 软件代理被底层平台所协同，基于上下文和特定策略，可能适应他们的行为。

图 7.12 描述了这种方法，在动态频谱共享上下文中，终端可能触发一个重配置过程，目的是提高用户感知的业务质量。因此，软件代理移动到不同无线资源控制实体，目的是协商可能频谱再分配。频谱策略应该被加强，目的是限制对其他系统的控制干扰。策略可以被看成对代理行为的限制，代理可以决定选择另一种模式。

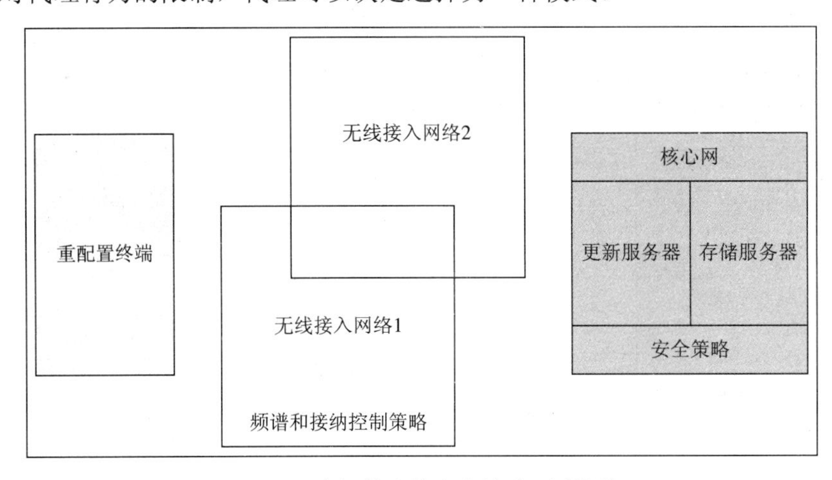

图 7.12　中间件和策略支持重配置终端

7.5.5 软件无线电实现终端的重配置过程

把移动终端建立在软件无线电基础上，通过软件下载和重配置来改变终端的通信特性，实现无缝接入不同通信系统。用软件无线电实现的移动终端的重配置结构如图 7.13 所示。

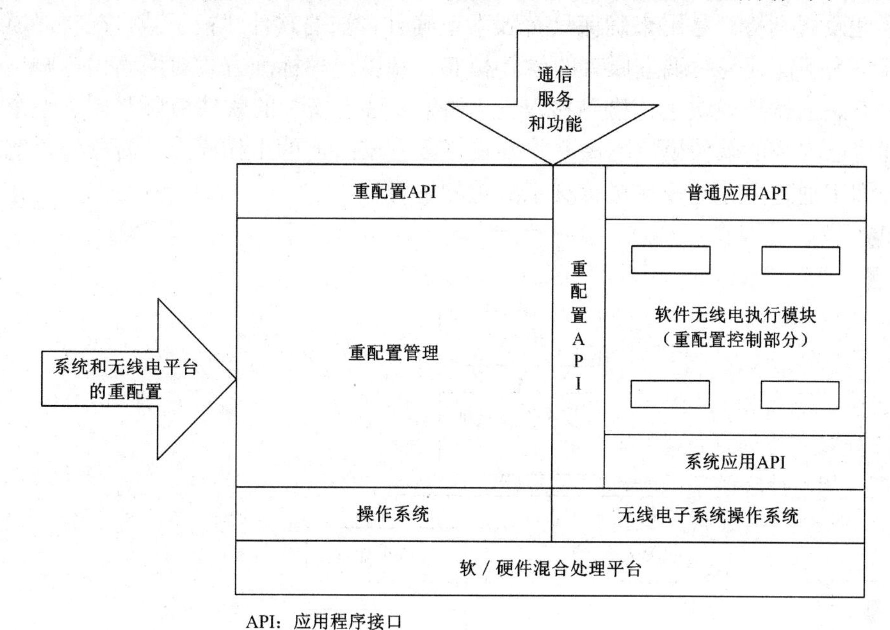

图 7.13　终端的重配置过程

重配置管理包含移动终端的重配置过程和网络相应的重配置管理单元，图 7.13 描述了重配置结构中的各个模块，其中最主要的有配置控制、配置管理和无线电模块 3 部分。

配置控制部分执行那些与信令任务有关的重配置。由于这些信令任务会影响到整个网络和空中接口，因此在配置的过程中需要得到相应的授权。配置控制部分的主要任务包括：

- 对下载软件进行配置和协商；
- 通过虚拟配置过程，对配置进行评估和批准；
- 确保与标准一致；
- 在整个网络里监视配置过程；
- 对不同的可配置无线电平台提供相应的配置规则；
- 对当前新的配置进行登记。

配置管理部分主要作用是获取配置软件，处理配置规则，产生和编译标签文件，执行新的配置和有关信令的重配置。

无线电模块部分可以分为 3 部分：射频部分、中频部分和基带部分。在每一部分里都包含可配置和不可配置两部分，通过它们来对无线电模块中的可配置部分进行配置。

软件无线电实现的移动终端的重配置流程如图 7.14 所示，其必要步骤有：触发重配置过程既可以由移动用户通过终端上的按键等输入指令来进行，也可以由终端应用程序和终端资源管理模块引发进行，还可以由网络经营商和服务供应商通过发送控制信息请求移动终端进行。

安全性及规则检查是用来确保只有版本正确且合法的软件才被下载。在软件模块被虚拟安装后，为了保证与终端里原有的软件相兼容和以一种标准方式对网络做出响应，就需要对虚拟安装的软件模块进行检测和报告。如果发现已安装的软件模块恶化了整个终端的性能，则将已安装的软件模块隔离并将终端恢复到安装前的工作模式；若相反，就进行鉴权。在一切都通过后才对模块进行真正的重配置过程。

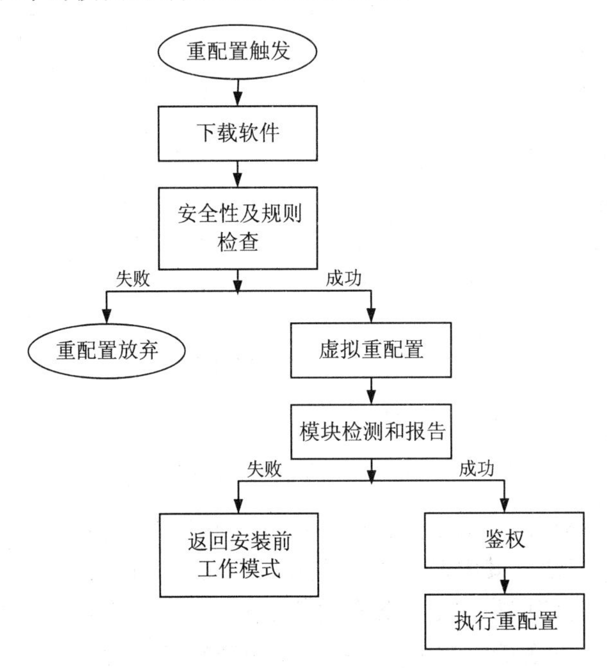

图 7.14　用软件无线电实现移动终端重配置流程

参 考 文 献

[1] MITOLAJ， The software radio architecture[J]，IEEE Communications Magazine，1995，33（5）：26～38.

[2] ZACHOS BOUFIDIS， Networks support Modeling， Architecture and security considerations for composite reconfigurable environments， IEEE Communications Magazine，Jun. 2004，pp.36～43.

[3] 纪阳，张平. 端到端重配置无线网络技术[M]. 北京：北京邮电大学出版社，2006.

[4] 纪阳，吕擎擎. 端到端重配置技术综述[J]. 中兴通讯技术，2007.3.

[5] DREW N J，DILLINGER M M，Evolution toward reconfigurable user equipment[J]， IEEE Communications Magazine，2001，Vol.39（2）：pp.158～164.

[6] 凌佳娜，王芙蓉，莫益军. 无线网络重配置技术在基站中应用[J]. 信息与通信，2006.6.

[7] 曾孝平，章仁飞. 基于软件无线电的移动终端重配置技术[J]. 通信技术，2003.3.

[8] 李承恕. 复合可重构无线网络——欧洲走向 4G 的研发之路[J]. 中兴通讯技术，2003.6.

[9] 陈勇，蒋泽军. 异构数据库集成中间件的设计[J]. 科学技术与工程，Vol.17（18）：pp.1755～1758，Apr.2007.

[10] 罗强. 端到端重配置技术研究[J]. 电信科学，2006.12.

[11] Nikos Georganopoulos，Tim Farnham，and Rollo Burgess，Terminal-Centric View of Software Reconfigurable System Architecture and Enabling Components and Technologies[J]，IEEE Communications Magazine，May.2004.pp.100～110.

[12] M. Dillinger，Reconfigurability Vision on Reconfiguration in Mobile Networks，IST Project Cluster Report，Aug. 2000， http：//www.cordis.lu.

[13] http：//www.cordis.lu/ist/directorate_di/cnt/proclul/p/prjects.htm.

[14] Olaziregii N，Niedermeier C，Schmid R，et al，Overall system architecture for reconfigurable terminals，IST Mobile Communication Summit，Sep.2001.

[15] http：//www.wwrf.org.

[16] http：//www.mc21st.com.

第8章 TD-SCDMA 与 WiMAX 联合组网方案

本章要点

- TD-SCDMA 系统概述
- WiMAX 接入网络概述
- TD-SCDMA 和 WiMAX 联合组网的基础
- TD-SCDMA 和 WiMAX 联合组网的技术方案
- 3GPP 与 WiMAX 互通架构
- 未来无线网络的融合和演进

本章导读

本章首先简要介绍了 TD-SCDMA 和 WiMAX 接入网络架构和关键技术，接着分析了 TD-SCDMA 和 WiMAX 联合组网的市场、技术和业务基础，同时根据 TD-SCDMA 和 WiMAX 接入网络的特点和互补性，提出了基于紧耦合和松耦合的 TD-SCDMA 和 WiMAX 网络融合方案，最后提出了移动 WiMAX 和 TD-SCDMA 向 IMT-Advanced 融合演进的步骤。

8.1 引　　言

随着技术的发展、市场需求的变化和市场竞争的加剧，移动通信网和宽带无线接入网络分别朝着各自的发展方向不断演进。多样化的无线接入网络具有不同的特征和业务提供能力，适应不同场景下用户对通信服务个性化的需求。但是新出现的无线接入技术难以替代已有的接入技术，提供尽力而为服务的无线宽带网络 WiMAX，WLAN 和 Wi-Fi 与提供电信级质量保障的 2G 和 3G 移动通信网络必将朝着全 IP 网络发展，宽带化、泛在化、协同化、逐步演化成为一个异构互联的融合网络成为未来宽带无线通信发展的主旋律。

从 TD-SCDMA 和 WiMAX 各自的技术特点来看，两者具有很强的互补性。TD-SCDMA 系统提供广域无线覆盖，支持高移动性，提供语音业务和中、低速数据业务；WiMAX 提供热点区域覆盖，支持游牧移动性，提供高带宽流媒体数据服务。当双模终端在 TD-SCDMA 和 WiMAX 网络的重叠覆盖区域移动时，可以根据业务和负载情况选择合适的接入的网络。WiMAX 和 TD-SCDMA 在语音和数据业务方面互补，两者联合组网可以有效利用彼此之间的优势，弥补各自的不足，向用户提供高质量的多媒体数据业务。

8.2　TD-SCDMA 系统概述

TD-SCDMA 是我国拥有自主知识产权的第三代移动通信标准。作为国际电联的 3 种 3G 主流标准之一，TD-SCDMA 无线传输方案综合了 FDMA，TDMA 和 CDMA 等多址方式，采用了智能天线、联合检测、上行同步等关键技术，提高了传输容量方面的性能，同时降低了小区间频率复用所产生的干扰，并通过更高的频率复用率提供更高的话务量。TD-SCDMA 采用 TDD 双工方式，相同的频带在时域上划分为不同的时段（时隙），分配给上、下行信道进行双工通信，方便地实现上、下行链路间地灵活切换，支持不对称的数据传输。与其他 3G 系统相比，TD-SCDMA 具有以下较为明显的优势：

（1）频谱灵活性和支持蜂窝网的能力

TD-SCDMA 采用 TDD 方式，仅需要 1.6 MHz（单载波）的最小带宽。频率安排灵活，不需要成对的频率，可以使用任何零碎的频段，能较好地解决当前频率资源紧张的矛盾；若带宽为 5 MHz 则支持 3 个载波，在一个地区可组成蜂窝网，支持移动业务。

（2）高频谱利用率

TD-SCDMA 频谱利用率高，抗干扰能力强，系统容量大，适用于人口密集的大、中城市传输对称与非对称业务，尤其适合于移动 Internet 业务。

（3）适用多种场景

TD-SCDMA 系统全面满足 ITU 的要求，适用于多种场景。

（4）设备成本低

设备成本低，系统性能价格比高，具有我国自主的知识产权，在网络规划、系统设计、工程建设以及为国内运营商提供长期技术支持和技术服务等方面带来方便，可大大节省系统建设投资和运营成本。

8.2.1 TD-SCDMA 系统架构

TD-SCDMA 系统由 3GPP 组织制订和维护，采用与 WCDMA 一致的网络架构的 3G 标准。如图 8.1 所示，TD-SCDMA 移动通信系统与第二代移动通信系统在逻辑结构方面基本相同。从功能上看，UMTS 结构简单，主要包含 3 个部分、两个接口。3 个部分是核心网（Core Network，CN）、接入网（UMTS Terrestrial Radio Access Network，UTRAN）和终端（User Equipment，UE）。两个接口是 CN 与 UTRAN 的 Iu 接口和 UTRAN 与 UE 的 Uu 接口。Uu 接口从底向上分接入层和非接入层，接入层为非接入层提供服务。接入层主要包括物理层、MAC/RLC 层和 RRC 层。

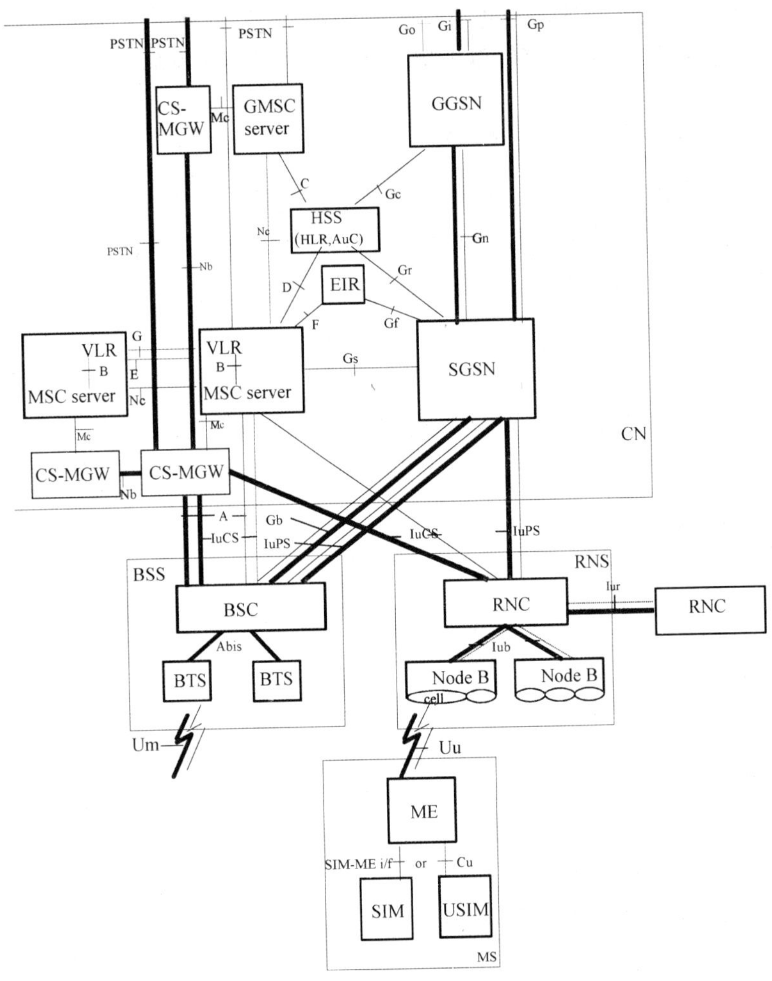

图 8.1　UMTS 的网络结构（Release 4）

8.2.2　TD-SCDMA 的关键技术

1. 智能天线技术

智能天线是由一些独立且空分的天线单元组成的一个天线阵列系统，通过调节各阵元信号的加权幅度和相位来改变整个天线阵列的方向图，从而抑制干扰，提高信干比。广义地说，智能天线技术是一种天线及传播环境与用户及基站的最佳空间匹配技术。从复用方式的角度看，在频分多址（FDMA）、时分多址（TDMA）和码分多址（CDMA）的基础上，智能天线技术引入了第四维多址复用方式——空分多址（SDMA），即使在相同时隙、相同频率以及相同地址码的情况下，系统仍然可以依据空间传播路径来区分不同的用户。

智能天线技术的核心是自适应天线波束赋形技术。在 TD-SCDMA 系统中，由于采用了时分双工（TDD）的方式，在同一时刻，上、下行链路空间物理特性保持一致。只要在基站端依据上行信号进行空间参数的估值，再根据这些估值对下行数据进行数字赋形，就可以达到自适应波束赋形的目的。在 TD-SCDMA 系统中使用智能天线可以有以下优势：

- 提高了基站的接收机灵敏度。
- 提高了基站的 EIRP。
- 波束赋形的结果使得多址干扰大大降低。经过波束赋形，只有来自主瓣方向和较大副瓣方向的多径才对有用信号带来干扰。
- 天线阵可以对来波方向（DOA）进行精确计算，从而可以进行用户的精确定位。如果能够提供较精确的用户定位信息，越区切换将更准确高效。
- 降低了基站成本。由于智能天线的使用，可以采用多个小功率的线性功率放大器来代替单一的大功率线性功率放大器。由于线性功率放大器的价格与功率值不成线性关系，因而大大降低了基站成本。
- 提高了系统的容量。在使用了智能天线的系统中，基站的接收方向图是有方向性的，移动终端在整个小区中始终处于受跟踪状态，并且能量仅指向小区内处于激活状态的移动终端，对接收方向以外的干扰有强的抑制。对于 CDMA 系统来说，提供了将所有扩频码所提供的资源全部利用的可能性，导致至少将 CDMA 系统容量增加一倍以上的可能性。
- 提高了系统的设备冗余度。在使用智能天线时，任何一台收发信机的损坏并不影响系统的工作。
- 改进了小区的覆盖。由于智能天线阵的辐射方向图形则完全可以用软件控制，在网络覆盖需要调整或由于新的建筑物等原因使原覆盖改变等情况下，均可能非常简单的通过软件来优化。

2. 联合检测技术

TD-SCDMA 系统中采用的联合检测技术是在传统检测技术的基础上，充分利用造成多址干扰（MAI）的所有用户信号及多径的先验信息，把用户信号的分离当成一个统一的相互关联的联合检测过程来完成，从而具有优良的抗干扰性能，降低了系统对功率控制精度的要求，可以更加有效地利用上行链路频谱资源，显著地提高了系统容量。联合检测技术可以为系统带来以下优势：

- 降低干扰。联合检测技术的使用可以降低甚至完全消除 MAI 干扰。
- 扩大容量。联合检测技术充分利用了 MAI 的所有用户信息，使得在相同原始误比特率的前提下，所需接收信号的 SNR 可以大大降低，从而大幅度提高接收机的性能，增加系统容量。

- 削弱“远近效应”的影响。由于联合检测技术能完全消除 MAI 干扰，因此，产生的噪声量将与干扰信号的接收功率无关，从而大大减少“远近效应”对信号接收的影响。
- 降低功控的要求。由于联合检测技术可以削弱“远近效应”的影响，从而降低对功控模块的要求，简化功率控制系统的设计。通过检测，功率控制的复杂性可降低到类似于 GSM 的常规无线移动系统的水平。

3. 软件无线电技术

软件无线电技术将模块化、标准化的硬件功能单元通过一个通用的硬件平台连接起来，并且能够通过软件加载实现各种无线通信系统的体系结构。这样，无线通信新系统和新产品的开发将逐步转到软件上来，而无线通信产业的产值将越来越多地体现在软件上。软件无线电技术可在通用芯片上用软件实现专用芯片的功能，并已经在 TD-SCDMA 系统中的智能天线、联合检测等技术中得到了实际的应用，为无线通信系统带来如下技术优势：

- 可克服微电子技术的不足；
- 系统增加功能通过软件升级来实现；
- 减少用户设备费用支出；
- 可支持多种通信体制并存；
- 便于技术进步和标准升级。

4. 上行同步技术

上行同步就是各终端在上行链路的信号到达基站解调器时，保持完全同步。通过上行同步，可以让使用正交扩频码的各个码道在解扩时完全正交，相互间不会产生多址干扰，克服了异步 CDMA 多址技术由于每个移动终端发射的码道信号到达基站的时间不同，造成码道非正交所带来的干扰，从而提高了 CDMA 系统容量和频谱利用率。另外，上行同步还可以简化硬件，降低成本。

5. 接力切换

由于 TD-SCDMA 系统采用智能天线，可以定位用户的方位和距离，所以系统可以采用接力切换方式。两个小区的基站将接收来自同一个终端用户的信号，两个小区都将对此终端定位，并将此定位结果向基站控制器（RNC）报告，RNC 根据用户的方位和距离信息，判断用户现在是否移动到应该切换给另一基站的邻近区域，并告知用户其周围同频基站信息。如果进入切换区，便由 RNC 通知另一个基站做好切换准备，通过一个信令交换过程，用户就由一个小区像交接力棒一样切换到另一个小区了。接力切换具有软切换不丢失信息的优点，又克服了软切换对邻近基站信道资源和服务基站下行信道资源浪费的缺点，简化了用户终端的设计。

由以上分析可以看出，TD-SCDMA 移动通信系统拥有先进的设计理念和关键技术，在成本和总体性能方面也具有明显优势。

8.3　WiMAX 接入网络概述

WiMAX（Worldwide Interoperability for Microwave Access，全球微波接入互操作性）是以 IEEE 802.16 系列标准为基础的一种宽带无线接入技术。WiMAX 目前已被国际电信联盟标准（ITU）正式批准成为第三代移动通信标准之一，是针对微波频段提出的一种新的空中接口标准，主要作用是提供无线“最后 1 公里”的接入方式，可提供面向 Internet 的高速连接，覆盖范围可达 50 km，峰值数据速率可达 75 Mbps，适合于有线接入性价比不高的环境。WiMAX 采用了许多新的技术，如 OFDM（正交频分多址）和 MIMO（多输入多输出）等，极大地提高了数据传输能力，凭借其在初期投资、业务承载与提供服务速度方面具有的独特优势及广泛的市场应用前景，逐渐成为无线移动通信领域研究和发展的热点。

8.3.1　移动 WiMAX（IEEE 802.16e）网络架构

IEEE 802.16—2004 标准只支持固定宽带无线接入，IEEE 802.16e 标准于 2005 年底获得批准，能够支持移动宽带接入。移动 WiMAX（IEEE 802.16e）网络架构在逻辑上可以分成用户终端（包括固定、便携和移动 3 类）、接入网（ASN）和核心网（CSN）3 个部分，如图 8.2 所示。

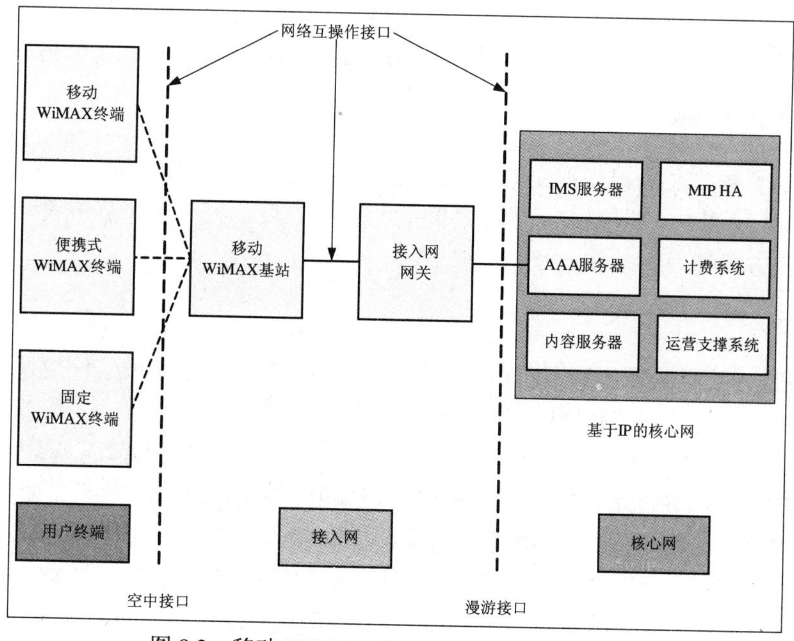

图 8.2　移动 WiMAX（IEEE 802.16e）网络架构

8.3.2　WiMAX 的关键技术

WiMAX 系统具有可扩展性和安全性的特点，可以提供具有 QoS 保障的业务，提供高数据速率和较高的移动性支持。IEEE 802.16 标准规定物理层需要支持 1.25～20 MHz 频段宽带，为了适应世界各地的带宽需求，方便系统频谱规划，并且允许灵活的频率复用和网络规划。为增强无线传输系统安全性，IEEE 802.16 在 MAC 层中定义了一个保密子层来提供安全保障。WiMAX 系统可以提供数据、语音及视频各类服务，是与其作为支撑的关键技术的支持分不开的，主要包括 OFDM/OFDMA 技术、自适应天线系统、自适应编码调制技术和快速快速资源调度技术等，所有这些关键技术也分别为 B3G 和 E3G 采用。

1. OFDM/OFDMA 技术

WiMAX 支持单载波和 OFDM/OFDMA 三种物理层结构。其中，OFDM/OFDMA 技术具有抗衰落和抗多径能力，频谱效率很高，码速率最高可达 100 MHz，被认为是特别适合未来移动通信系统的一种技术。

（1）抗多径能力

与常规调制技术相比，OFDM 具有很高的频谱利用率和抗多径的能力。把高速率数据流通过串并转换，使得每个子载波上的数据符号持续长度相对增加，从而有效地减少由于无线信道的时间弥散所带来的符号间干扰，减小了接收机内均衡的复杂度，有时甚至可以不采用均衡器，而仅仅通过采用插入循环前缀的方法消除符号间的不利影响。

（2）较高的频谱效率

由于各个子载波之间相互正交的，无须保留保护频带，可以增加系统的频谱效率。此外，在 OFDM 系统中，调制中子载波之间的相对独立性，每一个子载波都可以被指定一个特定的调制方式和发射功率电平。

（3）低成本

由于 OFDM 信号的调制解调可以方便地通过 IFFT/FFT 方式实现，明显降低了 OFDM 系统的研发成本，这也是 OFDM 系统获得成功的关键因素之一。

通过指定每个用户可以使用这些子载波中的一个（或一组），可以获得一种新的多址方式——OFDMA。OFDMA 类似于常规的频分复用（FDMA），但它不需要 FDMA 中必不可少的保护频带，从而避免了频带的浪费，提高系统容量。此外，OFDMA 的分配机制非常灵活，它可以根据用户业务量的大小动态分配子载波的数量（与 TDMA 中动态分配时隙数相似），并且可以在不同的子载波上使用不同的调制方式及发射功率，可以达到很高的频谱利用率。OFDM/OFDMA 作为 4G 移动通信系统关键技术之一，已经得到业界普遍共识。

2. 链路自适应技术

在 WiMAX 的 MAC 层还采用了一系列先进技术，确保系统性能。为改善了端到端性能，WiMAX 采用 ARQ 和混合 ARQ 机制来快速应答和重传纠错，提高链路稳定性；为降低信道间干扰，采用了自动功率控制技术；为增强系统容量，提高传输速率，可以根据信道质量选择最优编码调制方案。

由于考虑到 WiMAX 的应用条件比较复杂，为了保证无线传输的质量，对多项物理层参数进行自适应调整，如调制解调器参数、FEC（前向纠错）编码参数、ARQ 参数、功率电平和天线极化方式等。WiMAX 物理层通过信道质量指示信道 CQICH，快速获得信道信息反馈，并根据信道状况采用合适的 AMC 和 HARQ 策略，效果非常明显。

3. 先进的天线技术

宽带无线接入系统的一个主要先决条件就是能够在保持高性能的运行状态的同时，可以在视距与非视距条件下正常运行。WiMAX 支持各种先进的天线技术，主要可分为以下 3 类。

① 自适应波束成型技术：可将波瓣方向对准目标用户，而将波的零陷对准干扰，从而大大的提高系统的抗干扰能力。

② 空时编码技术：主要包括空时分组码与空时格码等技术，基本原理是利用空间分集对抗多径衰落，提高系统的可靠性。

③ 空间复用技术：以 V-BLAST 编码为代表，通过空间复用，将数据流通过多根天线同时传送，从而可大大的提高系统容量。

4. 面向连接的 MAC 层协议及 QoS 服务

WiMAX 系统采用时分多址方式，MAC 层提供面向连接的业务，将数据包分成业务流，业务流通过逻辑链路传送。WiMAX 系统定义了业务流的服务质量参数集，提供面向链接的 QoS 保障。协议在下行链路采用 TDM 数据流，在上行链路采用 TDMA，通过集中调度支持对时延敏感的业务，如语音和视频等。由于确保了无碰撞数据接入，MAC 层提高了系统总吞吐量和带宽效率，并确保数据时延受到控制，不至于太大。TDM 和 TDMA 接入技术还使支持多播和广播业务变得更容易。

分类服务是解决 IP 网络中服务质量保证的重要措施。WiMAX 支持固定速率、实时可变比特率（VBR）、非实时可变比特率和尽力而为 4 种业务类型，这种差异化的服务可以很好提供 QoS 服务，确保重要业务的服务质量。

5. 动态带宽分配

WiMAX 采用 TDMA+OFDM/OFDMA 多址方式，按照用户需要动态分配传输带宽，在多用户、多业务的情况下提高了频谱和设备的利用率。在实际应用中，上、下行的带宽需求往往有很大差别，如视频点播（VOD）业务的下行视频带宽要求很宽，而上行的控制信息传输带宽则很窄。在 TDD 双工模式下，WiMAX 可以根据上、下行业务的实际带宽需求动态非对称地分配上、下行带宽，明显提高频谱利用率。WiMAX 之所以能够提供差异化的服务，正是建立在带宽动态分配的基础之上。

8.4 TD-SCDMA 和 WiMAX 联合组网的基础

下一代移动通信网络是一个融合多种无线接入技术的统一网络，多种无线接入技术并存和协同，为用户提供多样化的无线移动接入服务。WiMAX 代表了宽带接入技术的无线化，而 3G 和 B3G 的发展则是移动技术的宽带化，因此未来通信系统将是趋于统一的无线移动接入方式和开放互联的网络结构。在各种无线通信系统独立发展、相互借鉴的过程中，所采用的无线技术也有着趋于融合甚至统一化的趋势。3G 与 WiMAX 在市场、技术和业务方面都存在很好的互补性，这是两者联合组网和融合发展的基础。

8.4.1 切入点和启动点

从前面的分析可以看出，TD-SCDMA 和 WiMAX 之间的融合可以有效发挥彼此之间的优势，弥补各自的不足，向用户提供高质量的多媒体数据业务，为运营商提高市场竞争力，赢得更大的市场份额。网络融合并不是一蹴而就的事情，还需要大量的工作。按照市场需求和全球 3G 和 B3G 等方面竞争态势，TD-SCDMA 和 WiMAX 可以首先在业务层实现融合。对于最终用户来说，能够使用相同的身份标识，以较低的成本高质量地体验地多种多样的业务，而不用考虑这些业务是由什么网络采用什么技术提供的，并最终为用户使用的所有业务支付一个统一的账单，这是初期能够到达的比较理想的状况。对于初期融合业务的开展，建议以短消息和 IPTV 作为切入点，向用户大力推广。利用 WiMAX 网络为用户提供 IPTV 业务，并实现 WiMAX 中 IM 业务和 TD-SCDMA 中 SMS 业务的互通。在业务层实现融合的前提下，再实现终端融合及网络层融合，只有这 3 个层次很好地协调配合起来，才能最终为用户提供随时随地使用任何终端，以统一的方式访问任何业务，并保证业务使用中的无缝切换。

对于 TD-SCDMA 网络运营商来说，在建设 3G 网络的初期就首先考虑在业务层面实现 WiMAX 和 TD-SCDMA 的融合，并以此作为 TD-SCDMA 网络建设及业务推广的切入点和启动点，利用 WiMAX 高速率、高带宽和低成本的优势为 TD-SCDMA 用户提供高速上网及其他多媒体业务，对于 TD-SCDMA 网络运营商在 3G 开展的初期快速进入和占领电信市场并在激烈的市场竞争中占据有力地位具有非常重要的意义。

8.4.2　产业和市场的机会

中国 TD-SCDMA 商用试验网络已经在 2007 年 6 月启动，根据权威部门预测，到 2013 年，中国 3G 用户累计将发展到 2 亿户左右，运营业务收入将上升到 3000 亿元左右，5 年累计业务收入可接近 1 万亿元。从 2009 年到 2013 年，3G 业务占移动业务收入的比重将上升到 50%以上，占整个电信业务收入的比重将达到 30%左右。数据业务成长性显著，将成为未来电信运营业重要业务的增长点。作为我国自主的第三代移动通信标准，TD-SCDMA 应该把握好这次机遇。

WiMAX 作为一项新兴技术崛起于世界宽带无线接入市场，受到主导设备商和运营商的青睐。WiMAX 具备启动资金少、初期投入少、建设周期短、提供服务快速、发展灵活性大、可按用户需求动态分配系统资源、系统维护成本低等诸多优势，而其高速接入速率也为发展宽带数据综合业务提供了可能。

对设备制造商而言，如今 WiMAX 论坛成员已经膨胀到 400 多位，也包括爱立信、诺基亚和摩托罗拉等 3G 主流厂商。论坛中，华为和中兴的表现最为引人瞩目，尤其是在成本控制方面，他们在全球宽带接入市场扮演着越来越重要的角色，将有助于 WiMAX 在全球市场的顺利推进。

对电信运营商而言，WiMAX 给电信运营商带来前所未有的机遇和挑战。

（1）发展机遇

① 为快速建立低成本、高速率的无线宽带网络提供可能；
② 有效拓展宽带网络覆盖范围；
③ 全 IP 技术；
④ 高传输带宽为开展多种数据业务建立网络基础；
⑤ 多种数据业务支撑能力带来新的业务收入增长点。

（2）面临的挑战

① 网络建设进入壁垒低，立体竞争增多且加剧；
② 网络可控性下降；
③ 语音业务收入下滑；
④ 对原有移动通信网络替代性强，未来商业模式不确定。

就业务拓展而言，据业内专家预测，WiMAX 在中国的繁荣期会在 2009 年至 2015 年，届时将至少有 300 个（20 万人以上）城市建设 WiMAX，产业规模在 250 亿人民币左右。WiMAX 在中国承载的业务将以宽带移动多媒体业务为主，终端方面主要是笔记本终端或手持设备。在中国市场上，WiMAX 与 2G/2.5G/3G 系统会呈现出互补共存的关系。

8.4.3　市场互补性分析

WiMAX 将无线通信技术引进了宽带 Internet，给用户提供低价的开放的 Internet 接入方式，解决 Internet 接入的“最后一公里”问题，为用户提供高速的数据业务。但通常不支持移动，而且对于用户而言，由于受到 Internet 的限制，其 QoS 保障机制不够完善。尽管 WiMAX 标准十分重视 QoS 的解决，但目前还是只能为用户提供与现有的 Internet 基本类似的体验。

移动通信系统是有运营管理的电信系统，其提供有质量保证但是资费较高的通信服务。最初仅提供语音业务，随着 Internet 技术的发展和内容的丰富，逐渐引入 Internet 的技术和业务。TD-SCDMA 作为 3G 移动通信系统主流标准之一，秉承了这样的发展思路。因此除了其电路域的稳定 QoS 语音外，还将提供具有不同 QoS 要求的多媒体业务，同时要支持移动的终端性。

正是由于最初的发展思路和市场定位不同，WiMAX 和 TD-SCDMA 在技术路线和业务提供能力方面存在差异，从而产生了互补发展的可能。

8.4.4　技术互补性分析

从设计之初，WiMAX 与 3G 系统具有不同的应用场景。WiMAX 立足于宽带的无线化，而 3G 系统则立足于移动的宽带化。3G 是无线移动广域网（WWAN）标准，主要通过基站广域覆盖，提供大范围、高速移动下的电话和中低速数据传输服务。WiMAX 基于无线城域网（WMAN）标准，主要用于固定和低速移动下的高速率数据接入服务。

TD-SCDMA 可提供话音业务和最高 2 Mbps 的数据业务。WiMAX 可向用户提供面向 Internet 的高速连接，覆盖范围可达 50 km，最大数据速率可达 75 Mbps，但是其移动性较 TD-SCDMA 网络较差，且不具有漫游功能。

从以上业务能力上讲，WiMAX 是一种以宽带多媒体业务为主，语音为辅的固定网络；而 TD-SCDMA 则是一个以语音为主、数据为辅的移动广域网。他们分别针对的是不同的业务模式和用户群，前者追求可运营，可管理，高质量；后者追求低成本，高速率，高效率。

在激烈的竞争环境中，TD-SCDMA 发展面临来自各方面的挑战。如果考虑能够与互补性较强的 WiMAX 融合，则 TD-SCDMA 具有更大的发展空间和未来。对于 TD-SCDMA 网络运营商来说，如果在建设网络的初期，考虑和 WiMAX 融合的方案，并以此作为 TD-SCDMA 网络建设及业务推广的切入点和启动点，对于 TD-SCDMA 网络运营商在 3G 开展的初期快速进入和占领电信市场，并在激烈的市场竞争中占据有利地位具有非常重要的意义。

如表 8.1 所示，通过 TD-SCDMA 与 WiMAX 基本指标的对比，两者在技术和业务方面都存在很好的互补性，这也是两种制式系统在未来融合发展的基础。

表 8.1 TD-SCDMA 与 WiMAX 基本指标的对比

	TD-SCDMA	WiMAX（IEEE 802.16—2004）	互补性，一致性
多址方式	CDMA 和 TDMA	OFDMA，TDMA	有一致的地方，有互补的可能
频带	2 GHz	2～66 GHz；2～6 GHz（IEEE 802.16e）	存在接近的频段
速率	2 Mbps	>70 Mbps	可互补
双工方式	TDD（1.6 MHz）	TDD（1.5～20 MHz）	一致
业务	语音与数据	分组语音与数据和视频图像	可互补
覆盖	蜂窝（小区半径<7 km）	热点地区大范围覆盖（半径<50 km）	可互补
移动性	静止、步行和车载	静止	可互补
容量（每扇区）	数十个以上用户	数百个以上用户	
QoS	4 类（会话类、交互类、背景类和流类）	固定带宽、承诺带宽、尽力带宽	可互补
频谱利用率	1.6 bps/Hz	2.5 bps/Hz	

8.4.5 标准化的范围对比

TD-SCDMA 作为中国提出的第三代移动通信标准，自 1998 年正式向 ITU（国际电联）提交以来，已经历经 7 年之久，终于完成了标准专家组评估、ITU 认可并发布、与 3GPP（第三代伙伴项目）体系的融合及新技术特性的引入等一系列的国际标准化工作。

3GPP 规范包括空中接口规范、核心网规范和业务规范。由于双工方式的差别，TD-SCDMA 的所有技术特点和优势得以在空中接口的物理层体现。物理层技术的差别，也就是 TD-SCDMA 与其他两种 3G 标准最主要的差别所在。在核心网方面，TD-SCDMA 与其他 3GPP 标准采用完全相同的标准规范，包括核心网与无线接入网之间采用相同的 Iu 接口；在空中接口高层协议栈上，TD-SCDMA 与其他 3GPP 标准也完全相同。

WiMAX 联盟采用的 IEEE 802.16 系列标准，目前的主要成果主要是定义了空中接口的 MAC 层规范和物理层规范，只有空中接口部分规范，在 MAC 层之上的采用的协议以及核心网部分都不在其包含的范围之内。该系列标准中的固定无线宽带接入网规范于 2004 年 9 月正式发布，被称为 IEEE 802.16—2004，2005 年年底前完成增加了移动性支持的 IEEE 802.16e 规范。

综上所述，WiMAX 毕竟还是一个侧重于无线接入网空中接口技术的标准，因此，可以考虑将其作为对 TD-SCDMA 空中接口技术的一种补充。

8.4.6 共存分析

多种无线接入系统将在 B3G 系统中共存，并且要提供移动终端可以在各种体制的移动网络之间进行无缝切换和漫游的能力。由于无线接入系统（比如：GSM，WCDMA，IS-95，cdma2000 和 WLAN 等）的复杂多样性，在 B3G 系统中完全基于物理层和链路层来提供移动性管理是非常困难的。而采用基于 IP 的移动性管理，可以在网络层提供对移动终端进行位置管理、寻呼和切换等管理操作，只要接入设备提供对 IP 的支持，就可以对移动终端进行移动性管理，而不需要再针对每一种接入设备和网络单独提供信令系统进行移动性管理，为在 B3G 内实现多种网络的融合提供了很好的条件。

第三代移动通信标准已经将 MAP 信令协议转移到 IP 核心网上承载，并在空中接口支持 IP 协议。Beyond 3G 移动通信网络将向全 IP 移动通信网继续发展，提供更高的数据速率和更多样化的业务，所有业务将直接通过 IP 承载。另外，B3G 网络将是一个融合了多种制式的移动通信网的统一网络，而目前能够支持网络融合的最好的技术就是 IP 技术。随着移动通信网转变为全 IP 网络，全 IP 移动通信网的移动管理也将面临新的变革。由于全 IP 移动通信网中从移动终端到核心网都依赖于 IP 技术，因此基于 IP 技术的网络层移动性管理技术将成为后 3G 移动通信网的主要关键技术之一。

基于 IP 的下一代移动性管理技术面临大量要解决的问题，包括：多种接入网络重叠覆盖导致位置区混和划分问题、分布式的位置管理和更新过程、IP 层切换技术、控制信息向用户平面转移和 QoS 问题等。

8.4.7 TD-SCDMA 和 WiMAX 关键技术的比较

正如 8.3 节所述，WiMAX 是一个侧重于无线接入网空中接口技术的标准，TD-SCDMA 与 WiMAX 在空中接口部分的比较主要包括消除信道影响技术、MAC 层技术和无线资源管理技术 3 部分。如表 8.2、表 8.3 和表 8.4 所示。

1. 消除信道影响技术

表 8.2 消除信道影响的技术

技术 \ 无线通信系统	TD-SCDMA	WiMAX
信道带宽	1.6 MHz（频谱配置灵活）	1.25～20 MHz
帧长	帧长 10 ms（子帧 5 ms）	帧长 20 ms
DS 与 MC 方式	单载波窄带 DS	多载波 DS 和单载波 DS
信源编码	AMR（8 kbps）	
信道编码	卷积编码 R＝1/4～1，K＝9， Turbo 码	RS 码+卷级码，Turbo 编译码（可选）

续表

无线通信系统 技术	TD-SCDMA	WiMAX
交织	卷积码：帧内交织；RS 码：帧间交织	
抗多径衰落方法	智能天线（较强的干扰抑制能力，充分利用空间资源，可起到空分多址的作用）	OFDM 调制，MIMO，智能天线
天线技术	智能天线	AAS，支持智能天线和 MIMO
数据调制方式	QPSK/8PSK，16QAM（仅用于 HS-PDSCH）	自适应编码调制 16QAM，4QAM，256QAM，QPSK 和 BPSK
相干解调	前向：专用导频信道 后向：专用导频信道	
多速率方案	可变扩频因子多时隙，多码 RI 检测	7 种不同的调制方式和编码速率的组合
扩频	前向：Walsh（前向化）＋PN 序列（区分小区） 反向：Walsh（前向化）＋PN 序列（区分小区）	不支持 CDMA
扩频特性	正交，Q 码片 / 符号	不支持 CDMA

可见，由于 WiMAX 与 TD-SCDMA 空中接口的差别，使得两者在解决信道影响方面采用的关键技术有很大的区别，具有互补性。

2. MAC 层技术

表 8.3　MAC 层技术比较

无线通信系统采用的技术 MAC 层功能	TD-SCDMA	WiMAX
包调度	√	√
逻辑链路管理	√	√
资源调度和服务质量控制	√	√
空中链路控制	√	√
入网控制	主要在网络层	√
切换管理	主要在网络层，接力切换	未定义采用何种切换方式
安全加密	√	√
数据包分类	√	√

可见，WiMAX 的 MAC 层功能相对于 TD-SCDMA 系统来说要强大得多，如添加了入网控制，切换管理等功能。

3. 无线资源管理技术

表 8.4　无线资源管理技术比较

资源管理技术 \ 无线通信系统	TD-SCDMA	WiMAX
接入控制	通过动态信道分配技术来决定用户接入的时隙，根据选定的时隙确定在该时隙下能否接入系统；基于功率的接纳控制策略；基于吞吐量的接纳控制策略	目前，接入控制算法的研究难点在于如何评估基于 OFDM 物理层技术的上下行链路负载，如何提出先进的适合不同调度业务 QoS 要求的接入控制机制，在保证尽量多的用户能接入网络得到高质量服务的同时，充分兼顾不同业务的 QoS 要求
拥塞控制	下行快速负荷控制；上行快速负荷控制；降低分组数据业务的吞吐量；切换到另一个 TD-SCDCMA 的载波上；减少实时业务的码速率；与 GSM 网络之间的切换	由于 WiMAX 系统主要用于传输分组数据业务，可以通过降低非实时业务的传输速率来确保系统迅速达到稳定状态
切换	硬切换，软切换，接力切换	IEEE 802.16e 标准并未提出切换中的无线资源分配方案
分组调度	公平吞吐量调度算法；公平时间调度算法；C/I 调度算法；时分与空分相结合方式、码分与空分相结合方式、时分——码分——空分三者相结合的混合方式	WiMAX 的基于 QoS 结构需要采用一系列调度机制：例如，UGS 业务采用分配周期固定带宽；rtPS 业务采用 EDF 调度策略；nrtPS 使用 WRR 算法；BE 采用 FIFO 算法
功率控制	开环＋快速闭环功率控制（200 Hz）	整个功率控制过程包括两个部分：固定部分和由反馈自动调整部分。IEEE 802.16 协议中只给出了一个功率控制算法所应遵循的准则
动态信道分配	慢速 DCA，快速 DCA	不支持
OFDM 资源分配和调度	不支持	MA 算法（Margin Adaptive Algorithm）RA 算法（Rate Adaptive Algorithm）

IEEE 802.16 在 WiMAX 资源管理方面并没有给出完整的定义，也没有对接入控制、包调度，负载控制和功率控制等需要遵循的算法进行规定。而 TD-SCDMA 有一套完整的资源管理方案，因此两者具有互补性。

从以上的分析可以看到，WiMAX 和 TD-SCDMA 最大的相同的点是其都采用了 TDD

方式，这是一种非常适合日益发展的不对称数据业务对频谱资源使用的一种双工方式；另外，在多址技术、天线技术、以及调制技术方面，WiMAX 的选择都比 TD-SCDMA 更为先进（从高效和高速率的角度来看），而同时，在无线资源管理技术方面，TD-SCDMA 比较成熟。因此 WiMAX 技术在高效和高速率的 TDD 系统方面的经验可以为 TD-SCDMA 借鉴甚至采纳，而 WiMAX 也可以学习 TD-SCDMA 先进的无线资源管理技术。

8.5　3GPP 与 WiMAX 互通架构

由于 WiMAX 系统已经以 OFDMA WMAN TDD 的名义，成为第三代移动通信标准之一。本节论述的 WiMAX 网络与 3GPP 的互通是指传统意义上的 WiMAX 系统与 TD-SCDMA/WCDMA 系统的互通，即 WiMAX 接入网整合到 3GPP 核心网中。在 3GPP Release 6 规范描述中，WiMAX-3GPP 互通优先采用松耦合方式。

图 8.3 给出了 3GPP 运营商允许其授权用户通过 WiMAX 接入网络进入 3GPP 分组域内的情况。3GPP 在 3GPP TS 23.234 中定义了 3GPP 与 WLAN 互通的架构。目前，在 3GPP SA2 工作组内正在讨论对 3GPP TS 23.234 进行扩展，以支持与更广泛的 IP 接入网的互通，其中包括 IEEE 802.16 网络。为了保证 3GPP 系统与无线接入网络系统互通的一致性，WiMAX-3GPP 互通也应当基于此模型。

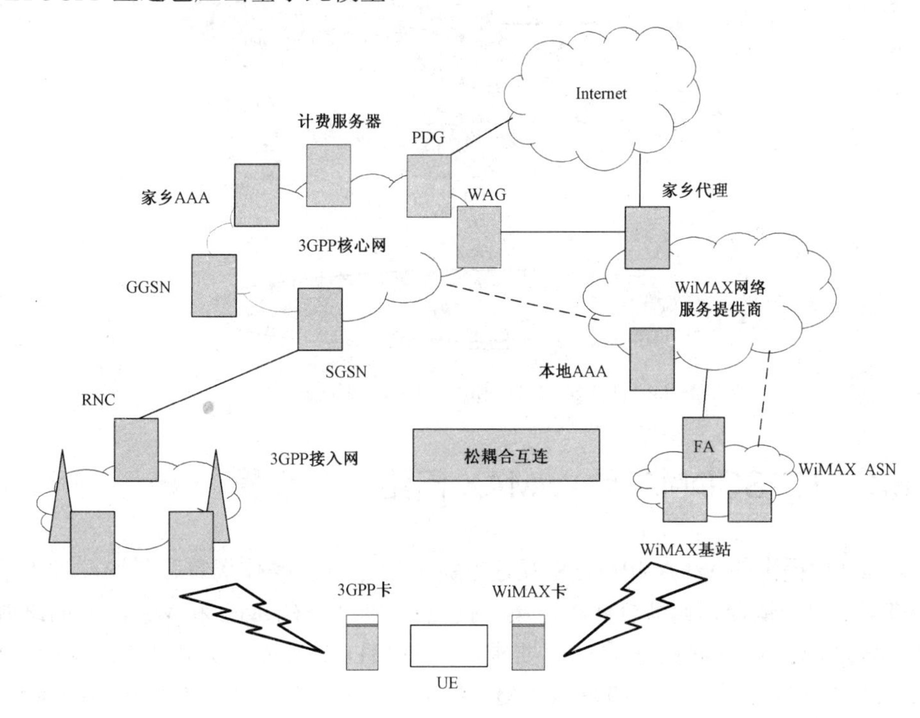

图 8.3　WiMAX 与 3GPP 核心网互通的松耦合方式

在 3GPP TS 23.234 中，WiMAX 与 3GPP 互通松耦合方案中定义了以下 3 种场景。

场景 1：3GPP 和 WiMAX 网络进行共同计费，提供一份账单，用户和运营商之间的关系是透明的，属于互通的最简单情况，对 3GPP 和 WiMAX 网络架构都没有影响。

场景 2：又称 WiMAX 直接 IP 接入，用户可以使用 WiMAX 接入网络接入到 Internet 中，但是认证、鉴权和计费（AAA）操作还是在 3GPP 平台中完成。

场景 3：又称 WiMAX 3GPP IP 接入，允许运营商扩展 3GPP 系统分组域到 WiMAX 网络。授权的 3GPP 用户可以通过 WiMAX 网络接入到 3GPP PLMN（非漫游情况）或拜访 3GPP PLMN（漫游情况）。

8.6　TD-SCDMA 和 WiMAX 联合组网的技术方案

TD-SCDMA 和 WiMAX 互通融合可以参考 3GPP 规范中描述的方案。从技术特点来看，TD-SCDMA 和 WiMAX 具有很强的互补性，它们之间的融合可以有效利用彼此之间的优势，弥补各自的不足，向用户提供高质量的多媒体数据业务。图 8.4 描述出 TD-SCDMA 和 WiMAX 应用场景。

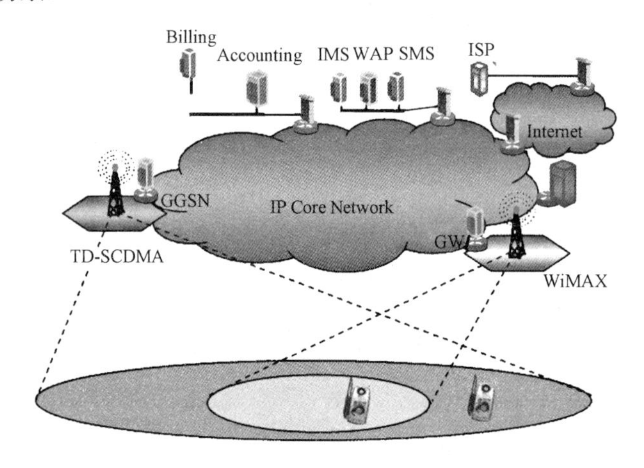

图 8.4　TD-SCDMA 和 WiMAX 网络融合场景

8.6.1　TD-SCDMA 和 WiMAX 网络融合场景

根据 3GPP 提出的 WLAN/UMTS 互连方案中的 6 种互操作场景，借鉴欧洲电信标准协会（ETSI）中松耦合和紧耦合两种方案，提出一种 TD-SCDMA 和 WiMAX 网络融合方案，用来满足用户对数据业务的使用要求，支持 TD-SCDMA 大规模独立组网，增强 TD-SCDMA 的竞争力，同时也为 TD-SCDMA 系统的演进和跨越式发展提出新的研究思路。

如图 8.5 所示，在松耦合方案中，WiMAX 通过 Gi 参考点和 TD-SCDMA 核心网连接；

在紧耦合方案中，WiMAX 数据通过 Gb 或 Iu-PS 参考点连接到 TD-SCDMA 核心网。

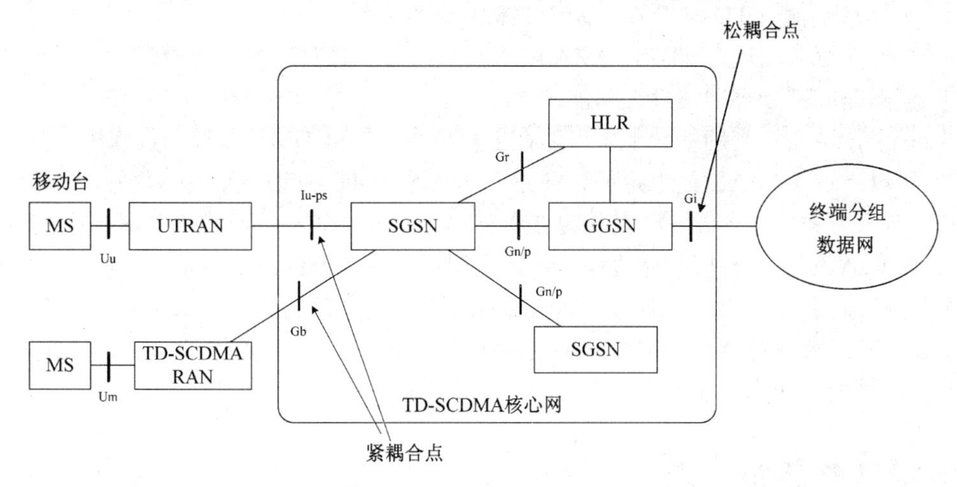

图 8.5　融合方案的耦合参考点

8.6.2　紧耦合方案

图 8.6 描述了紧耦合方案的系统结构。可以看出，TD-SCDMA 互操作模块（IF）是系统中的一个关键功能实体，通过 Gb 接口与 SGSN 连接，对 SGSN 屏蔽了 WiMAX 的特性，使得 SGSN 把 WiMAX 系统看成是一个单独的基站（BS）子系统。紧耦合方式具有如下特点：

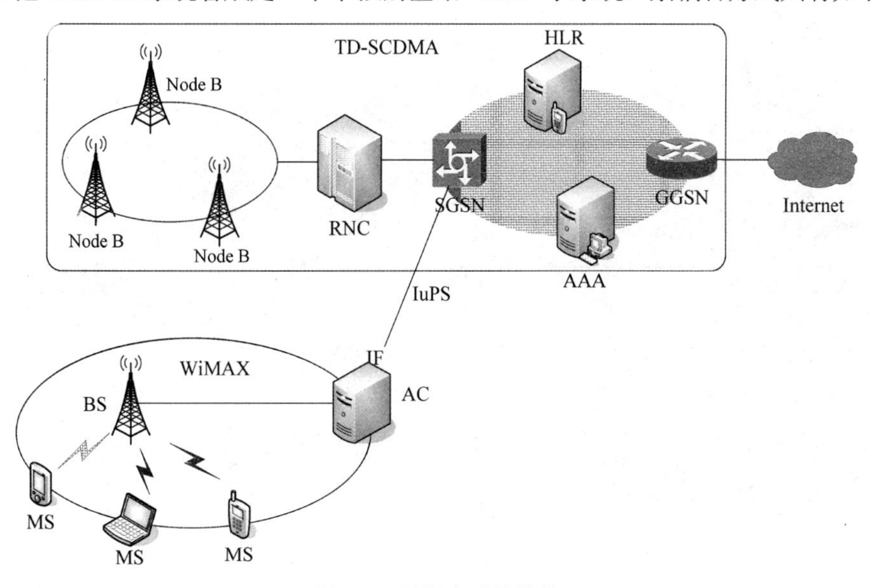

图 8.6　紧耦合系统结构

① 可以实现与 WiMAX 之间业务的连续性；
② 可以共享使用 TD-SCDM 系统中鉴权和计费系统；
③ 可以充分利用现有 TD-SCDMA 网络资源，保护蜂窝运营商的投资；
④ 能够完成部分移动性管理功能；
⑤ 在 WiMAX 加密的基础上，可以在上层使用 TD-SCDMA 鉴权和加密机制；
⑥ 可以通过 WiMAX 使用定位、SMS 和 MMS 等 TD-SCDMA 核心业务。

在紧耦合方案中，WiMAX 是作为 TD-SCDMA 网络的一个无线接入网而存在的，使用 TD-SCDMA 网络的鉴权、计费和认证，上层运行的是 TD-SCDMA 相关协议，需要对 WiMAX 协议栈进行改造，增加与 TD-SCDMA 协议栈之间的接口。用户使用双模终端可以实现在 WiMAX 和 TD-SCDMA 网络间的无缝切换，对于 TD-SCDMA 核心网来说，用户在两个网络间的切换就相当于在两个独立的小区间进行一样。

8.6.3　松耦合方案

图 8.7 描述了松耦合方案的系统结构。可以看出，WiMAX 系统网关（GW）通过 Gi 接口与 TD-SCDMA 系统的 GGSN 相连，实现两个系统的业务互连互通。在松耦合方案中，WiMAX 系统和 TD-SCDMA 系统结构上相对独立，功能上相互补充，两种网络间的耦合程度极低，彼此互不干扰。WiMAX 上层协议使用的是标准的各类 Internet 协议，不必对协议栈进行改造。WiMAX 系统支持基于 SIM 的鉴权，可以与 TD-SCDMA 系统共用用户数据、鉴权和计费功能（AAA）。

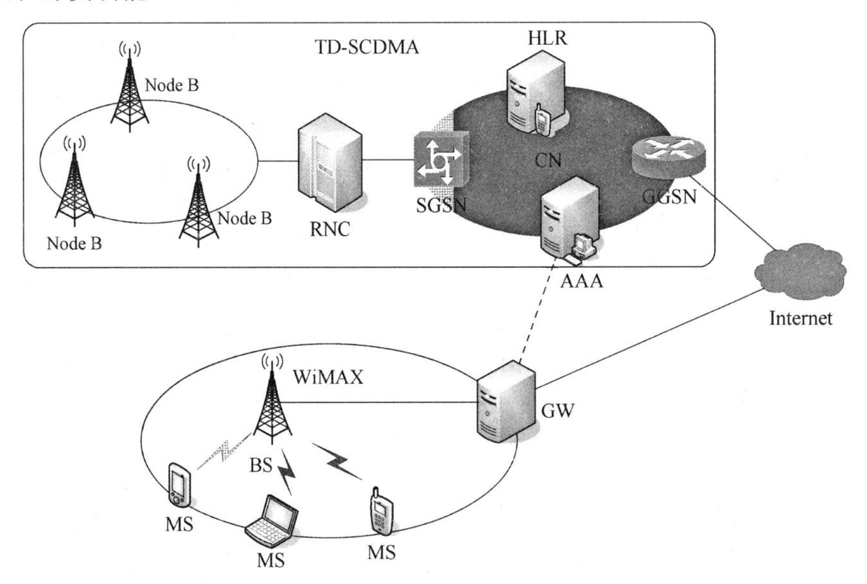

图 8.7　松耦合系统结构

8.6.4　两种方案的比较

松、紧耦合两种融合方案各有特色，各自适用不同的应用场合，优缺点比较如表 8.5 所示。

表 8.5　松耦合与紧耦合方案对比

融合方案	优　点	缺　点
松耦合	TD-SCDMA 网络和 WiMAX 网络相互独立，互不影响；实现两个网络融合的技术要求较低，不需要对现有网络设备进行大的升级和改造；对移动终端没有特殊要求，只需要含该两种网络接口的双模终端	当用户采用双模终端时，必须采用移动 IP 的方式才能实现移动终端在两个网络间的切换，而且不能保证切换前后会话的连续性，不适合于对 QoS 要求较高的业务；不同业务区间无法相互分担负荷；网络管理难度大
紧耦合	可以共用 TD-SCDMA 网络的各种资源（如核心网资源、认证和计费系统等），保护 TD-SCDMA 运营商的投资；可以采用统一的接入服务器为两个网络提供接入服务，可以方便地把新业务推广到两种网络中；采用双模终端时，用户可以实现在两个网络间的无缝切换，保证切换前后会话的连续性，对 QoS 支持较好；不同业务区间可以分担负荷，支持 TD-SCDMA 网络的业务如短信、彩信等，安全性高	实现技术难度大，需要升级和改造现有的网络设备。应用面窄，较适合于 WiMAX 为 TD-SCDMA 运营商所拥有的情况

在实际的组网方案中，选择哪种耦合方式取决于诸多因素。如果目前的无线网络包括众多 WiMAX 运营商和 TD-SCDMA 运营商，那么采用松耦合方式无疑是一种理想的选择。若 WiMAX 和 TD-SCDMA 属于同一个运营商，显然紧耦合方式具有巨大的吸引力。无论采用哪种耦合方式，在 TD-SCDMA 中融合进 WiMAX 技术都将为用户带来高质量的多媒体服务。

8.7　未来无线网络的融合和演进

宽带化、移动化、IP 化成为无线通信技术的发展趋势。WiMAX 采用了许多新的技术，极大地提高了数据传输能力，逐渐成为无线宽带领域研究的新热点。为应对 WiMAX 的竞争，提高 CDMA 系统数据传输速率，3GPP/3GPP2 均在大力开展新一代技术的研究。在技术发展方面，各类宽带无线通信技术将殊途同归。未来的宽带无线接入市场必然是多种技术体制共存，WiMAX/LTE/AIE 等技术将呈现既竞争又互补的发展态势。TD-SCDMA 和 WiMAX 网络之间有很强的互补性，两者技术互相融合和促进，推动 TD-SCDMA 由 3G 系统向 Super3G 以及未来的 4G 系统的演进，为用户提供更好的服务。TD-SCDMA 和 WiMAX

网络融合和演进可分为以下 4 个步骤：

（1）业务层面的互连互通

TD-SCDMA 和 WiMAX 通过网络互连互通，业务系统共享。提供更广泛、更廉价、更普及的应用。业务融合最基本的目标是在网络互通的基础上共享业务系统，通过统一的业务系统为最终用户提供统一的业务体验，使用户通过不同的终端接入不同的网络来访问同样的业务，实现统一账单、统一数据库管理等功能，并尽可能实现业务的统一开发、统一控制。从业务需求方面讲，多种业务融合的市场需求已经出现，语音、数据和多媒体信息的融合，有线与无线业务的融合等，都对下一代网络发展提出新的需求。从技术方面讲，大量新技术的出现使业务层融合成为可能，如 IMS，VoIP，Parlay/OSA API，SIP servlet 和 CORBA 等，并进一步促进了电信领域和 IT 领域的融合。TD-SCDMA 和 WiMAX 的着眼点不同，服务的用户群，业务类别，移动范围和特征方面都存在差异。TD-SCDMA 定位于提供广域语音和移动中的低速数据业务，针对的是手机用户，速率相对低，在语音和手机数据业务上有优势；而 WiMAX 定位于提供低速移动中的高速数据业务和 IP 语音服务，能够根据上下行数据量灵活分配带宽，具有较高的频谱利用率，可以提供更高的数据带宽，按需分配带宽等资源，针对于笔记本电脑或便携式终端。TD-SCDMA 和 WiMAX 的融合将致力于获得在移动环境中提供综合业务的能力。

（2）TD-SCDMA 和 WiMAX 采用松耦合／紧耦合方式集成组网

用 TD-SCDMA 覆盖广大的地区，提供语音和低速数据服务，支持高移动性；用 WiMAX 覆盖城市中心区域或者热点地区，提供高速数据服务；两者共享一个核心网；双模移动终端可以通过统一的鉴权、认证和计费方式接入并访问核心网的服务。WiMAX 和 TD-SCDMA 接入网络共存和演进如图 8.8 所示。

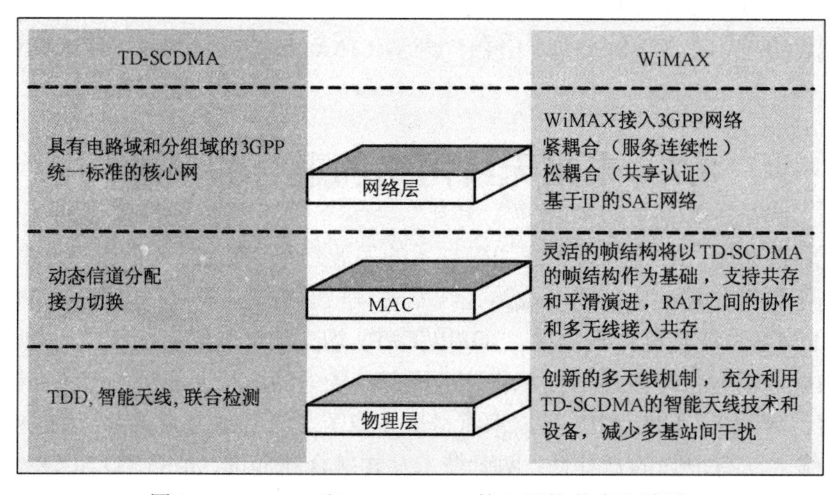

图 8.8　WiMAX 和 TD-SCDMA 接入网络共存和演进

（3）在（2）的基础上，实现两种接入网络的融合，支持移动终端在不同接入网之间无缝切换和漫游

采用网络层移动性管理等技术（如移动 IP）来实现终端的移动性。移动终端可以根据需要选择接入一个网络或者两个网络，充分利用重叠覆盖网络的资源，获得更多的带宽和速率。当移动终端离开一个网络进入另一个网络，由于网络的带宽和时延等特征并不一样，采用联合无线资源管理等方式实现平滑的切换以及保证服务质量。

（4）在（3）的基础上，实现空中接口的融合，共同演进到第四代移动通信系统（IMT-Advanced）

IMT-Advanced 技术需要实现更高的数据速率和更大的系统容量，其传输目标是固定状态下传输速率达到 1 Gbps，移动状态下达到 100 Mbps。从目前的国际研究现状来看，IMT-Advanced 的候选技术有趋同的趋势，几个技术阵营都认为 IMT-Advanced 的基础是 OFDMA（正交频分多址接入）和 MIMO 技术，各种研究和标准化工作均围绕 MIMO-OFDMA 技术进行不同方面的增强和优化，以使 MIMO-OFDMA 系统发挥更好的性能。IEEE 中的 WiMAX 技术和 3GPP 中的 LTE 技术，都采用了 OFDM 和 MIMO 等被广泛认为是下一代移动通信系统的特征技术，并在设计理念上符合目前 4G 的整体发展方向。不同的标准化组织在 IMT-Advanced 发展道路上殊途同归，为 4G 标准的统一奠定了良好基础。移动 WiMAX 的下一步演进将与其他 B3G 技术相融合，成为 IMT-Advanced 家族成员之一，IEEE 通过制订新定义 IEEE 802.16 m 标准，满足 IMT-Advanced 提出的技术要求。IEEE 802.16m 主要目标有两个：满足 IMT Advanced 的技术要求；保证与 802.16e 兼容。基于 IEEE 802.16e 的移动 WiMAX 技术物理层采用了 MIMO / 波束赋形以及 OFDMA 等先进技术，在某些方面已经具有了 4G 的特征，可以提供较好的移动宽带无线接入。通过针对 IEEE 802.16e 在物理层和 MAC 等功能方面的逐步增强，IEEE 802.16m 完全可以满足 IMT Advanced 所提出的技术要求。

随着 TD-SCDMA 向 LTE 的演进，与移动 WiMAX 研究思路相同，TD-LTE 也采用了 MIMO/OFDM 等 4G 公认的关键技术，而且两者都是基于时分双工（TDD）方式，这为空中接口的融合提供了可能性。在前 3 个阶段的基础上，伴随着技术的演进，TD-SCDMA 和 WiMAX 的在物理层技术方面相互借鉴，最终形成以 TDD-OFDM-MIMO 等为主要特征的底层关键技术，共同支持 4G 阶段的高速数据服务、实时语音服务以及用户高移动性。图 8.9 描述了移动 WiMAX 和 TD-SCDMA 向 IMT-Advanced 演进的路线。

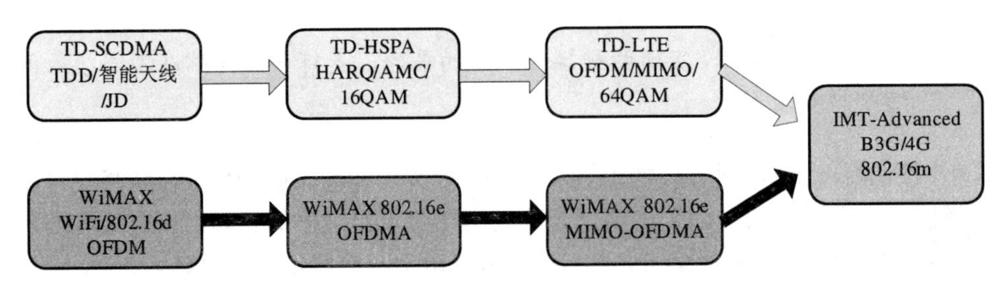

图 8.9　移动 WiMAX 和 TD-SCDMA 向 IMT-Advanced 演进路线

参 考 文 献

[1] Tero Ojanpera, Ramjee Prasad, 著, 朱旭红, 卢学军, 等译. 宽带 CDMA：第三代移动通信技术[M]. 北京：人民邮电出版社, 2000.

[2] 李军, 宋梅, 宋俊德. 一种通用的 Beyond 3G Multi-radio 接入架构[J]. 武汉大学学报, Vol.51（S2）: pp.95～98, Dec.2005.

[3] 信息产业部技术报告. TD-SCDMA&WiMAX 技术融合的宽带无线移动通信系统的研究. 2005.12

[4] 彭林, 朱小敏, 朱凌霄. WCDMA 无线通信技术及演化[M]. 北京：中国铁道出版社, 2004.

[5] http：//w3.antd.nist.gov/seamlessmobility.ppt.

[6] http：//www.3gpp.org.

[7] 李世鹤. TD-SCDMA 第三代移动通信系统标准[M]. 北京：人民邮电出版社, 2003.

[8] 李军, 宋梅, 宋俊德. TD-SCDMA 和 WiMAX 异构网络融合方案的初步考虑[J]. 电子技术应用, Vol.33（348）: pp.4～7, Jun.2007.

[9] 彭木根, 王文博. TD-SCDMA 移动通信系统[M]. 北京：机械工业出版社, 2005.

[10] 胡宇, 秦家银. WiMAX 技术与市场分析[J]. 世界电信, 2005.5：pp.48～50.

[11] 袁洪君, 蒋晓东, 李国华. 移动 WiMAX 无线网络规划[J]. 邮电设计技术, 2006.11：pp.16～19.

[12] 李春媛, 刘培植, 徐国鑫. WIMAX 无线技术应用实例及网络规划[J]. 通信世界, 2006.7：pp.32～34.

[13] 中国通信标准化协会无线通信技术工作委员会 WG6（B3G）工作组.新一代无线通信空中接口技术纲要[S], 2006.

[14] IEEE 802.16m PAR[S/OL].http：//standards.ieee.org/board/nes/projects/802-16m.pdf.

附录A 缩 略 语

3GPP	3rd Generation Partnership Project	第三代合作伙伴计划
3GPP SAE	3GPP System Architecture Evolution	3GPP 系统架构的演进
3GPP2	3rd Generation Partnership Project 2	第三代合作伙伴计划 2
AA	Agent Advertisement	代理广播消息
AAA	Authentication, Authorization, Accounting	认证、鉴权、计费
ABC	Always Best Connected	总是最佳连接
AD	Agent Discovery	代理搜索
ADM	Adaptive Domain Management	自适应的管理区域组织
AHP	Analytic Hierarchy Process	层次分析法
AIE	Air Interface Evolution	空中接口演进
AMC	Adaptive Modulation Coding	自适应调制编码
AMM	Adaptive Mobility Management	自适应移动性管理研究
AMPS	Advance Mobile Phone Service	先进移动电话服务
AN	Ambient Networks	环境感知网络
ANCL	Access Networks Convergence Layer	接入网络聚合层
AR	Access Router	接入路由器
AS	Agent Solicitation	代理请求消息
AP	Access Point	接入点
AC	Access Control	接入控制
B3G	Beyond 3G	超 3G
BG	Bear Gateway	承载网关
BSC	BTS Control	基站控制器
BTS	Basis Station	基站
BU	Binding Update	绑定更新消息
CDMA	Code Division Multiple Address	码分多址
CN	Core Network	核心网
CN	Correspondent Node	通信节点
CoA	Care of Address	转交地址
CR	Composite Radio	融合无线系统
DAB	Digital Audio Broadcast	数字音频广播
DHCP	Dynamic Host Configuration Protocol	动态主机配置协议

DoA	Direction of Arrival	来波方向
DSP	Digital Signal Procession	数字信号处理
E2R	End to End Reconfiguration	端到端重配置
E-TACS	Europe Total Access Communication System	欧洲完全接入通信系统
ETSI	Europe Telecommunication Standard Institute	欧洲电信标准协会
FDD	Frequency Division Duplex	频分双工
FDMA	Frequency Division Multiple Address	频分多址
FEC	Forward Error Correction	前向纠错
FLHO	Flow HandOff	流切换
GGSN	GPRS Gateway Support Node	GPRS 支持节点
GLL	Generic Link Layer	通用链路层
GMA	Gateway Mobile Agent	网关代理
GPRS	General Packet Radio Service	通用无线分组业务
GRA	Grey Relational Analysis	灰色关联分析
GRE	Generic Routing Encapsulation	通用路由封装
GSM	Global System for Mobile Communications	全球移动通信系统
GTP	GPRS Tunneling Protocol	GPRS 隧道协议
HLS	Home Location Server	归属位置服务器
HSS	Home Subscriber Server	归属用户服务器
HA	Home Agent	家乡代理
HARQ	Hybrid Auto Repeat Request	混合自动请求重发
HDR	High Data Rate	高速数据速率
HMIPv6	Hierarchical Mobile IPv6	分层移动 IPv6
HMSIP	Hierarchical Mobile SIP	分层移动 SIP
HNMM	Hierarchical Network–layer Mobility Management	分级网络层移动性管理
HSDPA	High Speed Data Packet Access	高速数据分组接入
IMS	IP Multimedia Subsystem	IP 多媒体系统
ICMP	Internet Control Message Protocol	因特网控制报文协议
IETF	Internet Engineering Task Force	因特网工程任务组
Inter AS Anchor	Inter Access System Anchor	接入系统间锚节点
IM	Immediate Message	及时通信
IST	Information society technologies	信息社会技术
ITU	International Telecommunication Union	国际电信联盟
IESG	Internet Engineering Steering Group	因特网工程指导组
LAC	Link access Control	链路接入控制

LTE	Long Term Evolution	长期演进
MMS	Multimedia Messaging Service	多媒体短信
MAC	Media Access Control	媒体访问控制
MAFS	Mobile Agents Flat Structure	移动代理扁平架构
MAI	Multiple Address Interference	多址干扰
MAP	Mobile Anchor Point	移动锚节点
MBWA	Mobile Broadband Wireless Access	移动宽带无线接入系统
MC	Multiple Carrier	多载波
MIMO	Multiple Input Multiple Output	多入多出
MM	Mobility Management	移动性管理
MME	Mobility Management Entity	移动性管理实体
MN	Mobile Node	移动节点
MRRM	Multi-Radio Resource Management	通用 RRM 算法
MIH	Media Independent Handover	独立于媒体的切换能力
MS	Mobile Station	移动台
NAT	Network Address Transition	网络地址转换
NGN	Next Generation Network	下一代网络
OFDM	Orthogonal Frequency Division Multiplexing	正交频分复用
OWA	Opening Wireless Architecture	开放式无线架构
PCF	Packet Control Function	分组控制功能模块
PDP	Packet Data Protocol	分组数据协议
PDSN	Packet Data Support Node	分组数据支持节点
QAM	Quadrature Amplitude Modulation	正交幅度调制
QoS	Quality of Service	服务质量
QPSK	Quadrature Phase Shift Keying	正交相移键控
RAT	Radio Access Technology	无线接入技术
RFC	Request For Comment	建议标准
RMP	Reconfiguration Management Plane	重配置管理平面
RR	Registration Request	注册请求消息
RRM	Radio Resource Management	无线资源管理
RSS	Received Signal Strength	接收信号强度
RSVP	Resource	资源预留协议
RTT	Radio Transmission Technology	无线传输方案
SAP	Service Access Point	服务访问点
SDR	Software Defined Radio	软件无线电

SGSN	GPRS Service Support Node	GPRS 支持节点
SIM	Subscriber Identity Module	用户身份识别
SIP	Session Initial Protocol	初始会话协议
SMS	Short Message Service	短信息业务
SAP	Service Access Point	服务访问点
SNR	Signal Noise Ratio	信噪比
TDD	Time Division Duplex	时分双工
TDMA	Time Division Multiple Address	频分多址
TD-SCDMA	Time Division Duplex-Synchronous Code Division Multiple Access）	时分双工-同步码分多址
UDP	User Data Protocol	用户数据报
UE	User Equipment	移动设备
UICC	UMTS Integrated circuit card	UMTS 集成电路卡
UMB	Ultra Mobile Broadband	超移动宽带
UMTS	Universal Mobile Telecommunications System	通用移动通信系统
UPE	User Plane Entity	用户平面实体
UT	User Terminal	用户终端
UTRAN	UMTS Terrestrial Radio Access Network	UMTS 无线接入网
UTRAN	UMTS Terrestrial Radio Access Network	UMTS 接入网
URL	Uniform Resource Locator	统一资源定位符
URI	Uniform Resource Identity	统一资源标识符
VBR	Variable Bit Rate	可变比特率
VOD	Video of Demand	视频点播
WCDMA	Wideband Code Division Multiple Address	宽带码分多址
Wi-Fi	Wireless Fidelity	无线保真
WiMAX	Worldwide Interoperability for Microwave Access	全球微波接入互操作性
WLAN	Wireless Local Access Network	无线局域网
WMN	Wireless Mesh Network	无线网状网
WWRF	Wireless World Research Forum	世界无线研究论坛
WWAN	Wireless Wide Area Network	无线广域网

反侵权盗版声明